图书在版编目（CIP）数据

中国国家标准汇编：2010年制定．463：GB 25215～25257/
中国标准出版社编．—北京：中国标准出版社，2011
ISBN 978-7-5066-6498-1

Ⅰ．①中… Ⅱ．①中… Ⅲ．①国家标准-汇编-中国-2010
Ⅳ．①T-652.1

中国版本图书馆CIP数据核字(2011)第187754号

中国质检出版社
中国标准出版社 出版发行
北京市朝阳区和平里西街甲2号(100013)
北京市西城区三里河北街16号(100045)

网址:www.spc.net.cn
总编室:(010)64275323 发行中心:(010)51780235
读者服务部:(010)68523946

中国标准出版社秦皇岛印刷厂印刷
各地新华书店经销

*

开本 880×1230 1/16 印张 24.5 字数 572 千字
2011年12月第一版 2011年12月第一次印刷

*

定价 220.00 元

中 国 国 家 标 准 汇 编

463

GB 25215～25257

（2010 年制定）

中国标准出版社　编

中国质检出版社
中国标准出版社
北　京

出 版 说 明

1.《中国国家标准汇编》是一部大型综合性国家标准全集。自1983年起，按国家标准顺序号以精装本、平装本两种装帧形式陆续分册汇编出版。它在一定程度上反映了我国建国以来标准化事业发展的基本情况和主要成就，是各级标准化管理机构，工矿企事业单位，农林牧副渔系统，科研、设计、教学等部门必不可少的工具书。

2.《中国国家标准汇编》收入我国每年正式发布的全部国家标准，分为"制定"卷和"修订"卷两种编辑版本。

"制定"卷收入上一年度我国发布的、新制定的国家标准，顺延前年度标准编号分成若干分册，封面和书脊上注明"20××年制定"字样及分册号，分册号一直连续。各分册中的标准是按照标准编号顺序连续排列的，如有标准顺序号缺号的，除特殊情况注明外，暂为空号。

"修订"卷收入上一年度我国发布的、修订的国家标准，视篇幅分设若干分册，但与"制定"卷分册号无关联，仅在封面和书脊上注明"20××年修订-1,-2,-3,……"字样。"修订"卷各分册中的标准，仍按标准编号顺序排列(但不连续)；如有遗漏的，均在当年最后一分册中补齐。需提请读者注意的是，个别非顺延前年度标准编号的新制定的国家标准没有收入在"制定"卷中，而是收入在"修订"卷中。

读者配套购买《中国国家标准汇编》"制定"卷和"修订"卷则可收齐上一年度我国制定和修订的全部国家标准。

3. 由于读者需求的变化，自1996年起，《中国国家标准汇编》仅出版精装本。

4. 2010年我国制修订国家标准共2846项。本分册为"2010年制定"卷第463分册，收入国家标准GB 25215～25257的最新版本。

中国标准出版社

2011年8月

目　　录

GB/T 25215—2010　水煤浆试验方法导则 …… 1
GB/T 25216—2010　煤与瓦斯突出危险性区域预测方法 …… 9
GB/T 25217.1—2010　冲击地压测定、监测与防治方法　第1部分:顶板岩层冲击倾向性分类及指数的测定方法 …… 19
GB/T 25217.2—2010　冲击地压测定、监测与防治方法　第2部分:煤的冲击倾向性分类及指数的测定方法 …… 25
GB/T 25218—2010　粮油机械　产品涂装通用技术条件 …… 45
GB/T 25219—2010　粮油检验　玉米淀粉含量测定　近红外法 …… 51
GB/T 25220—2010　粮油检验　粮食中赭曲霉毒素A的测定　高效液相色谱法和荧光光度法 …… 57
GB/T 25221—2010　粮油检验　粮食中麦角甾醇的测定　正相高效液相色谱法 …… 69
GB/T 25222—2010　粮油检验　粮食中磷化物残留量的测定　分光光度法 …… 77
GB/T 25223—2010　动植物油脂　甾醇组成和甾醇总量的测定　气相色谱法 …… 83
GB/T 25224.2—2010　动植物油脂　植物油中豆甾二烯的测定　第2部分:高效液相色谱法 …… 99
GB/T 25225—2010　动植物油脂　挥发性有机污染物的测定　气相色谱-质谱法 …… 109
GB/T 25226—2010　大米　蒸煮过程中米粒糊化时间的评价 …… 119
GB/T 25227—2010　粮食加工、储运设备现场监测装置技术规范 …… 129
GB/T 25228—2010　粮油检验　玉米及其制品中伏马毒素含量测定　免疫亲和柱净化高效液相色谱法和荧光光度法 …… 135
GB/T 25229—2010　粮油储藏　平房仓气密性要求 …… 147
GB/T 25230—2010　粮油机械　打麸机 …… 157
GB/T 25231—2010　粮油机械　喷风碾米机 …… 165
GB/T 25232—2010　粮油机械　刷麸机 …… 175
GB/T 25233—2010　粮油机械　袋式除尘器 …… 181
GB/T 25234—2010　粮油机械　叶轮闭风器 …… 189
GB/T 25235—2010　粮油机械　组合清理筛 …… 197
GB/T 25236—2010　粮油机械　检验用锤片粉碎机 …… 205
GB/T 25237—2010　粮油机械　淀粉洗涤旋流器 …… 213
GB/T 25238—2010　粮油机械　重力曲筛 …… 219
GB/T 25239—2010　粮油机械　微量喂料器 …… 227
GB/T 25240—2010　烟草包衣丸化种子 …… 235
GB/T 25241.1—2010　烟草集约化育苗技术规程　第1部分:漂浮育苗 …… 245
GB/T 25241.2—2010　烟草集约化育苗技术规程　第2部分:托盘育苗 …… 253
GB/T 25241.3—2010　烟草集约化育苗技术规程　第3部分:砂培育苗 …… 259
GB/T 25242—2010　敖汉细毛羊 …… 265
GB/T 25243—2010　甘肃高山细毛羊 …… 271
GB/T 25244—2010　高邮鸭 …… 279
GB/T 25245—2010　广灵驴 …… 285
GB/T 25246—2010　畜禽粪便还田技术规范 …… 293

GB/T 25247—2010　饲料添加剂　糖萜素 …………………………………………………………… 303
GB/T 25248—2010　830 nm 数字制版材料用红外吸收菁染料含量的测定　高效液相色谱法 …… 313
GB/T 25249—2010　氨基醇酸树脂涂料 ………………………………………………………………… 319
GB/T 25250—2010　成像材料　纸质照片上的彩色影像　打印彩色影像室内耐水性测定 ……… 326
GB/T 25251—2010　醇酸树脂涂料 ……………………………………………………………………… 333
GB/T 25252—2010　酚醛树脂防锈涂料 ………………………………………………………………… 343
GB/T 25253—2010　酚醛树脂涂料 ……………………………………………………………………… 349
GB/T 25254—2010　工业用聚四亚甲基醚二醇(PTMEG) ……………………………………………… 357
GB/T 25255—2010　光学功能薄膜　聚对苯二甲酸乙二醇酯(PET)薄膜　拉伸性能测定方法 … 365
GB/T 25256—2010　光学功能薄膜　离型膜　180°剥离力和残余黏着率测试方法 ………………… 373
GB/T 25257—2010　光学功能薄膜　翘曲度测定方法 ………………………………………………… 379

ICS 75.160
D 21

中华人民共和国国家标准

GB/T 25215—2010

水煤浆试验方法导则

Guide for testing methods of coal water mixture

2010-09-26 发布

2011-02-01 实施

中华人民共和国国家质量监督检验检疫总局
中国国家标准化管理委员会 发布

前　　言

本标准由中国煤炭工业协会提出。

本标准由全国煤炭标准化技术委员会归口。

本标准起草单位：煤炭科学研究总院煤炭分析实验室。

本标准主要起草人：韩立亭、施玉英。

引　　言

水煤浆试验方法原由 GB/T 18856.1～GB/T 18856.14 共 14 个部分组成，其中工业分析、全硫和发热量等 7 项部分采用了煤的分析标准，为适应水煤浆试验方法体系的变化而制定本标准。

水煤浆试验方法导则

1 范围

本标准规定了水煤浆试样的采取、制备、测定方法、结果换算和结果报告。

本标准适用于水煤浆。

2 规范性引用文件

下列文件中的条款通过本标准的引用而成为本标准的条款。凡是注日期的引用文件，其随后所有的修改单(不包括勘误的内容)或修订版均不适用于本标准，然而，鼓励根据本标准达成协议的各方研究是否可使用这些文件的最新版本。凡是不注日期的引用文件，其最新版本适用于本标准。

GB/T 212 煤的工业分析方法(GB/T 212—2008，ISO 11722:1999，Solid mineral fuels—Hard coal—Determination of moisture in the general analysis test sample by drying in nitrogen；ISO 1171:1997，Solid mineral fuels—Determination of ash；ISO 562:1998，Hard coal and coke—Determination of volatile matter，NEQ)

GB/T 213 煤的发热量测定方法(GB/T 213—2008，ISO 1928:1995，Solid mineral fuels—Determination of gross calorific value by the bomb calorimetric method and calculation of net calorific value，MOD)

GB/T 214 煤中全硫的测定方法(GB/T 214—2007，ISO 334:1992，Solid mineral fuels—Determination of total sulfur—Eschka method；ISO 351:1996，Solid mineral fuels—Determination of total sulfur—High temperature combustion method，NEQ)

GB/T 219 煤灰熔融性测定方法(GB/T 219—2008，ISO 540:1995，Solid mineral fuels—Determination of fusibility of ash—High-temperature tube method，MOD)

GB/T 476 煤中碳和氢的测定方法(GB/T 476—2008，ISO 625:1996，Solid mineral fuels—Determination of carbon and hydrogen—Liebig method，MOD)

GB/T 1574 煤灰成分分析方法

GB/T 18856.1 水煤浆试验方法 第1部分：采样

GB/T 18856.2 水煤浆试验方法 第2部分：浓度测定

GB/T 18856.3 水煤浆试验方法 第3部分：筛分试验

GB/T 18856.4 水煤浆试验方法 第4部分：表观黏度测定

GB/T 18856.5 水煤浆试验方法 第5部分：稳定性测定

GB/T 18856.6 水煤浆试验方法 第6部分：密度测定

GB/T 18856.7 水煤浆试验方法 第7部分：pH 值测定

GB/T 19227 煤中氮的测定方法(GB/T 19227—2008，ISO 333:1996，Coal—Determination of nitrogen—Semi-micro Kjeldahl method，MOD；ISO/TS 11725:2002，Solid mineral fuels—Determination of nitrogen—Semi-micro gasification，MOD)

3 水煤浆试样的采取和制备

3.1 水煤浆试样的采取

按 GB/T 18856.1 规定方法进行试样的采取。

3.2 试样的制备

3.2.1 试样分为水煤浆试样和水煤浆空气干燥试样两种。

注：水煤浆空气干燥试样为按照 GB/T 18856.1 制备的达到空气干燥状态的 0.2 mm 试样。

3.2.2 根据测定项目需要，按 GB/T 18856.1 规定方法进行试样的制备。

4 测定方法

4.1 概述

4.1.1 一部分水煤浆质量检验项目的测定试样为水煤浆试样，其余检验项目需按煤炭检验方法进行。需按煤炭检验方法进行的检验项目，试样通常为水煤浆空气干燥试样，需要快速报出结果时，也可直接用水煤浆试样进行测定。

4.1.2 试样为水煤浆试样的检验项目如下：

a) 水煤浆浓度测定；

b) 水煤浆筛分试验；

c) 水煤浆表观黏度测定；

d) 水煤浆稳定性测定；

e) 水煤浆密度测定；

f) 水煤浆 pH 值测定。

4.1.3 试样为水煤浆空气干燥试样的检验项目如下：

a) 水煤浆工业分析；

b) 水煤浆发热量测定；

c) 水煤浆全硫测定；

d) 水煤浆灰熔融性测定；

e) 水煤浆碳和氢的测定；

f) 水煤浆氮的测定；

g) 水煤浆灰成分分析。

4.2 测定

4.2.1 水煤浆浓度测定：按 GB/T 18856.2 进行。

4.2.2 水煤浆筛分试验：按 GB/T 18856.3 进行。

4.2.3 水煤浆表观黏度测定：按 GB/T 18856.4 进行。

4.2.4 水煤浆稳定性测定：按 GB/T 18856.5 进行。

4.2.5 水煤浆密度测定：按 GB/T 18856.6 进行。

4.2.6 水煤浆 pH 值测定：按 GB/T 18856.7 进行。

4.2.7 水煤浆工业分析：按 GB/T 212 进行。

4.2.8 水煤浆发热量测定：按 GB/T 213 进行。

4.2.9 水煤浆全硫测定：按 GB/T 214 进行。

4.2.10 水煤浆灰熔融性测定：按 GB/T 219 进行。

4.2.11 水煤浆碳和氢的测定：按 GB/T 476 进行。

4.2.12 水煤浆氮的测定：按 GB/T 19227 进行。

4.2.13 水煤浆灰成分分析：按 GB/T 1574 进行。

4.3 测定次数

除特别要求者外，每项分析试验对同一试样进行 2 次测定（一般为重复测定）。2 次测定的差值如不超过重复性限 r，则取其算术平均值作为最后结果；否则，需进行第 3 次测定。如 3 次测定值的极差小于或等于 $1.2r$，则取 3 次测定值的算术平均值作为测定结果；否则，需要进行第 4 次测定。如 4 次测定值的极差小于或等于 1.3r,则取 4 次测定值的算术平均值作为测定结果;如极差大于 1.3r,而其中 3 个测定值的极差小于或等于 1.2r,则可取此 3 个测定值的算术平均值作为测定结果。如上述条件均未达到,则应舍弃全部测定结果,并检查仪器和操作,然后重新进行测定。

5 使用水煤浆空气干燥试样时的结果换算

5.1 概述

用水煤浆空气干燥试样进行水煤浆的灰分、挥发分、发热量、全硫、碳、氢和氮测定时,需将空气干燥试样测定结果换算为水煤浆测定结果。其中,水煤浆发热量的换算见 GB/T 213,其余项目的换算按式(1)进行。

5.2 换算

按式(1)将空气干燥试样测定结果换算为水煤浆测定结果:

$$X_{\mathrm{cwm}} = X_{\mathrm{ad}} \times \frac{100 - M_{\mathrm{cwm}}}{100 - M_{\mathrm{ad}}} \qquad \cdots\cdots(1)$$

式中:

X_{cwm}——水煤浆灰分、挥发分、全硫、碳、氢、氮,用质量分数表示,%;

X_{ad}——水煤浆空气干燥试样的空气干燥基灰分、挥发分、全硫、碳、氢、氮,用质量分数表示,%;

M_{ad}——水煤浆空气干燥试样的水分质量分数,%;

M_{cwm}——水煤浆试样水分的质量分数,%。

6 结果报告

6.1 数据修约规则

凡末位有效数字后面的第一位数字大于 5,则在其前一位上增加 1,小于 5 则弃去;凡末位有效数字后面的第一位数字等于 5,而 5 后面的数字并非全为 0,则在 5 的前一位上增加 1;5 后面的数字全部为 0 时,如 5 前面一位为奇数,则在 5 的前一位上增加 1,如前面一位为偶数(包括 0),则将 5 弃去。所拟舍弃的数字,若为两位以上时,不得连续进行多次修约,应根据所拟舍弃数字中左边第一个数字的大小,按上述规则进行一次修约。

6.2 结果表述

水煤浆分析试验结果,取 2 次或 2 次以上重复测定值的算术平均值、按上述修约规则修约到测定方法标准规定的位数报出。

ICS 13.100
D 09

中华人民共和国国家标准

GB/T 25216—2010

煤与瓦斯突出危险性区域预测方法

Regional prediction methods for the danger of coal and gas outburst

2010-09-26 发布　　2011-02-01 实施

中华人民共和国国家质量监督检验检疫总局
中国国家标准化管理委员会　发布

前　言

本标准附录A为规范性附录。

本标准由中国煤炭工业协会提出并归口。

本标准主要起草单位:煤炭科学研究总院沈阳研究院。

本标准主要起草人:王魁军、孙波、曹垚林、富向、王耀锋、仇海生、杜泽生、何晓东、杨东。

煤与瓦斯突出危险性区域预测方法

1 范围

本标准规定了突出煤层区域预测的组织与实施、开拓前和开拓后的区域预测方法、区域预测报告的内容及格式要求等。

本标准适用于突出煤层的煤与瓦斯突出危险性区域预测。

2 规范性引用文件

下列文件中的条款通过本标准的引用而成为本标准的条款。凡是注日期的引用文件，其随后所有的修改单(不包括勘误的内容)或修订版均不适用于本标准，然而，鼓励根据本标准达成协议的各方研究是否可使用这些文件的最新版本。凡是不注日期的引用文件，其最新版本适用于本标准。

GB/T 15663.8　煤矿科技术语　第8部分:煤矿安全

GB/T 23249　地勘时期煤层瓦斯含量测定方法

GB/T 23250　煤层瓦斯含量井下直接测定方法

AQ/T 1047　煤矿井下煤层瓦斯压力的直接测定方法

AQ 1080　煤的瓦斯放散初速度指标(ΔP)测定方法

MT 49　煤的坚固性系数测定方法

3 术语和定义

GB/T 15663.8中确立的以及下列术语和定义适用于本标准。

3.1

区域预测　regional prediction

在突出煤层中预测某一区域的突出危险性，其范围由煤矿企业根据突出矿井的开拓方式、巷道布置等情况划定。

区域预测分为新水平、新采区开拓前的区域预测(以下简称开拓前区域预测)和新采区开拓完成后的区域预测(以下简称开拓后区域预测)。

经区域预测后，突出煤层划分为突出危险区和无突出危险区。未进行区域预测的区域视为突出危险区。

4 区域预测的组织与实施

对已确切掌握煤层突出危险区域的分布规律，包括开采深度、地质构造、煤层软分层、瓦斯压力、瓦斯含量、突出预测指标等与突出危险性的关系，并有可靠的预测资料的，区域预测工作可由煤矿技术负责人组织实施。参数测定应严格按照GB/T 23249、GB/T 23250、AQ/T 1047、AQ 1080、MT 49等标准执行。

由有煤与瓦斯突出危险性鉴定资质的单位进行的区域预测，在接受委托后，应指派不少于2名专业技术人员，严格按照GB/T 23249、GB/T 23250、AQ/T 1047、AQ 1080、MT 49等标准执行相关测试任务，在进行现场勘查、相关资料收集、参数测定和综合分析的基础上，编写区域预测报告，其结论应明确。

区域预测结果由煤矿企业技术负责人批准确认。

5 区域预测方法

5.1 开拓前区域预测方法

5.1.1 预测方法及预测结果应用范围

新水平、新采区开拓前，当预测区域的煤层缺少或者没有实测瓦斯参数时，可以主要依据地质勘探资料、上水平及邻近区域的实测数据、煤与瓦斯突出记录等进行开拓前区域预测。

其预测方法可用煤层瓦斯参数结合瓦斯地质分析法、多指标综合预测法等。

开拓前区域预测结果仅用于指导新水平、新采区的设计和新水平、新采区开拓工程的揭煤作业。

5.1.2 煤层瓦斯参数结合瓦斯地质分析法

5.1.2.1 基本要求

煤层瓦斯参数结合瓦斯地质分析法的基本要求：

a) 煤层瓦斯风化带为无突出危险区域。

b) 根据已开采区域确切掌握的煤层赋存特征、地质构造条件、突出分布的规律和对预测区域煤层地质构造的探测、预测结果，采用瓦斯地质分析的方法划分出突出危险区域。

当突出点及具有明显突出预兆的位置分布与构造带有直接关系时，则根据上部区域突出点及具有明显突出预兆的位置分布与地质构造的关系确定构造线两侧突出危险区边缘到构造线的最远距离，并结合下部区域的地质构造分布划分出下部区域构造线两侧的突出危险区；否则，在同一地质单元内，突出点及具有明显突出预兆的位置以上 20 m(埋深)及以下的范围为突出危险区(如图 1)。

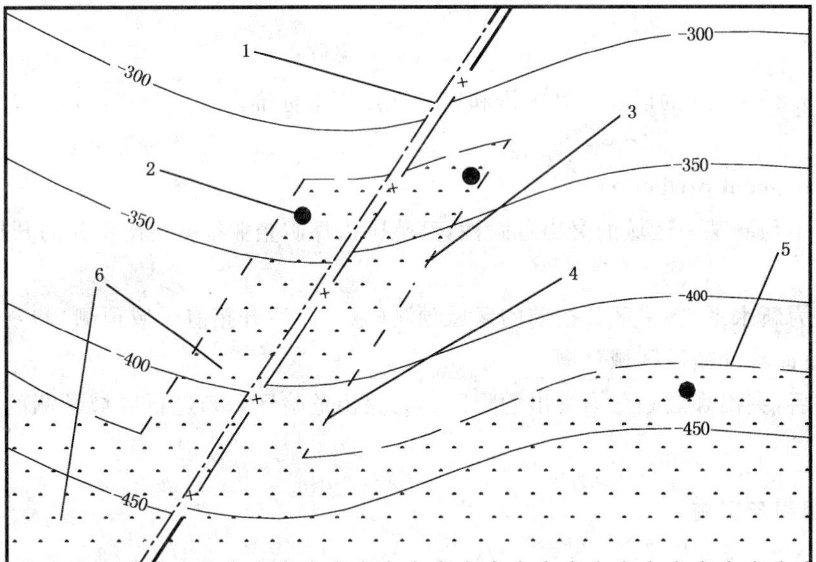

1——断层；

2——突出点或具有明显突出预兆的位置；

3——上部区域突出点在断层两侧的最远距离线；

4——推测下部区域断层两侧的突出危险区边界线；

5——推测的下部区域突出危险区上边界线；

6——突出危险区(阴影部分)。

图 1 根据瓦斯地质分析划分突出危险区域示意图

c) 在上述 a)、b)项划分出的无突出危险区和突出危险区以外的区域，应当根据煤层瓦斯压力 P 进行预测。如果没有或者缺少煤层瓦斯压力资料，也可根据煤层瓦斯含量 W 进行预测。预测所依据的临界值应根据试验考察确定，在确定前可暂按表 1 预测。

表 1 根据煤层瓦斯压力或瓦斯含量进行区域预测的临界值

瓦斯压力(相对压力)P MPa	瓦斯含量 W m^3/t	区域类别
$P<0.74$	$W<8$	无突出危险区
除上述情况以外的其他情况		突出危险区

d) 预测所主要依据的煤层瓦斯压力、瓦斯含量等参数为地质勘探资料、上水平及邻近区域的数据资料。其分析方法有瓦斯压力梯度法和瓦斯含量分析法：

1) 瓦斯压力梯度法：在地质条件不变的情况下，煤层瓦斯压力随深度变化的规律可用式(1)描述：

$$P=P_0+m(H-H_0) \quad \cdots\cdots(1)$$

式中：

P——在深度 H 处的瓦斯压力，单位为兆帕(MPa)；

P_0——瓦斯风化带 H_0 深处的瓦斯压力，取为 0.15～0.2，单位为兆帕(MPa)；

H_0——瓦斯风化带深度，单位为米(m)；

H——距地表垂深，单位为米(m)；

m——瓦斯压力梯度，单位为兆帕每米(MPa/m)。

按已有的地质勘探资料、上水平及邻近区域的实测数据，利用式(1)推算出未采区域的瓦斯压力，绘制瓦斯压力等值线图，划分出突出危险区域和无突出危险区域。

2) 瓦斯含量分析法：瓦斯含量分析法有地勘瓦斯含量统计法和瓦斯含量梯度法。

地勘瓦斯含量统计法：按已有的地勘瓦斯含量资料，绘制瓦斯含量等值线图，划分出突出危险区域和无突出危险区域。

地堪瓦斯含量的取值要求，应符合 GB/T 23249 规定。

瓦斯含量梯度法：在同一地质单元内，瓦斯带内瓦斯含量与开采深度之间的关系，呈近似线性关系。瓦斯含量梯度 α 数学关系式(2)为：

$$\alpha=\frac{H_2-H_1}{W_2-W_1} \quad \cdots\cdots(2)$$

式中：

H_1——瓦斯带内下水平的开采深度，单位为米(m)；

H_2——瓦斯带内上水平的开采深度，单位为米(m)；

W_1——在 H_1 深度的瓦斯含量，单位为立方米每吨(m^3/t)；

W_2——在 H_2 深度的瓦斯含量，单位为立方米每吨(m^3/t)。

按已有的瓦斯含量，利用式(2)推算出未采区域的瓦斯含量，绘制瓦斯含量等值线图，划分出突出危险区和无突出危险区。

5.1.2.2 区域预测步骤

区域预测应按以下步骤进行：

a) 收集地质资料：以矿井地质勘探资料提供的井田范围内较大的地质构造为基础，在采掘过程中根据揭露的构造情况，详实收集构造带的位置、属性(正断层、逆断层、褶皱等)、规模(走向变化范围、断距、倾俯角、长度等)、展布方向等资料。

b) 收集煤层瓦斯基础参数及煤与瓦斯突出资料：包括瓦斯风化带深度；已测煤层瓦斯压力、瓦斯含量点位置及测值；突出地点概况；突出地点到附近基准巷道的距离、突出煤量、动力破坏情况；瓦斯涌出量及涌出状况；突出孔洞及附近的地质构造；煤层赋存状况、煤的破坏类型；突出前的作业方式和防突措施；突出类型；突出点所处的坐标及埋藏深度等；明显突出预兆与瓦斯涌出、煤质、煤层赋存状况。

c) 分析已采区域或邻近区域的瓦斯压力、瓦斯含量的变化规律，推测待预测区域的瓦斯变化规律。

d) 编制区域预测图：以采掘工程平面图作为基础图，将收集到的地质构造、突出点的位置与明显突出预兆的位置绘制在基础图上，结合瓦斯参数分析结果，标明突出危险区和无突出危险区。

5.1.3 多指标综合预测法

多指标综合预测法，应按已开采区域确切掌握的地质、煤层、瓦斯和应力等指标与突出的关系规律，应用数学分析方法来划分出未开采区域的突出危险区与无突出危险区。应按以下步骤进行：

a) 划分预测单元：通过已开采区域建立突出预测综合指标与各种瓦斯、地质和应力等因素之间的对应关系；因素可包括：地质构造、地应力、煤层瓦斯含量、瓦斯放散初速度（ΔP）、煤的坚固性系数（f）、煤厚变异系数、软分层厚度、基岩厚度、含砂率等；确定突出危险性预测综合指标临界值。

b) 对比分析：按已开采区域确定的对应关系，将相似构造单元内未开采区域各预测单元影响因素与之对比分析，根据相似条件确定各预测单元突出危险性综合指标。

c) 确定区域突出危险性：按突出危险性预测综合指标临界值，确定各预测单元的突出危险性。

5.2 开拓后区域预测方法

5.2.1 预测方法及应用范围

开拓后区域预测应主要依据预测区域煤层的井下实测瓦斯资料，并结合地质勘探资料、上水平及邻近区域的实测数据等进行。

其预测方法可用煤层瓦斯参数结合瓦斯地质分析法。也可采用单项指标法和综合指标法等，但应由具有突出危险性鉴定资质的单位进行预测，并在试验前由煤矿企业技术负责人批准。

开拓后区域预测结果用于指导工作面的设计和采掘生产作业。

5.2.2 煤层瓦斯参数结合瓦斯地质分析法

开拓后的煤层瓦斯参数结合瓦斯地质分析法基本同本标准 5.1.2 的方法，但其参数的取得应符合以下要求：

a) 预测所主要依据的煤层瓦斯压力、瓦斯含量等参数应为井下实测数据；测定煤层瓦斯压力、瓦斯含量等参数的测试点应根据其范围、地质复杂程度等实际情况和条件分别布置；同一地质单元内沿煤层走向布置测试点不少于 2 个，沿倾向不少于 3 个，并有测试点位于埋深最大的开拓工程部位。

b) 井下实测预测区域内的瓦斯压力或瓦斯含量，应按 AQ/T 1047 和 GB/T 23250 的规定进行。

5.2.3 单项指标预测方法

预测煤层区域突出危险性的指标可用煤的破坏类型、瓦斯放散速度指标（ΔP）、煤的坚固性系数（f）和煤层瓦斯压力（P），其判断煤层区域突出危险性的临界值，应根据矿井的实测资料确定，如无实测资料时，按表 2、附录 A 所列数据划分，只有全部指标达到突出危险指标值时方可划为突出危险区域。

表 2 预测煤层区域突出危险性的单项指标值

煤层区域突出危险性	煤的破坏类型	瓦斯放散初速度 ΔP	煤的坚固性系数 f	瓦斯压力（相对压力）P MPa
突出危险区	Ⅲ、Ⅳ、Ⅴ	≥10	≤0.5	≥0.74

区域预测应符合下列要求：

a) 测点布置：测定煤层瓦斯压力等参数的测试点应根据其范围、地质复杂程度等实际情况和条件分别布置；同一地质单元内沿煤层走向布置测试点不少于 2 个，沿倾向不少于 3 个，并有测试点位于埋深最大的开拓工程部位。

b) 各指标取值：各指标值取预测区域煤层各测点的最高煤层破坏类型、煤的最小坚固性系数、最大瓦斯放散初速度指标和最大瓦斯压力值。

c) 施工现场煤样采取：如开拓工程已揭露煤层，取样方法为：在煤层断面内尽量选软分层；如没有软分层，则沿煤层断面上、中、下各取煤样混合在一起取样。如在钻孔中取样，则应采取粒度为 1 mm～3 mm 的煤样。

d) 煤的坚固性系数 f 和瓦斯放散初速度 ΔP 的测定：应符合 MT 49 和 AQ 1080 规定。

5.2.4 综合指标预测方法

预测煤层区域突出危险性，可按下列两个综合指标判断，见式(3)和式(4)：

$$\begin{cases} D=(0.0075H/f-3)(P-0.74) & \cdots\cdots(3) \\ K=\Delta P/f & \cdots\cdots(4) \end{cases}$$

式中：

D——煤层的突出危险性综合指标；

K——煤层的突出危险性综合指标；

H——煤层埋藏深度，单位为米(m)；

P——煤层瓦斯压力，取各测点实测瓦斯压力的最大值，单位为兆帕(MPa)；

ΔP——软分层煤的瓦斯放散初速度；

f——软分层煤的平均坚固性系数。

综合指标 D、K 的突出临界指标值应根据本矿区实测数据确定，如无实测资料，可参照表 3 所列的临界值，确定煤层区域突出危险性。

当测定的指标 D、K 值均大于或等于临界值，判定为突出危险区域；否则，判定为无突出危险区域[当式(3)中两个括号内的计算值都为负值时，则不论 D 值大小，都为无突出危险区域]。

表 3 用综合指标 D 和 K 预测煤层区域突出危险性的临界值

煤层突出危险性综合指标 D	煤层突出危险性综合指标 K	
	无烟煤	其他煤种
0.25	20	15

综合指标法参数测定要求：

a) 在每一测点应至少向突出煤层施工两个测压钻孔，测定煤层瓦斯压力；

b) 在施工测压钻孔的过程中，每米煤孔采取一个煤样，测定煤的坚固性系数 f；

c) 将两个测压钻孔所得的坚固性系数最小值加以平均作为煤层软分层平均坚固性系数；

d) 将坚固性系数最小的两个煤样混合后，测定煤的瓦斯放散初速度指标 ΔP。

5.2.5 开拓后区域预测方法的判定准则

当只用瓦斯压力 P 及瓦斯含量 W 值进行区域预测时，则按表 1 确定的临界值划分突出危险区及无突出危险区；

当预测区域煤层瓦斯压力 P 大于 0.74 MPa 时，并有充分的数据资料说明采用单项指标法及综合指标法预测、按表 2 及表 3 规定的临界值确定的无突出危险区经实践证明是正确的，则可采用本标准 5.2.3 或 5.2.4 规定的方法划分突出危险区及无突出危险区。

6 区域预测报告的内容与格式

6.1 区域预测报告内容

6.1.1 煤层区域概况

煤层区域概况包括以下内容：

a) 煤层区域地质概况：所属煤田、成煤时代、地质构造、水文地质情况、火成岩侵入形态及其分布、邻近矿井概况等；煤层赋存条件及其稳定性、煤的结构类型及工业分析、煤层围岩性质及厚度、构造类型及其特征、煤层瓦斯含量、煤层瓦斯成分以及勘探过程中钻孔透煤时的瓦斯涌出动力现象（顶钻、夹钻、喷孔等）。

b) 煤层区域生产概况：开拓方式、采煤方法、巷道布置、开采顺序、顶板管理方法、生产水平和开拓水平的标高及垂深。

c) 煤层瓦斯基础参数测定情况。

d) 矿井通风瓦斯概况：通风方式、风量、瓦斯涌出量、瓦斯抽放方法、设计抽放能力及抽放量等。

e) 煤与瓦斯动力现象及突出资料等。

6.1.2 区域瓦斯地质状况分析

统计分析预测区域的瓦斯地质资料，包括断层、褶曲、火成岩侵入、瓦斯压力、瓦斯含量、瓦斯涌出量、抽放量及煤与瓦斯动力现象等，得出其与区域突出危险性的关系。

6.1.3 区域突出危险性预测指标测定

包括区域预测范围的确定、测点布置、取样、参数测定、数据分析等。

6.1.4 区域预测结论

按区域内煤层瓦斯地质状况、突出危险性预测指标测定数据等进行分析论证，提出区域预测结论。在采掘工程平面图上标定出突出危险区和无突出危险区。

6.2 区域预测报告的格式

区域预测报告的格式应符合以下要求：

a) 应采用A4纸张，报告内容字体一般采用宋体字，字号为小四号，封面的报告名称应采用二号黑体字；

b) 封面内容应包括：区域预测报告编号、名称、完成单位和完成日期；

c) 封一页上应包括区域预测报告编号、名称、鉴定单位法人代表和审批领导人姓名及其职称、工作人员姓名及职称、完成单位和完成日期，并应加盖完成单位公章。

附 录 A
（规范性附录）
煤的破坏类型分类表

A.1 煤的破坏类型分类见表 A.1。

表 A.1 煤的破坏类型分类表

破坏类型	光泽	构造与构造特征	节理性质	节理面性质	断口性质	强度
Ⅰ类（非破坏煤）	亮与半亮	层状构造，块状构造，条带清晰明显	一组或二三组节理，节理系统发达，有次序	有充填物（方解石）次生面少，节理、劈理面平整	参差阶状，贝状，波浪状	坚硬，用手难以掰开
Ⅱ类（破坏煤）	亮与半亮	1）尚未失去层状，较有次序； 2）条带明显，有时扭曲，有错动； 3）不规则块状，多棱角； 4）有挤压特征	次生节理面多，且不规则与原生节理呈网状节理	节理面有擦纹、滑皮，节理平整，易掰开	参差多角	用手极易剥成小块，中等硬度
Ⅲ类煤（强烈破坏煤）	半亮与半暗	1）弯曲呈透镜体构造； 2）小片状构造； 3）细小碎块，层理较紊乱无次序	节理不清，系统不发达，次生节理密度大	有大量擦痕	参差及粒状	用手捻之可成粉末，偶尔较硬
Ⅳ类煤（粉碎煤）	暗淡	粒状或小颗粒胶结而成，形似天然煤团	节理失去意义，成黏块状		粒状	用手捻之成粉末，碎粒
Ⅴ类煤（全粉煤）	暗淡	1）土状构造，似土质煤； 2）如断层泥状			土状	可捻成粉末，疏松

ICS 73-010
D 04

中华人民共和国国家标准

GB/T 25217.1—2010

冲击地压测定、监测与防治方法 第1部分:顶板岩层冲击倾向性分类及指数的测定方法

Methods for test, monitoring and prevention of rock burst—
Part 1: Classification and laboratory test method on bursting liability of roof strata

2010-09-26 发布 2011-02-01 实施

中华人民共和国国家质量监督检验检疫总局
中国国家标准化管理委员会 发布

前　言

GB/T 25217《冲击地压测定、监测与防治方法》按部分发布，拟分为14个部分：

——第1部分：顶板岩层冲击倾向性分类及指数的测定方法；

——第2部分：煤的冲击倾向性分类及指数的测定方法；

——第3部分：煤岩组合试件冲击倾向性分类及指数的测定方法；

——第4部分：冲击危险性微震监测方法；

——第5部分：冲击危险性地音监测方法；

——第6部分：冲击危险性电磁辐射监测方法；

——第7部分：冲击危险性钻屑法监测方法；

——第8部分：冲击危险性采动应力监测方法；

——第9部分：冲击地压煤层注水防治方法；

——第10部分：冲击地压煤层钻孔卸压防治方法；

——第11部分：冲击地压煤层卸载爆破防治方法；

——第12部分：冲击地压开采保护层防治方法；

——第13部分：冲击地压深孔爆破断裂顶板防治方法；

——第14部分：冲击地压顶板定向水压致裂防治方法。

本部分是GB/T 25217的第1部分。

本部分的附录A为规范性附录。

本部分由中国煤炭工业协会提出并归口。

本部分起草单位：煤炭科学研究总院开采设计研究分院。

本部分主要起草人：齐庆新、李纪青、毛德兵、彭永伟、李宏艳、潘俊锋。

冲击地压测定、监测与防治方法 第1部分:顶板岩层冲击倾向性分类及指数的测定方法

1 范围

GB/T 25217的本部分规定了煤层顶板岩层冲击倾向性分类及指数测定所涉及的术语和定义、顶板岩层冲击倾向性分类及指数、仪器设备、试件规格、数量和含水状态、测定步骤和数据处理及顶板岩层冲击倾向性判断。

本部分适用于煤层顶板岩层冲击倾向性分类以及在实验室条件下,能加工出标准试件的煤层顶板岩层的冲击倾向性指数的测定。

2 规范性引用文件

下列文件中的条款通过GB/T 25217的本部分的引用而成为本部分的条款。凡是注日期的引用文件,其随后所有的修改单(不包括勘误的内容)或修订版均不适用于本部分,然而,鼓励根据本部分达成协议的各方研究是否可使用这些文件的最新版本。凡是不注日期的引用文件,其最新版本适用于本部分。

GB/T 23561.1—2009 煤和岩石物理力学性质测定方法 第1部分:采样一般规定

GB/T 23561.3—2009 煤和岩石物理力学性质测定方法 第3部分:煤和岩石块体密度测定方法

GB/T 23561.8—2009 煤和岩石物理力学性质测定方法 第8部分:煤和岩石变形参数测定方法

GB/T 23561.10—2010 煤和岩石物理力学性质测定方法 第10部分:煤和岩石抗拉强度测定方法

3 术语和定义

下列术语和定义适用于GB/T 25217的本部分。

3.1

岩层冲击倾向性 bursting liability of rock stratum

岩层积聚变形能并具有产生冲击破坏的性质。

注1:改写GB/T 16414—2008,定义4.13。

3.2

弯曲能量指数 bending energy index

在均布载荷作用下,单位宽度岩梁达到极限跨度时积蓄的变形能。

4 顶板岩层冲击倾向性分类及指数

顶板岩层冲击倾向性分类按弯曲能量指数值的大小分3类,见表1。

表1 顶板岩层冲击倾向性分类及指数

类别	Ⅰ类	Ⅱ类	Ⅲ类
冲击倾向	无	弱	强
弯曲能量指数/kJ	$U_{WQS} \leqslant 15$	$15 < U_{WQS} \leqslant 120$	$U_{WQS} > 120$

5 仪器设备

主要仪器设备如下：

a) 电液伺服试验机(或刚性试验机)，精度应不低于一级；

b) 钻石机、锯石机、磨石机、磨床；

c) 游标卡尺，最小分度值为 0.02 mm；

d) 万能角度尺、百分表及百分表架；

e) 天平，最大称量为 500 g，最小分度值为 0.01 g；

f) 水平检测台；

g) 动态电阻应变仪，工作频率应不小于 2 000 Hz；

h) 载荷传感器，量程应不小于 150 kN；

i) 位移传感器，量程应不大于 10 mm；

j) 计算机数据采集处理系统，数据采集频率应不小于 10 kHz；

k) 也可采用其他设备和仪器，但精度应不低于本部分的相应规定。

6 试件规格、数量和含水状态

6.1 试件规格、数量

6.1.1 试件取样应符合 GB/T 23561.1—2009 中第 5、6、7、8、9 各章的规定。

6.1.2 测定抗拉强度的试件规格、数量应符合 GB/T 23561.10—2010 中第 5 章的规定。

6.1.3 测定块体密度的试件规格、数量应符合 GB/T 23561.3—2009 中第 3 章或第 4 章的规定。

6.1.4 测定弹性模量的试件规格、数量应符合 GB/T 23561.8—2009 中第 5 章的规定。

6.2 试件含水状态

试件制备后，在室温条件下，放在底部有水的干燥器内 1 d～2 d，以保持一定的湿度，但试件不应接触水面。

7 测定步骤

7.1 抗拉强度

试件抗拉强度的测定步骤按 GB/T 23561.10—2010 中第 6 章的规定执行。

7.2 块体密度

试件块体密度的测定步骤按 GB/T 23561.3—2009 中第 3 章或第 4 章的规定执行。

7.3 弹性模量

试件弹性模量的测定步骤按 GB/T 23561.8—2009 中第 8 章的规定执行。

8 数据处理

8.1 抗拉强度

试件的抗拉强度按 GB/T 23561.10—2010 中的 7.1 进行计算。

8.2 块体密度

试件的块体密度按 GB/T 23561.3—2009 中的 3.5.4 进行计算。

8.3 弹性模量

试件的弹性模量按 GB/T 23561.8—2009 中的 8.1.7 进行计算。

8.4 上覆岩层载荷计算

上覆岩层载荷自煤层顶板起，自下而上，按式(1)计算：

$$q=10^{-6}\frac{E_1h_1^3g(\rho_1h_1+\rho_2h_2+\cdots+\rho_nh_n)}{E_1h_1^3+E_2h_2^3+\cdots+E_nh_n^3} \quad\cdots\cdots(1)$$

式中：

q ——单位宽度上覆岩层载荷，单位为兆帕(MPa)；

$E_i(i=1,2,\cdots,n)$——上覆各岩层的弹性模量，单位为兆帕(MPa)；

$h_i(i=1,2,\cdots,n)$——上覆各岩层的厚度，单位为米(m)；

$\rho_i(i=1,2,\cdots,n)$——上覆各岩层的块体密度，单位为千克每立方米(kg/m^3)；

g ——重力加速度，单位为牛每千克(N/kg)。

当 $n+1$ 层对第1层的载荷小于第 n 层对第1层的载荷时，计算终止，取第 n 层的计算结果。

8.5 弯曲能量指数计算

8.5.1 单一顶板弯曲能量指数按式(2)计算：

$$U_{WQ}=102.6\frac{(R_t)^{\frac{5}{2}}h^2}{q^{\frac{1}{2}}E} \quad\cdots\cdots(2)$$

式中：

U_{WQ}——单一顶板弯曲能量指数，单位为千焦(kJ)；

R_t——岩石试件的抗拉强度，单位为兆帕(MPa)；

h——单一顶板厚度，单位为米(m)；

E——岩石试件的弹性模量，单位为兆帕(MPa)。

8.5.2 复合顶板弯曲能量指数按式(3)计算：

$$U_{WQS}=\sum_{i=1}^{n}U_{WQi} \quad\cdots\cdots(3)$$

式中：

U_{WQS}——复合顶板弯曲能量指数，单位为千焦(kJ)；

U_{WQi}——第 i 层弯曲能量指数，单位为千焦(kJ)；

n——顶板分层数，复合顶板厚度一般取至煤层上顶板 30 m。

U_{WQ}、U_{WQi}、U_{WQS}计算结果取3位有效数字。

9 顶板岩层冲击倾向性判断

计算出弯曲能量指数后，将计算结果填入记录表内，见附录A。并按表1的规定判断该岩层冲击倾向性的类别。

附 录 A
（规范性附录）
顶板岩层冲击倾向性测定记录表

送样单位：__________ 采样地点：__________ 试验日期：__________

试样名称：__________ 试样编号：__________ 试件含水状态：__________

分层号	试件编号	试件描述		试件尺寸 直径×长 mm×mm	抗压强度 MPa	抗拉强度 MPa	单位宽度上覆岩层载荷 MPa	块体密度 kg/m^3	弹性模量 MPa	弯曲能量指数 kJ
		测定前	测定后							
顶板岩层冲击倾向性判断结论：										

试验： 计算： 校核：

ICS 73-010
D 04

中华人民共和国国家标准

GB/T 25217.2—2010

冲击地压测定、监测与防治方法 第2部分：煤的冲击倾向性分类及指数的测定方法

Methods for test, monitoring and prevention of rock burst—
Part 2: Classification and laboratory test method on bursting liability of coal

2010-09-26 发布 2011-02-01 实施

中华人民共和国国家质量监督检验检疫总局
中国国家标准化管理委员会 发布

前言

GB/T 25217《冲击地压测定、监测与防治方法》按部分发布，拟分为14个部分：

——第1部分：顶板岩层冲击倾向性分类及指数的测定方法；

——第2部分：煤的冲击倾向性分类及指数的测定方法；

——第3部分：煤岩组合试件冲击倾向性分类及指数的测定方法；

——第4部分：冲击危险性微震监测方法；

——第5部分：冲击危险性地音监测方法；

——第6部分：冲击危险性电磁辐射监测方法；

——第7部分：冲击危险性钻屑法监测方法；

——第8部分：冲击危险性采动应力监测方法；

——第9部分：冲击地压煤层注水防治方法；

——第10部分：冲击地压煤层钻孔卸压防治方法；

——第11部分：冲击地压煤层卸载爆破防治方法；

——第12部分：冲击地压开采保护层防治方法；

——第13部分：冲击地压深孔爆破断裂顶板防治方法；

——第14部分：冲击地压顶板定向水压致裂防治方法。

本部分是GB/T 25217的第2部分。

本部分的附录B、附录C、附录E、附录F为规范性附录，附录A、附录D为资料性附录。

本部分由中国煤炭工业协会提出并归口。

本部分起草单位：煤炭科学研究总院开采设计研究分院和煤炭科学研究总院检测研究分院。

本部分主要起草人：齐庆新、李纪青、毛德兵、傅京昱、彭永伟、任勇、蓝航。

冲击地压测定、监测与防治方法 第2部分：煤的冲击倾向性分类及指数的测定方法

1 范围

GB/T 25217 的本部分规定了煤的冲击倾向性分类及指数测定所涉及的术语和定义、煤的冲击倾向性分类及指数、仪器设备、试件规格、单轴抗压强度测定、动态破坏时间测定、弹性能量指数测定和冲击能量指数测定。

本部分适用于煤的冲击倾向性分类以及在实验室条件下，能加工出标准试件的煤的冲击倾向性指数的测定。

2 规范性引用文件

下列文件中的条款通过 GB/T 25217 的本部分的引用而成为本部分的条款。凡是注日期的引用文件，其随后所有的修改单（不包括勘误的内容）或修订版均不适用于本部分，然而，鼓励根据本部分达成协议的各方研究是否可使用这些文件的最新版本。凡是不注日期的引用文件，其最新版本适用于本部分。

GB/T 16414—2008　煤矿科技术语　岩石力学

GB/T 23561.1—2009　煤和岩石物理力学性质测定方法　第1部分：采样一般规定

GB/T 23561.7—2009　煤和岩石物理力学性质测定方法　第7部分：单轴抗压强度测定及软化系数计算方法

3 术语和定义

下列术语和定义适用于 GB/T 25217 的本部分。

3.1

煤的冲击倾向性　bursting liability of coal

煤体具有的积聚变形能并产生冲击破坏的性质。

注1：改写 GB/T 16414—2008，定义 4.12。

3.2

动态破坏时间　duration of dynamic fracture

DT

煤试件在单轴压缩状态下，从极限强度到完全破坏所经历的时间。

［GB/T 16414—2008，定义 4.9］

3.3

弹性能量指数　elastic strain energy index

W_{ET}

煤试件在单轴压缩状态下，当受力达到某一值时（破坏前）卸载，其弹性变形能与塑性变形能（耗损变形能）之比。

［GB/T 16414—2008，定义 4.11］

3.4

冲击能量指数　bursting energy index

K_E

煤试件在单轴压缩状态下，在应力应变全过程曲线中，峰值前积蓄的变形能与峰值后耗损的变形能之比。

[GB/T 16414—2008，定义 4.10]

3.5

单轴抗压强度　uniaxial compressive strength

R_c

在实验室条件下，煤的标准试件在单轴压缩状态下承受的破坏载荷与其承压面面积的比值。

[GB/T 23561.7—2009，定义 3.1]

4　煤的冲击倾向性分类及指数

煤的冲击倾向性的强弱，一般根据测定的 4 个指数进行综合衡量。煤的冲击倾向性按其指数值的大小分 3 类，见表 1。

当 DT、W_{ET}、K_E、R_c 的测定值发生矛盾时，其分类可采用模糊综合评判方法，4 个指数的权重分别为 0.3、0.2、0.2、0.3。煤的冲击倾向性强弱采用综合判定方法进行判断，4 个指数共有 81 种测试结果，综合判断结果参见附录 A。

表 1　煤的冲击倾向性分类

类别		Ⅰ类	Ⅱ类	Ⅲ类
冲击倾向		无	弱	强
指数	动态破坏时间/ms	$DT>500$	$50<DT\leqslant 500$	$DT\leqslant 50$
	弹性能量指数	$W_{ET}<2$	$2\leqslant W_{ET}<5$	$W_{ET}\geqslant 5$
	冲击能量指数	$K_E<1.5$	$1.5\leqslant K_E<5$	$K_E\geqslant 5$
	单轴抗压强度/MPa	$R_c<7$	$7\leqslant R_c<14$	$R_c\geqslant 14$

5　仪器设备

主要仪器设备如下：

a)　材料试验机，精度应不低于 1 级。加载范围应满足式(1)：

$$1.25P_{max} < P_0 < 5P_{max} \qquad (1)$$

式中：

P_0——材料试验机度盘最大值，单位为千牛(kN)；

P_{max}——预计试件的最大破坏载荷，单位为千牛(kN)。

b)　钻石机、锯石机、磨石机、磨床；

c)　游标卡尺，最小分度值为 0.02 mm；

d)　万能角度尺、百分表及百分表架；

e)　水平检测台；

f)　动态电阻应变仪，工作频率应不小于 2 000 Hz；

g)　载荷传感器，量程应不小于 150 kN；

h)　位移传感器，量程应不大于 10 mm；

i)　计算机数据采集处理系统，数据采集频率应不小于 10 kHz；

j） 也可采用其他设备和仪器，但精度应不低于本部分的相应规定。

6 试件规格

6.1 试样采集

试样采集应符合 GB/T 23561.1—2009 中第 5 章和第 6 章的规定。

6.2 试件规格

标准试件规格应符合 GB/T 23561.7—2009 中 5.1 的规定。

6.3 试件加工精度

试件加工精度应符合 GB/T 23561.7—2009 中 5.2 的规定。

6.4 试件数量

每一种煤样在测定动态破坏时间、弹性能量指数和冲击能量指数时，每个指数的试件应不少于 5 个；测定单轴抗压强度时，试件应不少于 3 个。

6.5 试件含水状态

试件制备后，在室温条件下，放在底部有水的干燥器内 1 d～2 d，以保持一定的湿度，但试件不应接触水面。

7 单轴抗压强度测定

按 GB/T 23561.7 中的规定测定试件的单轴抗压强度，并计算该组试件的平均单轴抗压强度。将测试值及平均值填入记录表内，见附录 B。

8 动态破坏时间测定

8.1 测定系统

测定煤样动态破坏时间的测试系统见图 1。测定也可采用能够绘出动态破坏时间曲线的其他仪器、仪表。

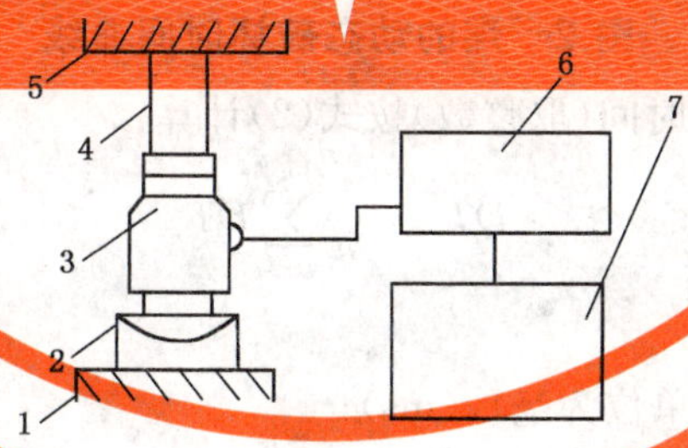

1——下承压板；
2——球形座；
3——载荷传感器；
4——试件；
5——上承压板；
6——应变仪；
7——数据采集处理系统。

图 1 煤样动态破坏时间测试系统示意图

8.2 测定步骤

8.2.1 测定前核对试件分组、试件编号；检查加工精度并测量尺寸，对试件节理、裂隙、含水状态及加工过程中出现的问题等进行描述，并填入记录表内，见附录 C。

8.2.2 启动材料试验机，将载荷传感器、试件置于材料试验机下承压板的球形座上，并使三者轴线重合，见图 1。调整球形座，使试件受力均匀。加载时应加保护罩。

8.2.3 按各仪器使用方法连接电路，进行预热、调试与检查，使其处于工作状态。

8.2.4 材料试验机以 0.5 MPa/s～1.0 MPa/s 的速率加载直至煤样破坏。

8.2.5 测得的信号通过动态电阻应变仪传递给计算机数据采集处理系统，以不小于 10 kHz 频率采集和储存测试数据。

8.3 数据处理

8.3.1 煤的动态破坏时间由动态破坏时间曲线确定，见图 2。将动态破坏时间值填入记录表内，见附录 C。煤的动态破坏时间的整理方法参见附录 D。

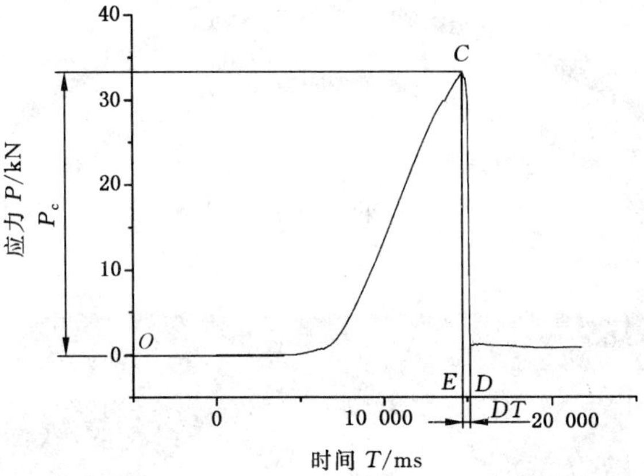

ED——破坏时间；

CD——破坏过程；

OC——加载过程。

图 2 煤的动态破坏时间曲线

8.3.2 每组试件的平均动态破坏时间(取整数)按式(2)计算：

$$DT_s = \frac{1}{n}\sum_{i=1}^{n} DT_i \qquad \cdots\cdots(2)$$

式中：

DT_s——平均动态破坏时间，单位为毫秒(ms)；

DT_i——第 i 个试件的动态破坏时间，单位为毫秒(ms)；

n——每组试件的个数。

8.3.3 计算机数据采集处理系统应根据测得数据，显示每个煤样动态破坏时间曲线，按 8.3.1 以人工方式判定每个煤样的动态破坏时间(*DT* 值)，系统按式(2)计算该组煤样的平均动态破坏时间值，并以图表方式打印出每个煤样的动态破坏时间曲线、动态破坏时间(*DT* 值)以及该组煤样的平均动态破坏时间值。

9 弹性能量指数测定

9.1 测定系统

弹性能量指数测定系统见图 3。测定也可采用能够绘出加卸载曲线的其他仪器、仪表。

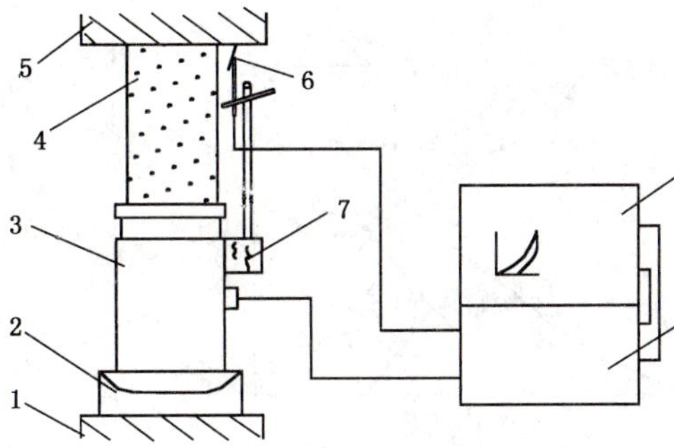

1——下承压板；
2——球形座；
3——载荷传感器；
4——试件；
5——上承压板；
6——位移传感器；
7——磁力表架；
8——数据采集处理系统；
9——动态电阻应变仪。

图 3　弹性能量指数测定系统示意图

9.2　测定步骤

9.2.1　测定前核对试件分组、试件编号；检查加工精度，测量尺寸。对试件节理、裂隙、含水状态及加工过程中出现的问题等进行描述，并填入记录表内，见附录 E。

9.2.2　材料试验机的加载范围按式(1)选择。

9.2.3　按第 7 章测定的试样平均单轴抗压强度，估算测定弹性能量指数试件的卸载值。

9.2.4　将载荷传感器和试件放在材料试验机下承压板的球形座上，并使三者的轴线重合，调整球形座，使试件受力均匀。

9.2.5　依次将载荷传感器和位移传感器同动态电阻应变仪、数据采集处理系统连接，接通仪器电源，预热、调试、检查，使之处于待机工作状态。

9.2.6　启动材料试验机，使上承压板与试件接触(但此时试件应未受力)，安装位移传感器。试验机以 0.5 MPa/s～1.0 MPa/s 的速率对试件加载。当加载到平均破坏载荷的 75%～85%时，以相同的速率卸载至平均破坏载荷的 1%～5%。以此方式反复对同一煤样加载、卸载，每一次重复加载的最大值应比上一次提高平均破坏载荷的 5%，直至煤样破坏。记录破坏载荷，描述破坏特征，填入记录表内，见附录 E。

9.3　数据处理

9.3.1　测定结果选取

测定结果应满足式(3)：

$$0.7P_c \leqslant P_c' \leqslant 0.9P_c \qquad \cdots\cdots(3)$$

式中：

P_c——试件破坏载荷，单位为千牛(kN)；

P_c'——卸载时载荷，单位为千牛(kN)。

当 P_c'不符合上式时，舍弃该数据，补充试件进行测试，直至符合上式要求的试件数不少于 5 个。

9.3.2　弹性能量指数计算

9.3.2.1　单一试件弹性能量指数计算：

弹性能量指数计算示意图见图 4。

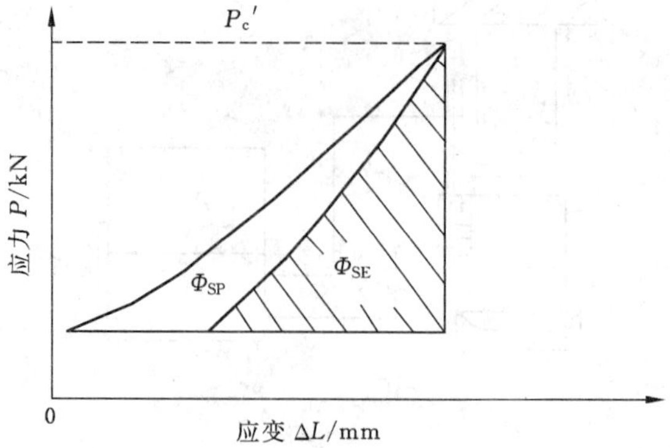

图 4 弹性能量指数计算示意图

弹性能量指数按式(4)和式(5)计算：

$$W_{ET} = \frac{\Phi_{SE}}{\Phi_{SP}} \quad \cdots\cdots (4)$$

$$\Phi_{SP} = \Phi_C - \Phi_{SE} \quad \cdots\cdots (5)$$

式中：

W_{ET}——弹性能量指数；

Φ_{SE}——弹性应变能，其值为卸载曲线下的面积，见图 4 画斜线部分；

Φ_C——总应变能，其值为加载曲线下的面积；

Φ_{SP}——塑性应变能，其值为加载曲线和卸载曲线所包络的面积。

9.3.2.2 每组试件平均弹性能量指数计算

对于一组试件，其平均弹性能量指数按式(6)计算：

$$W_{ETS} = \frac{1}{n}\sum_{i=1}^{n} W_{ETi} \quad \cdots\cdots (6)$$

式中：

W_{ETS}——弹性能量指数平均值；

W_{ETi}——第 i 个试件弹性能量指数；

n——试件个数。

W_{ET}、W_{ETS} 和 W_{ETi} 的计算结果取 3 位有效数字。

9.3.3 采用计算机处理测试数据

测得的数据，由计算机数据采集处理系统记录和贮存。按式(3)判定测试结果，符合要求的试件由计算机绘出弹性能量指数曲线图，再由计算机直接积分出弹性应变能值和总应变能值，并按式(4)和式(5)计算出弹性能量指数，按式(6)给出每组试件弹性能量指数平均值，以图表的方式打印出上述测试计算结果。

10 冲击能量指数测定

10.1 测定系统

冲击能量指数测定采用电液伺服试验机或刚性试验机。两种试验系统见图 5 和图 6。

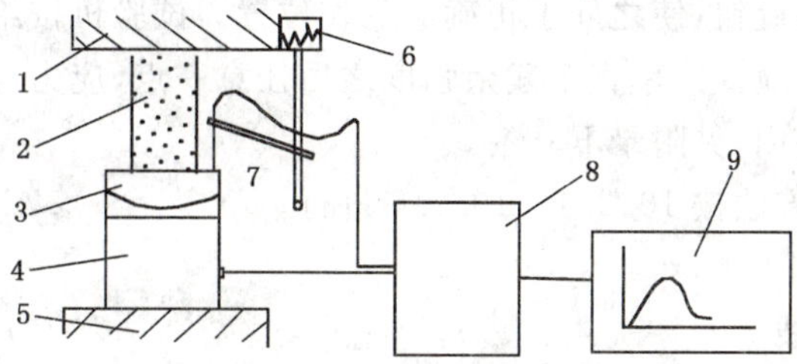

1——上承压板；
2——试件；
3——球形座；
4——载荷传感器；
5——下承压板；
6——磁力表架；
7——位移传感器；
8——数据采集处理系统；
9——输出终端。

图5 电液伺服试验机应力应变全过程曲线测定系统示意图

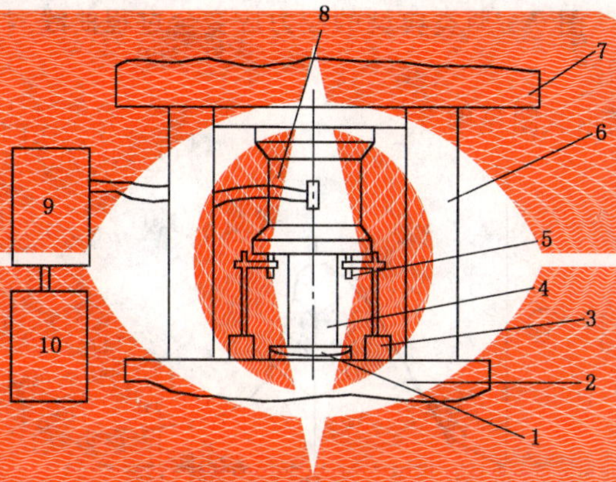

1——球形座；
2——下承压板；
3——磁性表座；
4——试件；
5——位移传感器；
6——刚性柱；
7——上承压板；
8——载荷传感器；
9——动态电阻应变仪；
10——数据采集处理系统。

图6 刚性试验机应力应变全过程曲线测定系统示意图

10.2 测定步骤

10.2.1 按8.2.1的规定，描述内容，并填入记录表内，见附录F。

10.2.2 材料试验机加载范围的选择按式(1)。

10.2.3 电液伺服试验机的应变速率范围一般为 0.5×10^{-5} mm/s～1.0×10^{-5} mm/s，试验时根据试件的力学特性和试验机类型选择适当的变形速率。

10.2.4 将试件置于电液伺服试验机下承压板中心，调整球形座，使试件受力均匀。

10.2.5 启动试验机，当试件与上承压板接触时停机。此时，载荷显示器有少许的载荷指示，将位移传感器安在上、下承压板之间。

10.2.6　调整、检查试验机各旋钮,使之处于正确的工作位置。试验机按给定的轴向变形速率对试件加载至极限载荷时,可适当调整应变速率直至残余强度之后任意一点,应力应变全过程曲线绘出。将破坏载荷、破坏状态描述填入表格内,见附录 F。

10.2.7　刚性试验机的试验方法按 10.2.4～10.2.6 进行。

10.3　数据处理

10.3.1　应力应变全过程曲线

两类典型的应力应变全过程曲线,见图 7。以过峰值 C 点的垂线 CQ 为分界,峰值后曲线位于 CQ 右侧为Ⅰ类应力应变曲线,位于 CQ 左侧为Ⅱ类应力应变全过程曲线。具有Ⅱ类曲线的煤属于强冲击倾向,不必计算冲击能量指数。具有Ⅰ类曲线的煤试件需计算冲击能量指数。

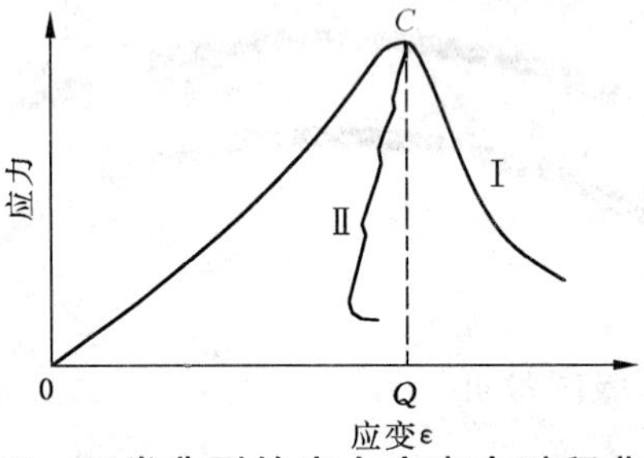

图 7　两类典型的应力应变全过程曲线

10.3.2　单一试件冲击能量指数

10.3.2.1　冲击能量指数计算示意图见图 8。

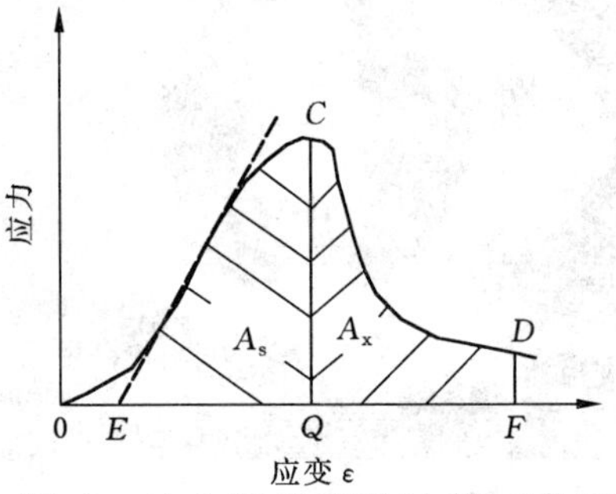

图 8　冲击能量指数计算示意图

冲击能量指数按式(7)计算:

$$K_E = \frac{A_s}{A_x} \qquad (7)$$

式中:

A_s——峰值前积聚的变形能;

A_x——峰值后耗损变形能;

K_E——冲击能量指数。

A_s 的值等于 0C 曲线下的面积,A_x 的值等于 CD 曲线下的面积。

D 为残余强度的初始点,D 点的确定方法是:做 0C 曲线的切线交 ε 轴于 E,截取 QF=QE,过 F 点做 ε 轴的垂线与峰后曲线交点即是 D。

10.3.2.2　每组试件平均冲击能量指数

对于一组试件,其平均冲击能量指数按式(8)计算:

$$K_{ES} = \frac{1}{n}\sum_{i=1}^{n} K_{Ei} \qquad (8)$$

式中:

K_{ES}——冲击能量指数平均值;

K_{Ei}——第 i 个试件冲击能量指数；

n——试件个数。

计算结果取 3 位有效数字。

10.3.3 采用计算机处理测试数据

测得的数据，由计算机数据采集处理系统记录和贮存，并绘出冲击能量指数曲线图。按 10.3.1 判定曲线类型。如为Ⅰ类曲线，由计算机直接积分出峰前积聚的变形能值和峰后损耗的变形能值，然后按式(7)计算出冲击能量指数，按式(8)给出每组试件冲击能量指数平均值，并以图表的方式打印出结果。

附　录　A
（资料性附录）
冲击倾向性综合评判结果

A.1　冲击倾向性综合评判结果见表A.1。表中综合评判结果：1——强冲击倾向；2——弱冲击倾向；3——无冲击倾向。

A.2　有8种较难进行综合判定的情况，在表中“综合评判结果”列内用“*”标出。出现此种测试结果，推荐采用对每个测试值与该指标所在类别临近界定值进行比较的方法综合判断冲击倾向性。

表A.1　冲击倾向性综合评判结果表

序号	动态破坏时间	弹性能量指数	冲击能量指数	单轴抗压强度	综合评判结果	序号	动态破坏时间	弹性能量指数	冲击能量指数	单轴抗压强度	综合评判结果
1	1	1	1	1	1	27	1	3	3	3	3
2	1	1	1	2	1	28	2	1	1	1	1
3	1	1	1	3	1	29	2	1	1	2	2
4	1	1	2	1	1	30	2	1	1	3	1
5	1	1	2	2	*	31	2	1	2	1	*
6	1	1	2	3	2	32	2	1	2	2	2
7	1	1	3	1	1	33	2	1	2	3	2
8	1	1	3	2	1	34	2	1	3	1	1
9	1	1	3	3	2	35	2	1	3	2	2
10	1	2	1	1	1	36	2	1	3	3	3
11	1	2	1	2	*	37	2	2	1	1	*
12	1	2	1	3	1	38	2	2	1	2	2
13	1	2	2	1	1	39	2	2	1	3	2
14	1	2	2	2	2	40	2	2	2	1	2
15	1	2	2	3	2	41	2	2	2	2	2
16	1	2	3	1	1	42	2	2	2	3	2
17	1	2	3	2	2	43	2	2	3	1	2
18	1	2	3	3	3	44	2	2	3	2	2
19	1	3	1	1	1	45	2	2	3	3	*
20	1	3	1	2	1	46	2	3	1	1	1
21	1	3	1	3	2	47	2	3	1	2	2
22	1	3	2	1	1	48	2	3	1	3	3
23	1	3	2	2	2	49	2	3	2	1	2
24	1	3	2	3	3	50	2	3	2	2	2
25	1	3	3	1	1	51	2	3	2	3	*
26	1	3	3	2	3	52	2	3	3	1	3

表 A.1（续）

序号	动态破坏时间	弹性能量指数	冲击能量指数	单轴抗压强度	综合评判结果	序号	动态破坏时间	弹性能量指数	冲击能量指数	单轴抗压强度	综合评判结果
53	2	3	3	2	2	68	3	2	2	2	2
54	2	3	3	3	3	69	3	2	2	3	3
55	3	1	1	1	1	70	3	2	3	1	3
56	3	1	1	2	1	71	3	2	3	2	*
57	3	1	1	3	3	72	3	2	3	3	3
58	3	1	2	1	1	73	3	3	1	1	2
59	3	1	2	2	2	74	3	3	1	2	3
60	3	1	2	3	3	75	3	3	1	3	3
61	3	1	3	1	2	76	3	3	2	1	3
62	3	1	3	2	3	77	3	3	2	2	*
63	3	1	3	3	3	78	3	3	2	3	3
64	3	2	1	1	1	79	3	3	3	1	3
65	3	2	1	2	2	80	3	3	3	2	3
66	3	2	1	3	3	81	3	3	3	3	3
67	3	2	2	1	2						

附 录 B
（规范性附录）
单轴抗压强度测定记录表

送样单位：________ 采样地点：________ 测定日期：____________

试样名称：________ 试件含水状态：________

煤样编号	采样深度（距地表____m至____m）	试件编号	试件描述		试件尺寸 mm	试件截面积 F mm^2	破坏载荷 P kN	抗压强度 R_c MPa	含水率 %	备注
			测定前	测定后						

测定： 计算： 审核：

附　录　C
（规范性附录）
煤的动态破坏时间测定记录表

送样单位：________　　　　采样地点：________　　　　试验日期：__________

试样名称：________　　　　　　　　　　　　　　　　　试件含水状态：________

煤样编号	试件编号	试件描述		试件尺寸 mm	截面积 mm^2	破坏 载荷 P kN	抗压 强度 R_c MPa	破坏 时间 DT ms	备注
		测定前	测定后						

测定：　　　　　　　　　　　　计算：　　　　　　　　　　　　审核：

附　录　D
（资料性附录）
煤的动态破坏时间的整理方法

D.1　煤的动态破坏时间的整理方法

煤的冲击倾向性的强弱，采用综合分析的整理方法。动态破坏时间典型曲线见图 D.1。

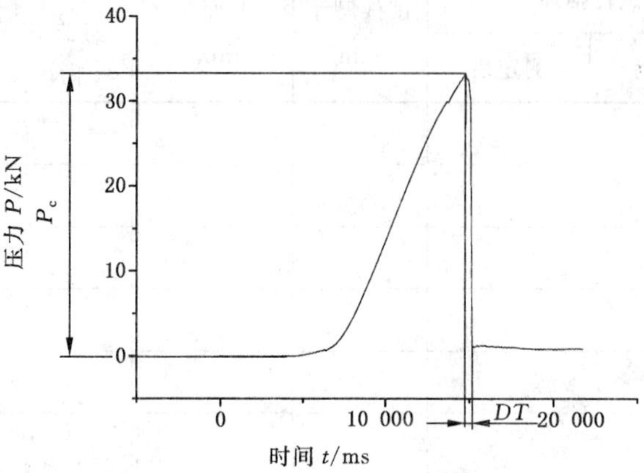

a)

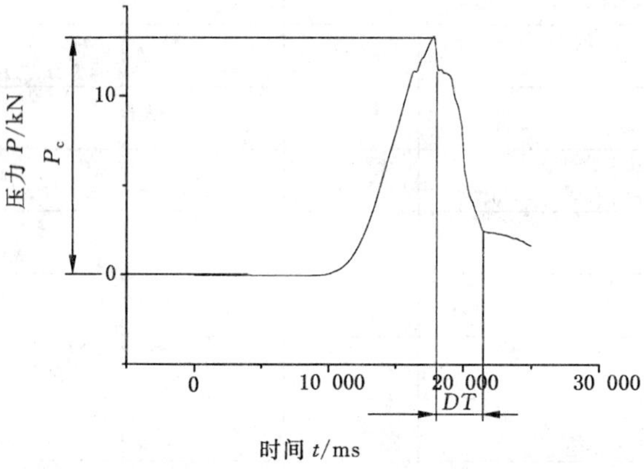

b)

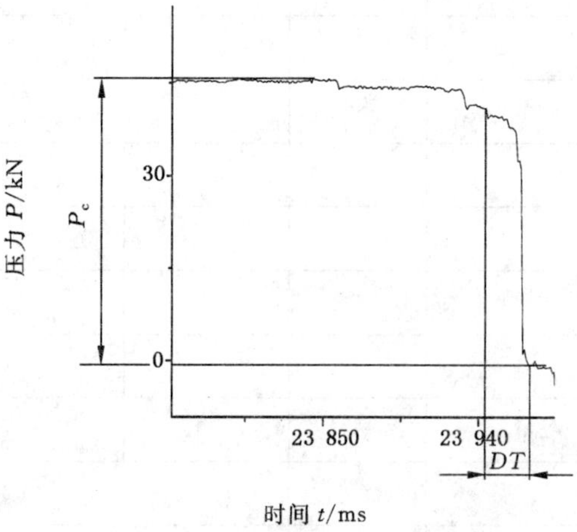

c)

P_c——试件破坏载荷；

DT——煤的动态破坏时间。

图 D.1　动态破坏时间曲线

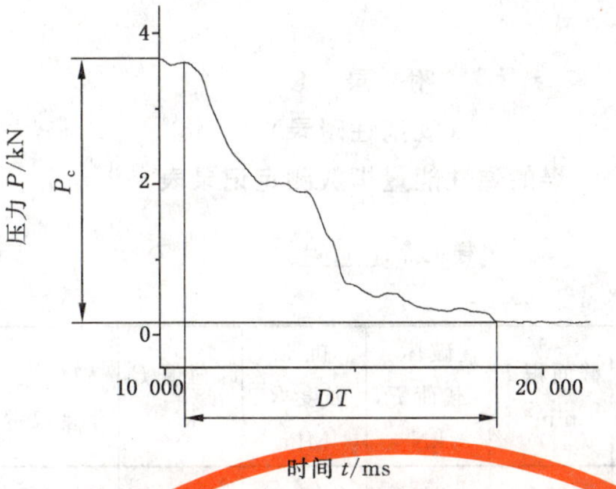

d)

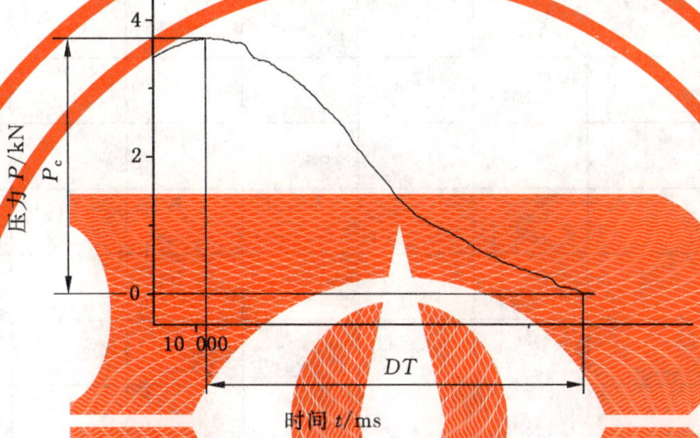

e)

P_c——试件破坏载荷；

DT——煤的动态破坏时间。

图 D.1（续）

D.1.1 对于抗压强度较高、完整性好的煤样，煤的动态破坏时间典型曲线见图 D.1a)，其 DT 值为试件从极限载荷至完全失去承载能力时所经历的时间。

D.1.2 对于脆性较高、裂隙发育的煤，动态破坏时间曲线出现 1 个以上的台阶。台阶基本分两种情况，一种情况为台阶处载荷值呈增加趋势[图 D.1b)]，DT 值为载荷呈明显下降的拐点起至载荷为零时所经历的时间；另一种情况为曲线近似水平[图 D.1c)]，DT 值根据经验可取降荷率为 15%～20%之间台阶处起至载荷降为零时所经历的时间。降荷率按式(D.1)计算：

$$\eta=\frac{P_c-P'}{P_c}\times 100\% \qquad \text{(D.1)}$$

式中：

η——降荷率；

P_c——试件破坏载荷，单位为千牛(kN)；

P'——台阶最高点载荷值，单位为千牛(kN)。

D.1.3 对于抗压强度一般的煤，其动态破坏时间曲线也可能出现多个台阶或台阶不明显的斜线，但试件承载能力总是趋于下降[图 D.1d)、图 D.1e)]，DT 值由图 D.1d)、图 D.1e)直接确定。

附　录　E
（规范性附录）
煤的弹性能量指数测定记录表

送样单位：________　　　　采样地点：________　　　　试验日期：____________

试样名称：________　　　　　　　　　　　　　　　　　试件含水状态：________

煤样编号	试件编号	试件描述		试件尺寸 mm	截面积 F mm^2	破坏载荷 P kN	抗压强度 R_c MPa	卸荷值 P_x kN	弹性变形能 Φ_{SE}	塑性变形能 Φ_{SP}	弹性能指数 W_{ET}	备注
		测定前	测定后									

测定：　　　　　　　　　　计算：　　　　　　　　　　审核：

附 录 F
（规范性附录）
煤的冲击能量指数测定记录表

送样单位：________　　　　采样地点：________　　　　试验日期：____________

试样名称：________　　　　　　　　　　　　　　　　　试件含水状态：________

煤样编号	试件编号	试件描述		试件尺寸 mm	截面积 F mm^2	破坏载荷 P kN	抗压强度 R_c MPa	峰值前聚积的变形能 A_S	峰值后损耗的变形能 A_X	弹性能指数 K_E	备注
		测定前	测定后								

测定：　　　　　　　　　　计算：　　　　　　　　　　审核：

ICS 67.260
X 91

中华人民共和国国家标准

GB/T 25218—2010

粮油机械　产品涂装通用技术条件

Grain and oil machinery—General specifications for products painting

2010-09-26 发布　　2011-03-01 实施

中华人民共和国国家质量监督检验检疫总局
中国国家标准化管理委员会　发布

前　言

本标准由国家粮食局提出。

本标准由全国粮油标准化技术委员会归口。

本标准起草单位:河南工业大学、江苏牧羊集团有限公司。

本标准主要起草人:武文斌、王渊明、王新。

粮油机械　产品涂装通用技术条件

1　范围

本标准规定了产品涂装的相关术语和定义、技术要求、试验方法、检验规则、运输和储存要求。

本标准适用于粮油机械的涂装。

2　规范性引用文件

下列文件中的条款通过本标准的引用而成为本标准的条款。凡是注日期的引用文件，其随后所有的修改单(不包括勘误的内容)或修订版均不适用于本标准，然而，鼓励根据本标准达成协议的各方研究是否可使用这些文件的最新版本。凡是不注日期的引用文件，其最新版本适用于本标准。

GB/T 1727　漆膜一般制备法

GB/T 1732　漆膜耐冲击测定法

GB/T 1740—2007　漆膜耐湿热测定法

GB/T 1766—2008　色漆和清漆　涂层老化的评级方法

GB/T 3181　漆膜颜色标准

GB/T 5210—2006　色漆和清漆　拉开法附着力试验

GB/T 6739　色漆和清漆　铅笔法测定漆膜硬度

GB 7691　涂装作业安全规程　安全管理通则

GB/T 9754　色漆和清漆　不含金属颜料的色漆漆膜的20°、60°和85°镜面光泽的测定

GB/T 13452.2　色漆和清漆　漆膜厚度的测定

3　术语和定义

下列术语和定义适用于本标准。

3.1

涂料　coating

涂在物体表面防腐蚀或起装饰作用的各种油类、油漆、塑料和颜料。

3.2

涂装　paint

将涂料涂敷在机器和构件表面的操作过程。

3.3

涂膜　painting film

涂装的涂料在物体表面形成的薄膜。

3.4

刷痕　brush trace

用刷涂法涂敷涂料，干燥后涂膜表面留有的刷纹。

3.5

桔纹　orange-peel

用涂料喷涂加工干燥后，涂膜表面形成类似桔皮的涂纹。

3.6

流挂 sagging

涂料涂敷于垂直物体表面，未干前涂层下流，干后涂膜厚度不匀，形成的流痕。

3.7

针孔 pinhole

涂膜在干结过程中，表面出现的一种凹陷透底的针尖细孔。

3.8

起皱 wrinkle

涂膜由于表面干燥过快所引起的折皱现象。

4 技术要求

4.1 涂装前的要求

4.1.1 涂装作业和场地应按 GB 7691 的安全规程执行。

4.1.2 涂装前的工件表面涂漆(塑)部位应清理干净。

4.1.3 铸、锻件表面不应有粘砂、多肉、飞边、毛刺、浇冒口等缺陷。必要时铸件应进行表面处理。

4.1.4 板件上不应有油渍、锈斑和污物等。

4.1.5 焊接件表面不允许有焊渣、焊瘤、药皮及机械加工残存的飞边、毛刺等。

4.1.6 木制件上的虫眼、钉孔、节孔等应全部填腻抹平。

4.1.7 不涂装的部位，如零件上的加工面、工作面、接合面，编织筛与冲孔筛的筛面，砂辊、胶辊以及其他橡胶、塑料、尼龙制件，或已有表面涂饰的零件(包括电镀、发蓝、电化处理的表面)，均应仔细遮盖或拆除，不允许涂装时污染、粘附。经常装拆需涂装的装置应拆分后再涂装；需拆装的螺纹联接件应不涂装。

4.2 涂装的技术要求

4.2.1 涂料和腻子、稀释剂等应符合化工或食品卫生标准的有关规定，与粮食接触部位所使用的涂料应无毒。所用涂料除适应工件基体材质外，还应根据涂料质量配套使用。

4.2.2 涂料的品种均应符合图样及有关技术文件或订货合同的规定。无规定时，可由制造厂按产品使用条件(耐热、耐油、防腐蚀、耐候性等)和涂料供应情况，确定涂料品种，并应适合下列一般要求：

a) 铝制件应涂敷对铝、镁、锌等轻金属有良好附着力而无锈蚀作用的涂料。一般可用锌黄防锈漆、丙烯酸清漆(B01-6)等；

b) 外露的蒸汽管道、冷凝管道应涂敷耐热、耐水的防锈漆。一般可用铝粉防锈漆打底或罩面；也可用铝粉醇酸耐热烘漆；

c) 外露、不需涂装的金属件加工面和木制件应涂防锈脂或涂清漆；

d) 与粮食及制成品接触的零、部件需要涂装时，应涂食品级涂料，采用不锈钢等耐腐蚀材料的，外表面可以不涂装。

4.2.3 机器上的棉织品、皮革、人造革以及玻璃、塑料制件一般不涂装。镀锌薄板和尼龙等高分子材料制成的管道、器件等也不涂装。

4.2.4 构件组合涂装颜色应符合图样及有关技术文件的规定，如无规定时应符合下列要求：

a) 外表面一般为淡灰色或淡绿色；

b) 内壁为淡黄色或其他浅色；

c) 安全标志及润滑点一律用红色；

d) 为了产品的美观，可以在一台机器上使用多种漆色；

e) 成套设备的各项主机、辅机以及装在机器上的动力设备与附件均应符合统一样板，色调一致。

4.2.5 涂装过程应按经规定程序批准的涂装工艺文件进行，严格控制涂料的配制、涂层的干燥时间。对各道涂层质量应进行工序间检查。为区别前后工序，可以使用不同色涂层以便识别(应注意面层涂料的遮盖力)。

4.2.6 一般产品的涂层可按下列规定的涂敷程序和涂敷层数进行:

a) 头道底漆1层;

b) 腻子(局部)1层~2层;

c) 二道底漆1层;

d) 面漆2层。

较粗糙产品或无需修饰的表面,可以涂防锈漆1层~2层,面漆1层~2层。

4.2.7 铸件及焊接件表面局部凹陷,需用配套性良好的常温固化型腻子填补。铸铁件的腻子涂层厚度不大于1.5 mm,铸钢件的腻子涂层厚度不大于2 mm。

4.2.8 板材、型材、管材的表面可以不抹腻子,但应有底漆。

4.3 涂膜的质量要求

4.3.1 涂膜外观质量

4.3.1.1 涂膜应牢固,不应起皮脱落。涂装后的表面应完整,无漏涂。

4.3.1.2 漆(塑)面应均匀、光洁、色泽一致,不应有刷痕、流挂、针孔、麻点、桔纹、起皱、气泡、迸裂、料粒、泛黄、发白及粘附污点。有花纹的涂装面应明显呈现出均匀的花纹(如垂纹、皱纹等)。涂膜应干透、不粘手,具有一定的硬度和柔软性。

4.3.2 涂膜性能指标

4.3.2.1 颜色:按GB/T 3181的要求或图样技术规定。

4.3.2.2 耐冲击:不小于50 cm。

4.3.2.3 耐湿热性:应符合GB/T 1740—2007中的2级要求。

4.3.2.4 硬度:应符合技术文件的要求。

4.3.2.5 光泽:20个单位以上或商定的要求。

4.3.2.6 厚度:70 μm~120 μm。

4.3.2.7 附着力:应符合GB/T 5210—2006中的3级要求。

4.3.2.8 老化:应符合GB/T 1766—2008中的2级要求。

5 试验方法

5.1 试验条件

5.1.1 涂膜检验和性能试验与产品涂装应在同一材料、同一工艺制作的试板上进行。

5.1.2 试板的制备应符合GB/T 1727的规定。

5.1.3 涂膜外观检验应在光线充足的条件下进行。

5.2 涂膜外观检验

5.2.1 光洁、色泽及花纹检验:与试板对照,目视测定。

5.2.2 涂膜的牢固程度检验:用双面刀片在试板上横竖各划11条线,间距1 mm,然后用氧化锌橡皮胶贴牢,快速揭起一次,方格中涂膜脱落的百分比应小于5%。

5.2.3 干燥和柔软性程度检验:用拇指重压应不出现指痕;用刮刀刮下涂膜,刮屑应有弹性的卷曲,不应出现碎末或整块粘在一起的现象。

5.3 涂膜性能试验

5.3.1 颜色:按GB/T 3181或图样规定目测。

5.3.2 冲击强度:按GB/T 1732的规定检测。

5.3.3 耐湿热性:按GB/T 1740的规定检测。

5.3.4 硬度:按GB/T 6739的规定检测。

5.3.5 光泽:按GB/T 9754的规定检测。

5.3.6 厚度:按 GB/T 13452.2 的规定检测。

5.3.7 附着力:按 GB/T 5210 的规定检测。

5.3.8 老化:按 GB/T 1766 的规定检测。

6 检验规则

6.1 检验分类

分为出厂检验和型式检验。

6.2 出厂检验

6.2.1 完成涂装的产品在出厂前应逐一对涂装表面进行检验,检验合格后,方可组装或包装。

6.2.2 检验项目按 4.3.1 的规定执行。

6.3 型式检验

6.3.1 型式检验项目按 4.3 执行。在下列情况时,应进行型式检验:

a) 使用新品种的涂装材料时;

b) 原涂料配方有较大变动而影响涂膜性能时;

c) 对已定型稳定生产的涂料连续使用半年时。

6.3.2 型式检验采用随机抽样,抽样数为 5%,但不少于 2 台。

6.4 判定规则

6.4.1 型式检验结果应符合 4.3 的规定。

6.4.2 任一件或任一项检验不合格,可加倍抽样复验,以复验结果为准。若仍不符合规定,则判定为不合格。

7 储存及运输

7.1 涂装后的产品,在储存期间应保持干燥,通风良好,不应接近热源。非露天使用的机器产品,不应露天存放,防止日晒雨淋。

7.2 运输时应防止碰撞损伤,捆扎或固定在包装箱内时,应加软质衬垫,以防擦伤涂膜。

ICS 67.060
B 20

中华人民共和国国家标准

GB/T 25219—2010

粮油检验
玉米淀粉含量测定　近红外法

Inspection of grain and oils—
Determination of starch content in maize—Near-infrared method

2010-09-26 发布　　2011-03-01 实施

中华人民共和国国家质量监督检验检疫总局
中国国家标准化管理委员会　发布

前　言

本标准是建立在经典方法基础上的玉米中淀粉含量快速测定方法，对于仲裁检验应以国家标准已规定的常规方法，即GB/T 5009.9《食品中淀粉的测定》为准。

本标准的附录A为规范性附录。

本标准由国家粮食局提出。

本标准由全国粮油标准化技术委员会归口。

本标准起草单位：国家粮食局标准质量中心、河南工业大学、吉林省粮油质量监督检测站、安徽省粮油产品质量监督检测站、重庆市粮油质量监督检验站、江西省粮油质量监督检验站。

本标准主要起草人：唐瑞明、吴存荣、唐怀建、宋长权、徐经杰、邹勇、莫逆。

粮油检验
玉米淀粉含量测定　近红外法

1　范围

本标准规定了近红外分析方法测定玉米淀粉含量(干基)的术语和定义、原理、仪器设备、测定、结果处理和表示、异常样品的确认和处理、准确性和精密度及试验报告的要求。

本标准适用于玉米淀粉含量(干基)的快速测定。

本标准不适用于仲裁检验。

2　规范性引用文件

下列文件中的条款通过本标准的引用而成为本标准的条款。凡是注日期的引用文件,其随后所有的修改单(不包括勘误的内容)或修订版均不适用于本标准,然而,鼓励根据本标准达成协议的各方研究是否可使用这些文件的最新版本。凡是不注日期的引用文件,其最新版本适用于本标准。

GB/T 5009.9　食品中淀粉的测定

GB 5491　粮食、油料检验　扦样、分样法

GB/T 24895　粮油检验　近红外分析定标模型验证和网络管理与维护通用规则

3　术语和定义

GB/T 24895 规定的术语和定义适用于本标准。

4　原理

利用淀粉分子中的 C—H、N—H、O—H 等化学键的泛频振动或转动对近红外光的吸收特性,用化学计量学方法建立玉米近红外光谱与其淀粉含量之间的相关关系,计算玉米样品的淀粉含量。

5　仪器设备

5.1　近红外分析仪:加入粮油近红外分析网络的仪器应符合 GB/T 24895 的要求。未加入粮油近红外分析网络的仪器,应按照 GB/T 24895 中有关定标模型验证的规定验证合格。

5.2　样品粉碎设备(适用于测定粉末样品的近红外分析仪):粉碎后样品的粒度分布和均匀性应符合近红外分析仪建立定标模型时的要求,使用时应采用和定标模型建立与验证时同样的制备过程。

6　测定

6.1　测试前的准备

6.1.1　样品的取样和分样按 GB 5491 的规定执行。

6.1.2　整理样品,除去样品中的杂质。

6.1.3　按照近红外分析仪(5.1)说明书的要求进行仪器预热和自检测试。

6.1.4　在使用状态下每天至少用监控样品对近红外分析仪(5.1)监测一次。应跟踪每天监测的结果,同一监控样品的测定结果与最初的测定结果比较,应保证符合 9.2 的规定。监控样品的制备按附录 A 的规定执行。

6.1.5 如监控结果不符合 9.2 的要求，应停止使用并报网络管理者或仪器供应商予以调整或维修。

6.1.6 测试样品的温度应控制在定标模型验证中规定的测试温度范围内。

6.2 整粒玉米样品的测定

按照近红外分析仪(5.1)说明书的要求，取适量的玉米样品用近红外分析仪(5.1)进行测定，记录测定数据。每个样品应测定两次，第一次测定后的样品应与原待测样品混匀后，再次取样进行第二次测定。

6.3 粉碎样品的测定

按照近红外分析仪(5.1)说明书的要求，取适量的玉米样品，使用规定的粉碎设备(5.2)粉碎，将玉米粉样品用近红外分析仪进行测定，记录测定数据。每个样品应测定两次，第一次测定后的玉米粉样品应与原待测样品混匀后，再次取样进行第二次测定。

7 结果处理和表示

7.1 为了得到有效的结果，测定结果应在仪器使用的定标模型所覆盖的水分含量范围内。

7.2 两次测定结果的绝对差应符合 9.2 的要求，取两次数据的平均值为测定结果，测定结果保留小数点后一位。

7.3 如果两个测试结果的绝对差值不符合 9.2 的要求，则必须再进行 2 次独立测试，获得 4 个独立测试结果。若 4 个独立测试结果的极差($X_{max}-X_{min}$)等于或小于允许差(按算术平均值计算出允许差)的 1.3 倍，则取 4 个独立测试结果的平均值作为最终测试结果；如果 4 个独立测试结果的极差($X_{max}-X_{min}$)大于允许差的 1.3 倍，则取 4 个独立测试结果的中位数作为最终测试结果。

7.4 对于仪器报警的异常测定结果，所得数据不应作为有效测定数据。异常样品的确认和处理按第 8 章的要求执行。

8 异常样品的确认和处理

8.1 异常样品的确认

8.1.1 形成异常测定结果的原因，可能来自于以下几个方面：

——该样品淀粉的含量超过了该仪器的定标模型的范围；

——该样品的品种与参与该仪器定标样品集的品种有很大差异；

——采用了错误的定标模型；

——样品杂质过多；

——光谱扫描过程中样品发生了位移；

——样品温度超出定标模型规定的温度范围。

8.1.2 应对造成测定结果异常的原因进行分析和排除，再进行第二次近红外测定，如仍出现报警，则确认为异常样品。

8.2 异常样品的处理

8.2.1 异常样品的淀粉含量应按 GB/T 5009.9 规定的方法进行测定，并封存样品。

8.2.2 应将异常样品的情况通报粮油近红外分析网络管理者或仪器生产商，以利于今后对定标模型进行升级。

9 准确性和精密度

9.1 准确性

验证样品集淀粉含量扣除系统偏差后近红外的测定值与其标准值之间的标准差(SEP)应不大于 1.0%。

9.2 重复性

在同一实验室，由同一操作者使用相同的仪器设备，按相同测试方法，在短的时间内通过重新分样和重新装样，对同一被测样品相互独立进行测定，获得的两次测定结果的绝对差值应不大于算术平均值的10%。

9.3 再现性

在不同实验室，由不同操作人员使用同一型号不同设备，按相同测试方法，对相同的玉米样品，获得的两个独立试验结果之间差值应不大于算术平均值的14%。

10 试验报告

测试报告应包括(但不限于)：

——定标模型名称及编号；

——定标模型的适用浓度范围；

——定标模型允许温度范围；

——已入粮油近红外分析网络的近红外分析仪，应提供所入网络的名称、入网时间、入网编号、定标模型转移时间；

——未入粮油近红外分析网络的近红外分析仪，应提供以下信息：

- 验证样品集浓度范围；
- 验证样品集的测试温度范围；
- 验证单位及验证时间；

——仪器型号与序列号；

——监控样品日常监控信息；

——试样的名称及编号；

——试样采样方法；

——试样制备方法；

——试样测试时的温度；

——试样测定结果；

——采用的测定方法标准；

——出现异常样品时，应提供异常样品类型及处理的有关信息；

——测试单位、测试人及测试时间；

——本标准未规定的，或认为是非强制性的，以及可能影响测定结果的全部细节。

附 录 A
（规范性附录）
监控样品的制备

A.1 仪器

近红外分析仪：符合本标准5.1的要求。

A.2 监控样品的制备

A.2.1 取样：选择品种单一的玉米，按GB 5491规定的方法采样。

A.2.2 样品的预处理：样品应除去杂质及破碎粒，分样至每份样品500 g左右。

A.2.3 样品的测定：利用近红外分析仪（A.1）测定样品的淀粉含量。

A.2.4 监控样品应至少制备两份，其中一份留作备用。

A.3 监控样品的保存

样品应密封，保存于通风、干燥、阴凉环境中。保存期不宜超过一年。

A.4 监控样品的使用期限

每个监控样品在使用100次之后，或者出现生虫、被污染等，应重新制备。

ICS 67.040
X 04

中华人民共和国国家标准

GB/T 25220—2010

粮油检验　粮食中赭曲霉毒素A的测定 高效液相色谱法和荧光光度法

Inspection of grain and oils—Determination of ochratoxin A in grains by high performance liquid chromatography and fluorometer

2010-09-26 发布　　2011-03-01 实施

中华人民共和国国家质量监督检验检疫总局
中国国家标准化管理委员会　发布

前　言

本标准的附录 A 和附录 B 为资料性附录。

本标准由国家粮食局提出。

本标准由全国粮油标准化技术委员会归口。

本标准负责起草单位:国家粮食局科学研究院。

本标准参加起草单位:上海国家粮食质量监测中心、北京中检维康技术有限公司、吉林省粮油卫生检验监测站。

本标准主要起草人:王松雪、王雄、何志军、刘焓、薛斌、张艳、孙长坡、马小妮、王岩、高晓春。

粮油检验　粮食中赭曲霉毒素A的测定 高效液相色谱法和荧光光度法

1　范围

本标准规定了采用高效液相色谱法和荧光光度法测定粮食中赭曲霉毒素A的原理、试剂和材料、仪器和设备、操作步骤及结果表示。

本标准适用于小麦、玉米、稻谷中赭曲霉毒素A的测定。

免疫亲和柱净化高效液相色谱法和免疫亲和柱净化荧光光度法的检测限均为1 μg/kg，离子交换固相萃取柱净化高效液相色谱法检测限为0.8 μg/kg。

2　规范性引用文件

下列文件中的条款通过本标准的引用而成为本标准的条款。凡是注日期的引用文件，其随后所有的修改单(不包括勘误的内容)或修订版均不适用于本标准，然而，鼓励根据本标准达成协议的各方研究是否可使用这些文件的最新版本。凡是不注日期的引用文件，其最新版本适用于本标准。

GB/T 6682　分析实验室用水规格和试验方法

3　免疫亲和柱净化高效液相色谱法

3.1　原理

试样中的赭曲霉毒素A用乙腈＋水提取后，利用抗体与其相应抗原之间的专一性免疫亲和反应，以含有赭曲霉毒素A特异性抗体的免疫亲和层析柱净化提取液，用配有荧光检测器的高效液相色谱仪测定，外标法定量。

3.2　试剂和材料

除另有规定外，所用试剂均为分析纯，实验用水应符合GB/T 6682中二级用水要求。

3.2.1　乙腈：色谱纯。

3.2.2　甲醇：色谱纯。

3.2.3　氯化钠。

3.2.4　冰醋酸。

3.2.5　吐温-20(Tween-20)。

3.2.6　碳酸氢钠。

3.2.7　磷酸氢二钠。

3.2.8　磷酸二氢钾。

3.2.9　氯化钾。

3.2.10　浓盐酸。

3.2.11　赭曲霉毒素A(Ochratoxin A，OTA)标准品：纯度≥99%。

3.2.12　提取液：乙腈(3.2.1)＋水＝60＋40。

3.2.13　磷酸盐缓冲溶液(PBS)：8.0 g氯化钠(3.2.3)、1.2 g磷酸氢二钠(3.2.7)、0.2 g磷酸二氢钾(3.2.8)和0.2 g氯化钾(3.2.9)溶解于约990 mL水中，用浓盐酸(3.2.10)调节pH至7.0，用水稀释至1 L。

3.2.14　淋洗缓冲液：25 g氯化钠(3.2.3)、5 g碳酸氢钠(3.2.6)溶于水中，加入0.1 mL吐温-20(3.2.5)，用水稀释至1 L。

3.2.15 流动相:96 mL 乙腈(3.2.1)、102 mL 水和 2 mL 冰醋酸(3.2.4)混合,用 0.2 μm 滤膜(3.3.5)过滤并脱气。

3.2.16 赭曲霉毒素 A 标准储备溶液:准确称取适量的赭曲霉毒素 A 标准品(3.2.11),用甲醇(3.2.2)配制成 0.100 mg/mL 的赭曲霉毒素 A 标准储备液,避光保存于 4 ℃冰箱备用。

3.2.17 赭曲霉毒素 A 标准工作溶液:准确移取适量的赭曲霉毒素 A 标准储备液(3.2.16),用甲醇(3.2.2)稀释成质量浓度分别为 1 μg/L、2.5 μg/L、5 μg/L、10 μg/L、50 μg/L 的系列标准工作溶液。

3.3 仪器和设备

3.3.1 天平:感量 0.1 mg。

3.3.2 高速均质器:约 22 000 r/min,或相当的设备。

3.3.3 槽纹折叠滤纸。

3.3.4 玻璃纤维滤纸。

3.3.5 滤膜:0.2 μm 孔径,25 mm 直径的聚砜膜或相当者。

3.3.6 赭曲霉毒素 A 免疫亲和柱:对赭曲霉毒素 A 的最大吸附容量可达 100 ng,对于甲醇(3.2.2)+PBS(3.2.13)=1+10 溶液中含有 5 ng 赭曲霉毒素 A 的回收率不小于 85%。

3.3.7 玻璃注射器:10 mL。

3.3.8 空气压力泵。

3.3.9 高效液相色谱仪:带荧光检测器。

3.3.10 微量进样器:20 μL。

3.3.11 氮吹仪。

3.4 操作步骤

3.4.1 提取

称取试样 50 g(m,精确到 1 mg)于均质器(3.3.2)搅拌杯中,加入 5.0 g 氯化钠(3.2.3)和 100.0 mL 提取液(3.2.12)。将搅拌杯装于均质器上,于 22 000 r/min 高速搅拌提取 3 min。提取液经槽纹折叠滤纸(3.3.3)过滤于干净的烧杯中。准确移取 10.0 mL 滤液于 50 mL 容量瓶中,加磷酸盐缓冲溶液(3.2.13)稀释至刻度,混合均匀,经玻璃纤维滤纸(3.3.4)过滤,备用。

3.4.2 净化

将免疫亲和柱(3.3.6)连接于 10 mL 玻璃注射器(3.3.7)下端。准确移取 10.0 mL 样品提取液(3.4.1)于玻璃注射器中,将空气压力泵(3.3.8)与玻璃注射器上端连接,调节压力使溶液以约 1 滴/s～2 滴/s 流速缓慢通过免疫亲和柱,至有空气通过免疫亲和柱时停止加压。用上述方法,以 10 mL 淋洗缓冲液(3.2.14)、10 mL 水先后淋洗免疫亲和柱,弃去全部流出液,再用 1.5 mL 甲醇(3.2.2)以上述方式洗脱 OTA,收集全部洗脱液于玻璃试管中,在 45 ℃下以氮吹仪(3.3.11)用氮气吹干。用液相流动相(3.2.15)溶解残渣并定容到 200 μL(V),即为试样提取净化液,供高效液相色谱测定时使用。

注:对于赭曲霉毒素 A 含量较高的样品,可将提取滤液进行适当稀释,以保证赭曲霉毒素 A 的含量不超过免疫亲和柱的吸附容量。由于不同厂商提供的亲和柱操作程序可能有所区别,实际操作时,请参照免疫亲和柱厂商提供的操作说明和程序操作。

3.4.3 色谱参考条件

色谱柱:C_{18}柱(柱长 150 mm,内径 4.6 mm,填料直径 5 μm)或性能相当者。

流动相:(3.2.15)。

流速:1.0 mL/min。

荧光检测器:激发波长 333 nm,发射波长 460 nm。

柱温:室温。

进样量:20 μL。

3.4.4 测定

参考上述色谱条件，调节高效液相色谱仪工作参数，使 OTA 与杂质完全分离。用微量进样器(3.3.10)分别吸取等体积的赭曲霉毒素 A 标准工作溶液(3.2.17)和试样提取净化液(3.4.2)分别进样分析，测定响应值(峰高或峰面积)，以标准工作液的浓度与相应的峰面积绘制标准曲线，以试样提取净化液 OTA 的峰面积在标准曲线上求得相应的 OTA 的浓度(c)。

3.4.5 空白试验

除不加试样外，按 3.4.1～3.4.4 步骤进行提取、净化、测定，求得空白试液中赭曲霉毒素 A 的浓度(c_0)。

3.5 结果计算与表示

3.5.1 试样中赭曲霉毒素 A 的含量按式(1)计算：

$$X_1=\frac{(c-c_0)\times V\times f}{m\times 1\,000} \quad \cdots\cdots\cdots\cdots(1)$$

式中：

X_1——试样中赭曲霉毒素 A 的含量，单位为微克每千克(μg/kg)；

c——最终定容试样提取净化液中赭曲霉毒素 A 的浓度，单位为微克每升(μg/L)；

c_0——空白试验中最终定容溶液中赭曲霉毒素 A 的浓度，单位为微克每升(μg/L)；

V——试样测定液最终定容体积，单位为毫升(mL)；

m——试样质量，单位为克(g)；

f——样品稀释倍数。

3.5.2 每个试样进行两次平行试验，两次测定重复性符合 3.6.2 要求，取两次测定的算术平均值作为测定结果。

3.6 精密度

3.6.1 实验室间测试

附录 B 中表 B.1 统计了本方法精密度的实验室间测试数据，这些结果适用于本分析浓度范围和基体之内的样品。

3.6.2 重复性

在同一实验室，由同一操作者使用相同设备，按相同的测试方法，并在短时间内对同一被测试对象相互独立进行测试获得的两次独立测试结果的绝对差值大于表 B.1 所示重复性限值(r)的情况不超过 5%。

3.6.3 再现性

在不同的实验室，由不同的操作者使用不同的设备，按相同的测试方法，对同一被测对象相互独立进行测试获得的两次独立测试结果的绝对差值大于表 B.1 所示再现性限值(R)的情况不超过 5%。

4 免疫亲和柱层析净化荧光光度法

4.1 原理

试样中的赭曲霉毒素 A 用乙腈＋水提取，利用抗体与其相应抗原之间的专一性免疫亲和反应，以含有赭曲霉毒素 A 特异性抗体的免疫亲和层析柱净化提取液，用荧光光度计进行测定。

4.2 试剂和材料

除另有规定外，所用试剂均为分析纯，水为重蒸水。

4.2.1 乙腈：色谱纯。

4.2.2 甲醇：色谱纯。

4.2.3 氯化钠。

4.2.4 吐温-20(Tween-20)。

4.2.5 碳酸氢钠。

4.2.6 硫酸奎宁。

4.2.7 浓硫酸。

4.2.8 氢氧化钠。

4.2.9 提取液:乙腈(4.2.1)+水=60+40。

4.2.10 淋洗缓冲液:称取25 g氯化钠(4.2.3)、5 g碳酸氢钠(4.2.5)溶于适量水中,加入0.1 mL吐温-20(4.2.4),加水稀释至1 L。

4.2.11 0.05 mol/L硫酸溶液:量取2.8 mL浓硫酸(4.2.7),缓慢加入适量水中,冷却后定容至1 000 mL。

4.2.12 0.1 mol/L氢氧化钠溶液:称取0.40 g氢氧化钠(4.2.8),缓慢加入适量水中,冷却后定容至100 mL。

4.2.13 甲醇-氢氧化钠溶液:甲醇(4.2.2)+氢氧化钠(4.2.12)=50+50。

4.2.14 赭曲霉毒素A标准溶液:准确称量适量的赭曲霉毒素A标准品(3.2.11),用甲醇-氢氧化钠溶液(4.2.13)溶解并定容,配制成5 μg/L和10 μg/L赭曲霉毒素A标准溶液。

4.2.15 荧光光度计标定溶液:准确称取一定量的硫酸奎宁(4.2.6),用硫酸溶液(4.2.11)溶解并稀释至100 mL,分别用5 μg/L和10 μg/L赭曲霉毒素A溶液(4.2.14)确定相当于该浓度荧光强度的硫酸奎宁溶液浓度,并用该浓度的硫酸奎宁溶液标定荧光光度计(配制时可参考:1.625 μg/L硫酸奎宁的荧光强度约相当于1 μg/L赭曲霉毒素A,具体根据实际情况定)。此标定溶液浓度一经确定,可在该荧光计上反复使用。

4.3 仪器设备

4.3.1 荧光光度计:激发波长360 nm、发射波长440 nm。

4.3.2 高速均质器:约22 000 r/min,或性能相当的设备。

4.3.3 槽纹折叠滤纸:无荧光特性。

4.3.4 玻璃纤维滤纸:直径11 cm,孔径1.5 μm,无荧光特性。

4.3.5 玻璃试管:直径12 mm,长75 mm,无荧光特性。

4.3.6 赭曲霉毒素A免疫亲和柱:对赭曲霉毒素A的最大吸附容量可达100 ng以上,对于甲醇(4.2.2)+PBS(3.2.13)=1+10溶液中含有5 ng赭曲霉毒素A的回收率不小于85%。

4.3.7 玻璃注射器:10 mL。

4.3.8 空气压力泵。

4.4 操作步骤

4.4.1 提取

同3.4.1。

4.4.2 净化

同3.4.2操作至淋洗步骤结束。准确吸取1 mL甲醇(4.2.2)以1滴/s~2滴/s的流速洗脱OTA,收集全部洗脱液于玻璃试管(4.3.5)中。

4.4.3 荧光光度计标定

在激发波长360 nm、发射波长440 nm条件下,以0.05 mol/L硫酸溶液为空白,调节荧光光度计的读数值为零,再分别以不同浓度硫酸奎宁标定溶液(4.2.15)调节荧光光度计的读数值分别为5和10。

4.4.4 测定

在甲醇洗脱液(4.4.2)中加入1 mL 0.1 mol/L NaOH溶液(4.2.12),总体积为V'(2 mL),混匀后立即置于荧光光度计中,读取溶液的荧光强度,此读数即为试样测定液中赭曲霉毒素A的浓度(c)。

4.4.5 空白试验

除不加试样外,按4.4.1~4.4.4步骤进行提取、净化、测定,求得空白试液中赭曲霉毒素A的浓度(c_0)。

4.5 结果计算与表示

4.5.1 试样中赭曲霉毒素A的含量按式(2)计算：

$$X_2 = \frac{(c - c_0) \times V' \times f}{m} \qquad \cdots\cdots\cdots\cdots(2)$$

式中：

X_2——试样中赭曲霉毒素A的含量，单位为微克每千克(μg/kg)；

c——试样提取净化液中赭曲霉毒素A浓度，单位为微克每升(μg/L)；

c_0——空白试液中赭曲霉毒素A浓度，单位为微克每升(μg/L)；

V'——甲醇洗脱液与NaOH溶液总体积(2 mL)，单位为毫升(mL)；

m——试样质量，单位为克(g)；

f——试样溶液稀释倍数。

4.5.2 每个试样进行两次平行试验，两次测定重复性符合4.6.2要求，取两次测定的算术平均值作为测定结果。

4.6 精密度

4.6.1 实验室间测试

附录B中表B.2统计了本方法精密度的实验室间测试数据，这些结果适用于本分析浓度范围和基体之内的样品。

4.6.2 重复性

在同一实验室，由同一操作者使用相同设备，按相同的测试方法，并在短时间内对同一被测试对象相互独立进行测试获得的两次独立测试结果的绝对差值大于表B.2所示重复性限值(r)的情况不超过5%。

4.6.3 再现性

在不同的实验室，由不同的操作者使用不同的设备，按相同的测试方法，对同一被测对象相互独立进行测试获得的两次独立测试结果的绝对差值大于表B.2所示再现性限值(R)的情况不超过5%。

5 离子交换固相萃取柱净化高效液相色谱法

5.1 原理

试样中的赭曲霉毒素A用碱性甲醇＋水提取，提取液经离子交换固相萃取柱净化、洗脱后，用配有荧光检测器的液相色谱仪进行测定，标准曲线法定量。

5.2 试剂和材料

除另有规定外，所用试剂均为分析纯，实验用水应符合GB/T 6682中二级水要求。

5.2.1 乙腈：色谱纯。

5.2.2 甲醇：色谱纯。

5.2.3 冰醋酸：色谱纯。

5.2.4 石油醚：沸程60 ℃～90 ℃。

5.2.5 甲酸。

5.2.6 三氯甲烷。

5.2.7 赭曲霉毒素A(Ochratoxin A)标准品：纯度≥99%。

5.2.8 0.1 mol/L氢氧化钾溶液。

5.2.9 0.1 mol/L磷酸溶液。

5.2.10 提取液：氢氧化钾溶液(5.2.8)＋甲醇(5.2.2)＋水＝2＋60＋38。

5.2.11 淋洗液：氢氧化钾溶液(5.2.8)＋乙腈(5.2.1)＋水＝3＋50＋47。

5.2.12 洗脱液：甲醇(5.2.2)＋乙腈(5.2.1)＋甲酸(5.2.5)＋水＝40＋50＋5＋5。

5.2.13 流动相：取 45 mL 乙腈(5.2.1)加 54 mL 水和 1 mL 冰醋酸(5.2.3)混合，过 0.45 μm 的滤膜(5.3.13)并脱气。

5.2.14 赭曲霉毒素 A 标准储备溶液：准确称取 1 mg 赭曲霉毒素 A 标准品(5.2.7)，用甲醇溶解并定容至 25 mL，配制成 40 μg/mL 的标准储备液，避光保存于 4 ℃冰箱备用。

5.2.15 赭曲霉毒素 A 标准工作溶液：准确移取适量赭曲霉毒素 A 标准储备液(5.2.14)，用甲醇(5.2.2)稀释配制成 0.4 μg/mL 的工作液。

5.3 仪器和设备

5.3.1 旋风式谷物粉碎机。

5.3.2 振荡器。

5.3.3 高效液相色谱仪：带荧光检测器。

5.3.4 快速定性滤纸。

5.3.5 针头式过滤器：0.45 μm 孔径，13 mm 直径的醋酸纤维素膜或性能相当者。

5.3.6 固相萃取柱：PAX 阴离子交换混合反相固相萃取柱，120 mg/3 mL。

5.3.7 色谱柱：长 250 mm，内径 4.6 mm，填料直径 5 μmC_{18}柱或性能相当者。

5.3.8 保护柱：长 20 mm，内径 4.6 mm，填料直径 5 μmC_{18}柱或性能相当者。

5.3.9 一次性塑料注射器：5 mL。

5.3.10 氮吹仪。

5.3.11 旋转蒸发仪：带水浴。

5.3.12 20 目筛。

5.3.13 滤膜：0.45 μm 孔径，25 mm 直径的醋酸纤维素膜或性能相当者。

5.4 操作步骤

5.4.1 试样制备

玉米、稻谷(糙米)、小麦、小麦粉、大豆等粮食均用旋风式谷物粉碎机(5.3.1)将样品粉碎，用 20 目筛筛理，筛下物装瓶备用。

5.4.2 提取

5.4.2.1 玉米

称取试样 10 g(精确至 0.01 g)，加入三氯甲烷 50 mL (V_3)(5.2.6)和 5 mL 0.1 mol/L 的磷酸溶液(5.2.9)，于振荡器(5.3.2)上振荡提取 3 min～5 min，提取液用滤纸(5.3.4)过滤，取下层滤液 10 mL 放入 100 mL 平底烧瓶中，于水浴中 40 ℃用旋转蒸发仪(5.3.11)旋转蒸发至接近干涸，用 20 mL 石油醚(5.2.4)溶解残渣，加入 10 mL 提取液(5.2.10)，再用振荡器振荡提取 3 min～5 min，静置分层后取下层溶液，用滤纸过滤，取滤液 5 mL(V_4)进行固相萃取。

5.4.2.2 稻谷(糙米)、小麦、小麦粉、大豆

称取试样 10 g(精确至 0.01 g)，加入提取液 50 mL(V_3)(5.2.10)，于振荡器(5.3.2)振荡提取3 min～5 min，用滤纸(5.3.4)过滤，取滤液 10 mL 放入 100 mL 平底烧瓶中，加入 20 mL 石油醚(5.2.4)，振荡器振荡提取 3 min～5 min，静置分层后取下层溶液，用滤纸过滤，取滤液 5 mL(V_4)进行固相萃取净化。

5.4.3 固相萃取净化

用 5 mL 甲醇(5.2.2)冲洗 PAX 固相萃取柱(5.3.6)，再用 3 mL 提取液(5.2.10)润洗。然后将 5 mL 样品提取液(5.4.2)加入柱子中，调节流速以 1 滴/s～2 滴/s 的速度通过柱子，再以同样的流速用 3 mL 淋洗液(5.2.11)洗柱，然后用 1.2 mL 蒸馏水快速冲洗柱子，用空气或氮气吹尽柱子中的液体。最后用 4 mL～5 mL 洗脱液(5.2.12)快速洗脱赭曲霉毒素 A 并收集洗脱液于玻璃试管中，于 45 ℃下在氮吹仪(5.3.10)上用氮气吹干溶剂。用流动相溶解残渣并定容到 1.0 mL(V_2)(或者洗脱液收集于一个 50 mL 的平底烧瓶中，于 40 ℃以下水浴中，10 min 内旋转蒸发至干，用 1.0 mL 流动相溶解残留物)，经针头式过滤器(5.3.5)过滤后备用。

5.4.4 高效液相色谱参考条件

色谱柱：见 5.3.7。

保护柱：见 5.3.8。

流动相：见 5.2.13。

注：如色谱仪本身带有在线脱气系统，可不进行脱气。

流速：1.0 mL/min。

荧光检测器：激发波长 333 nm，发射波长 460 nm。

柱温：30 ℃。

进样体积：25 μL。

5.4.5 测定

参考上述色谱条件，调节高效液相色谱仪工作参数，使 OTA 与杂质完全分离。用流动相将赭曲霉毒素 A 标准工作溶液配制浓度分别为 0.4 ng/mL、0.8 ng/mL、1.6 ng/mL、3.2 ng/mL、8 ng/mL、16 ng/mL、32 ng/mL 标准工作溶液系列，分别吸收 25 μL 不同浓度的标准工作液和试样提取净化液(V_1)，进样分析。以各标准溶液中 OTA 的质量与相应的峰面积(或峰高)作标准曲线。以试样 OTA 峰面积在标准曲线上求得试样提取净化液中 OTA 的质量(m_x)。

5.4.6 空白试验

除不加试样外，按 5.4.2～5.4.5 步骤进行提取、净化、测定，求得空白试液中赭曲霉毒素 A 的质量(m_0)。

5.5 结果计算与表示

5.5.1 试样中赭曲霉毒素 A 的含量按式(3)计算：

$$X_3 = \frac{(m_x - m_0) \times V_2 \times V_3 \times 1\,000}{V_1 \times m \times V_4} \quad \cdots\cdots\cdots\cdots (3)$$

X_3——试样中赭曲霉毒素 A 的含量，单位为微克每千克(μg/kg)；

m_x——从标准曲线上获得的赭曲霉毒素 A 的质量，单位为纳克(ng)；

m_0——空白溶液中赭曲霉毒素 A 的质量，单位为纳克(ng)；

V_1——试样提取净化液的进样体积，单位为微升(μL)；

V_2——试样提取净化液最终定容体积，单位为毫升(mL)；

V_3——试样总提取液体积，单位为毫升(mL)；

V_4——用于固相萃取的样品提取液体积，单位为毫升(mL)；

m——试样质量，单位为克(g)。

5.5.2 每个试样进行两次平行试验，两次测定重复性符合 5.6.2 要求，取两次测定的算术平均值作为测定结果。

5.6 精密度

5.6.1 实验室间测试

附录 B 中表 B.3 统计了本方法精密度的实验室间测试数据，这些结果适用于本分析浓度范围和基体之内的样品。

5.6.2 重复性

在同一实验室，由同一操作者使用相同设备，按相同的测试方法，并在短时间内对同一被测试对象相互独立进行测试获得的两次独立测试结果的绝对差值大于表 B.3 所示重复性限值(r)的情况不超过 5%。

5.6.3 再现性

在不同的实验室，由不同的操作者使用不同的设备，按相同的测试方法，对同一被测对象相互独立进行测试获得的两次独立测试结果的绝对差值大于表 B.3 所示再现性限值(R)的情况不超过 5%。

附　录　A
（资料性附录）
赭曲霉毒素 A 标准品的色谱图

赭曲霉毒素 A 标准品的色谱图如图 A.1 和图 A.2 所示。

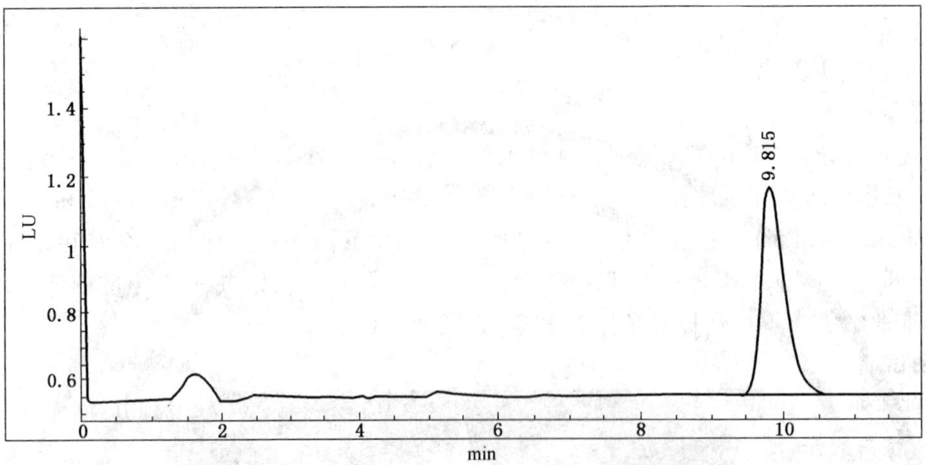

图 A.1　免疫亲和柱净化高效液相色谱法色谱条件下赭曲霉毒素 A 标准品的色谱图

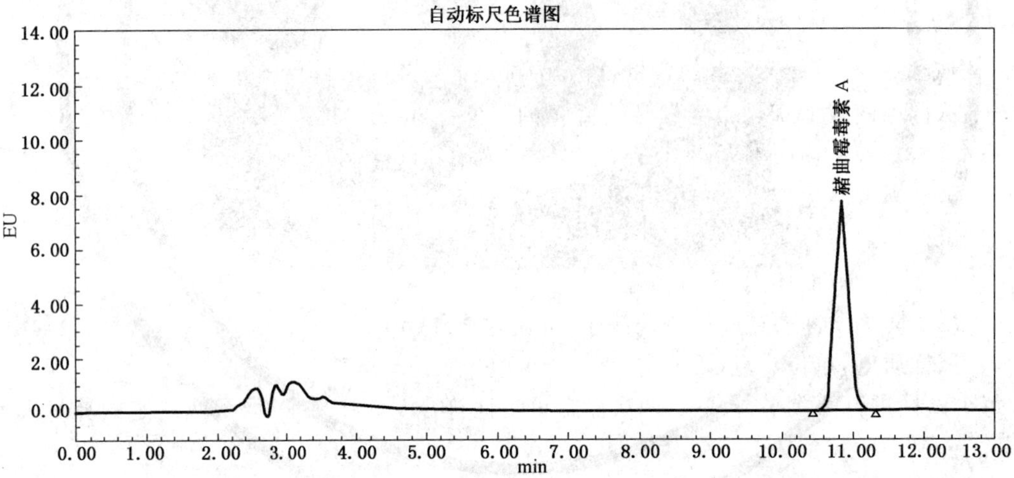

图 A.2　离子交换固相萃取柱净化高效液相法色谱条件下赭曲霉毒素 A 标准品的色谱图

附 录 B
（资料性附录）
实验室间测试结果

表 B.1 为 2008 年组织的有 5 个实验室参与的免疫亲和层析净化高效液相色谱法实验室间测试统计结果，样品为添加了赭曲霉毒素 A 标准品的小麦、稻谷和玉米。

表 B.1 免疫亲和层析净化高效液相色谱法测试结果的统计分析

项 目	玉米			小麦			稻谷		
参加实验室的数量	5	5	5	5	5	5	5	5	5
样品的数量	1	1	1	1	1	1	1	1	1
去除离群值后的测试实验室数量	5	5	5	5	5	5	5	5	5
所有可接受结果的数量	15	15	15	15	15	15	15	15	15
平均值/(μg/kg)	0.850	4.408	8.843	0.773	3.995	8.108	0.813	4.353	8.885
重复性的标准偏差，S_r/(μg/kg)	0.046	0.444	0.952	0.055	0.355	0.623	0.046	0.378	1.179
重复性的变异系数/%	5.4	10.1	10.8	7.2	8.9	7.7	5.6	8.7	13.3
重复性限值，r/(μg/kg)	0.130	1.257	2.693	0.157	1.006	1.763	0.129	1.070	3.338
再现性标准偏差，S_R/(μg/kg)	0.135	0.636	1.307	0.072	0.361	0.702	0.109	0.518	1.440
再现性的变异系数/%	15.9	14.4	14.8	9.3	9.0	8.7	13.4	11.9	16.2
再现性限值，R/(μg/kg)	0.383	1.799	3.699	0.204	1.023	1.985	0.309	1.465	4.075
回收率/%	85.0	88.2	88.4	77.3	79.9	81.1	81.3	87.1	88.9

表 B.2 为 2008 年组织的有 6 个实验室参与的免疫亲和柱层析净化荧光光度法实验室间测试统计结果，样品为添加了赭曲霉毒素 A 标准品的小麦、稻谷和玉米。

表 B.2 免疫亲和柱层析净化荧光光度法测试结果的统计分析

项 目	玉米			小麦			稻谷		
参加实验室的数量	6	6	6	6	6	6	6	6	6
样品的数量	1	1	1	1	1	1	1	1	1
去除离群值后的测试实验室数量	6	6	6	6	6	6	6	6	6
所有可接受结果的数量	18	18	18	18	18	18	18	18	18
平均值/(μg/kg)	0.763	4.022	7.733	0.799	3.917	7.694	0.769	4.194	8.111
重复性的标准偏差，S_r/(μg/kg)	0.065	0.614	0.898	0.183	0.608	0.733	0.056	0.651	1.222
重复性的变异系数/%	8.5	15.3	11.6	22.9	15.5	9.5	7.2	15.5	15.1
重复性限值，r/(μg/kg)	0.184	1.738	2.542	0.518	1.721	2.075	0.158	1.843	3.457
再现性标准偏差，S_R/(μg/kg)	0.065	0.614	0.898	0.183	0.608	0.733	0.056	0.651	1.222
再现性的变异系数/%	8.5	15.3	11.6	22.9	15.5	9.5	7.2	15.5	15.1
再现性限值，R/(μg/kg)	0.184	1.738	2.542	0.518	1.721	2.075	0.158	1.843	3.457
回收率/%	76.3	80.4	77.3	79.9	78.3	76.9	76.9	83.9	81.1

表 B.3 为 2008 年组织的有 5 个实验室参与的离子交换固相萃取柱净化高效液相色谱法实验室间测试统计结果，样品为添加了赭曲霉毒素 A 标准品的小麦、稻谷和玉米。

表 B.3　离子交换固相萃取柱净化高效液相色谱法测试结果的统计分析

项　目	玉米			小麦			稻谷		
参加实验室的数量	5	5	5	5	5	5	5	5	5
样品的数量	1	1	1	1	1	1	1	1	1
去除离群值后的测试实验室数量	4	5	5	4	5	5	4	5	5
所有可接受结果的数量	12	15	15	12	15	15	12	15	15
平均值/(μg/kg)	0.909	4.206	8.678	0.861	4.679	9.224	0.926	4.680	9.177
重复性的标准偏差，S_r/(μg/kg)	0.034	0.180	0.183	0.031	0.120	0.256	0.048	0.245	0.287
重复性的变异系数/%	3.8	4.3	2.1	3.6	2.6	2.8	5.2	5.2	3.1
重复性限值，r/(μg/kg)	0.097	0.509	0.517	0.089	0.340	0.725	0.135	0.693	0.813
再现性标准偏差，S_R/(μg/kg)	0.143	0.693	0.873	0.133	0.418	1.021	0.095	0.400	1.403
再现性的变异系数/%	15.7	16.5	10.1	15.4	8.9	11.1	10.3	8.6	15.3
再现性限值，R/(μg/kg)	0.403	1.962	2.472	0.375	1.184	2.890	0.270	1.133	3.969
回收率/%	90.9	84.1	86.8	86.1	93.6	92.2	92.6	93.6	91.8

ICS 67.040
X 10

中华人民共和国国家标准

GB/T 25221—2010

粮油检验 粮食中麦角甾醇的测定 正相高效液相色谱法

Inspection of grain and oils—Determination of ergosterol in grain—Normal phase high performance liquid chromatography

2010-09-26 发布　　　　2011-03-01 实施

中华人民共和国国家质量监督检验检疫总局
中国国家标准化管理委员会　发布

前　言

本标准的附录 A 为资料性附录。

本标准由国家粮食局提出。

本标准由全国粮油标准化技术委员会归口。

本标准负责起草单位：国家粮食储备局成都粮食储藏科学研究所、辽宁省粮油检验监测所。

本标准主要起草人：何学超、冯永建、姜涛、钟好、肖学彬、王德谦、熊升伟、乔丽娜。

粮油检验　粮食中麦角甾醇的测定
正相高效液相色谱法

1　范围

本标准规定了正相高效液相色谱法测定粮食中麦角甾醇的术语和定义、原理、试剂与材料、仪器和设备、扦样、试样制备、操作步骤、结果计算与表示、重复性的要求。

本标准适用于稻谷、小麦、玉米等粮食中麦角甾醇的测定。

本方法检出限为 0.05 mg/kg。

2　规范性引用文件

下列文件中的条款通过本标准的引用而成为本标准的条款。凡是注日期的引用文件，其随后所有的修改单(不包括勘误的内容)或修订版均不适用于本标准，然而，鼓励根据本标准达成协议的各方研究是否可使用这些文件的最新版本。凡是不注日期的引用文件，其最新版本适用于本标准。

GB 5491　粮食、油料检验　扦样、分样法

GB/T 6682　分析实验室用水规格和试验方法

3　术语和定义

下列术语和定义适用于本标准。

3.1

麦角甾醇　ergosterol

来源于侵染粮食真菌(孢子或菌丝体)产生的游离麦角甾醇和麦角甾醇磷酸酯物质，是真菌细胞的正常代谢产物，也是真菌细胞膜组成的成分之一。

4　原理

试样经皂化后，用正己烷萃取麦角甾醇，萃取液经脱水、浓缩和硅胶柱分离后，用高效液相色谱仪紫外检测器在 282 nm 处检测，外标法定量。

5　试剂与材料

除非另有规定，所有试剂均为分析纯，实验用水应符合 GB/T 6682 中三级水要求，色谱用水符合 GB/T 6682 中一级水规定的要求。

5.1　正己烷：色谱纯。

5.2　异丙醇：色谱纯。

5.3　正己烷：分析纯，用于提取。

5.4　氢氧化钾。

5.5　50%氢氧化钾溶液：称取 10 g 氢氧化钾(5.4)，加 10 mL 水溶解。

5.6　甲醇。

5.7　2,6-二叔丁基对甲酚(BHT)。

5.8　维生素 C(抗坏血酸)。

5.9　焦性没食子酸。

5.10 氯化钠。

5.11 饱和氯化钠溶液：称取 316 g 氯化钠(5.10)，加 881 mL 水配制。

5.12 无水硫酸钠。

5.13 流动相：正己烷(5.1)和异丙醇(5.2)[V(正己烷)+V(异丙醇)=99+1]。

5.14 麦角甾醇标准品：纯度≥97%。

5.15 麦角甾醇标准储备液：准确称取 50 mg 麦角甾醇标准品(5.14)，加 0.1 g 抗氧化剂 BHT(5.7)，用异丙醇(5.2)溶解并定容至 50 mL，于 4 ℃冰箱保存，可保存 6 个月。

5.16 麦角甾醇标准工作液：根据需要吸取一定量的麦角甾醇标准储备液(5.15)，用流动相(5.13)稀释定容，配制成适当浓度的标准工作液。

5.17 滤膜：0.45 μm。

6 仪器和设备

实验室常用仪器设备，以及下列仪器设备：

6.1 高效液相色谱仪：配有紫外检测器。

6.2 粉碎磨：机内配 0.5 mm 筛片。

6.3 旋转蒸发器：配 150 mL 梨形瓶。

6.4 恒温水浴：可控温 80 ℃±1 ℃。

6.5 回流装置：配 150 mL 磨口三角瓶。

6.6 氮吹仪。

7 扦样

样品的扦取和分样按 GB 5491 执行。

8 试样制备

试样用粉碎磨(6.2)粉碎，收集全部粉碎物混匀，装于广口瓶中备用。

9 操作步骤

9.1 提取与净化

称取粉碎试样(第 8 章)约 5 g(精确至 0.002 g)，置于回流装置的 150 mL 磨口三角瓶(6.5)中，加入 0.2 g 抗氧化剂 BHT(5.7)、0.6 g 维生素 C(5.8)、2 g 焦性没食子酸(5.9)和 25 mL 甲醇(5.6)，于 80 ℃恒温水浴(6.4)回流 5 min。从冷凝回流管顶部加 5 mL 50% 氢氧化钾溶液(5.5)，继续回流 30 min。回流结束后，从水浴中取下回流装置，取下冷凝回流管，把已通有氮气流的玻璃管(6.6)迅速插入三角瓶通气约 30 s，快速塞上瓶塞，于冰水中冷却。再加入 55 mL 饱和氯化钠溶液(5.11)和 30 mL 正己烷(5.3)，塞上瓶塞剧烈振摇 2 min。转移到 150 mL 分液漏斗中，静置分层，下层转移至另一个分液漏斗中，用 30 mL 正己烷(5.3)重复提取一次，弃去下层，合并正己烷层。每次用约 50 mL 水洗涤正己烷层，直至洗涤水呈中性为止。将正己烷层经盛有约 5 g 无水硫酸钠(5.12)的漏斗(漏斗中塞一小团脱脂棉)，滤于浓缩瓶中，再用 10 mL 正己烷(5.3)清洗分液漏斗和漏斗，一并滤入梨形浓缩瓶(6.3)中，用旋转蒸发器(6.3)浓缩至小体积后，在氮气流(6.6)下蒸发至干。残渣用 10.0 mL 正己烷(5.1)溶解，用 0.45 μm 滤膜(5.17)过滤，供色谱测定。

9.2 色谱参考条件

色谱柱：Inertsil 硅胶柱，柱长 250 mm，内径 4.6 mm，粒度 5 μm；或性能相当的色谱柱。

流动相流速：2.0 mL/min。

检测波长：282 nm。

9.3 测定

按高效液相色谱仪说明书调整仪器参数和灵敏度,使麦角甾醇峰位与杂质组分峰位完全分离。取 20 μL 试样溶液(9.1)和麦角甾醇标准工作液(5.16)(控制标液浓度与样液中麦角甾醇的浓度尽量接近)进样分析,根据峰高或峰面积用单点校正外标法定量。在上述色谱条件下,麦角甾醇标准品和试样的色谱图参见图 A.1 和图 A.2。

10 结果计算与表示

10.1 结果计算

试样中麦角甾醇含量(X)以毫克每千克(mg/kg)表示,按式(1)计算:

$$X=\frac{c_S \times V \times A}{m \times A_S} \qquad \cdots\cdots (1)$$

式中:

c_S——麦角甾醇标准溶液的浓度,单位为微克每毫升(μg/mL);

V——试样最终定容体积,单位为毫升(mL);

A_S——麦角甾醇标准溶液对应的峰高或峰面积;

A——试样溶液对应的峰高或峰面积;

m——样品质量,单位为克(g)。

10.2 结果表示

将符合重复性要求的两个独立测定值的算术平均值作为测定结果(mg/kg),保留三位有效数字。

11 重复性

在同一实验室,由同一操作者使用相同的设备,按相同的测试方法,在短时间内对样品进行两次独立测定。当测定结果大于 3 mg/kg 时,两个独立测试值的绝对差值应不大于这两个测定值的算术平均值的 10%;当测定结果小于或等于 3 mg/kg 时,获得的两个独立测试结果的绝对差值应不大于这两个测定值算术平均值的 15%。

附 录 A
（资料性附录）
麦角甾醇色谱图

A.1 麦角甾醇(标准品)色谱图见图A.1。

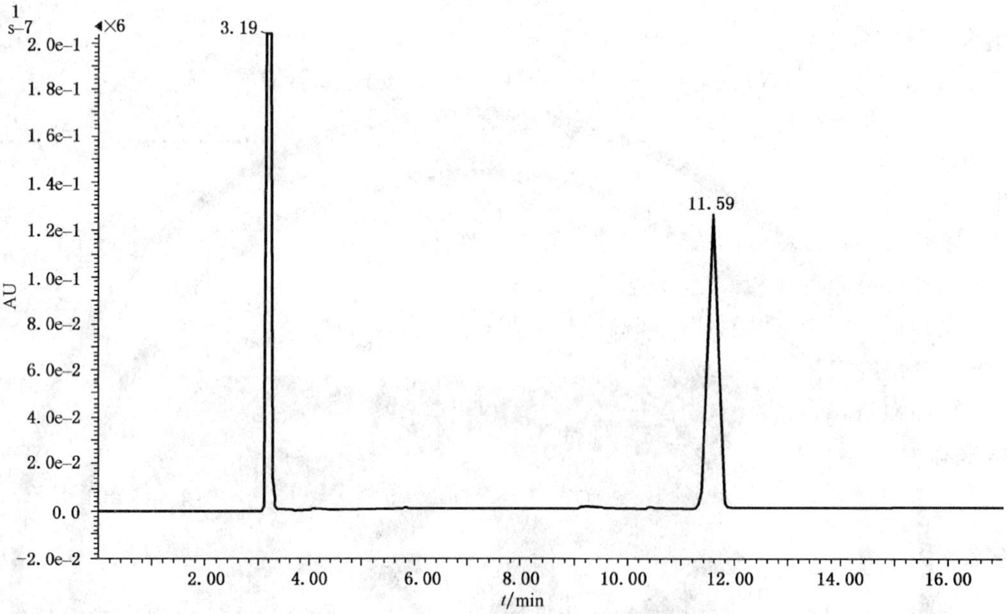

注：标液浓度1.046 μg/mL，出峰时间11.59 min；抗氧化剂BHT出峰时间3.19 min。

图 A.1 麦角甾醇标准品色谱图

A.2 小麦、稻谷、玉米中麦角甾醇色谱图分别见图A.2、图A.3、图A.4。

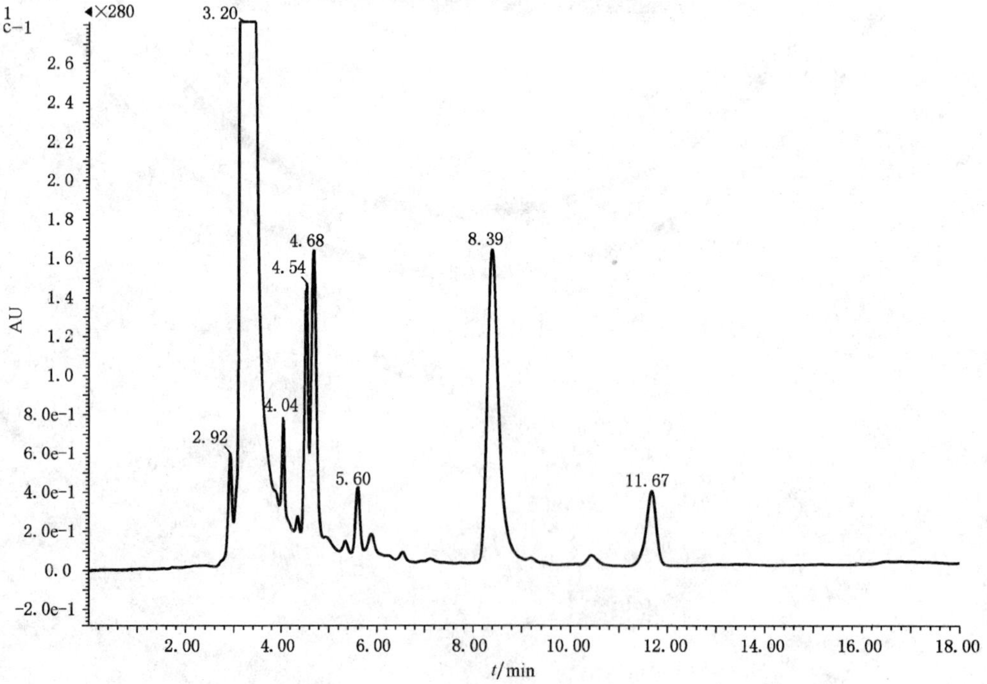

图 A.2 小麦麦角甾醇色谱图

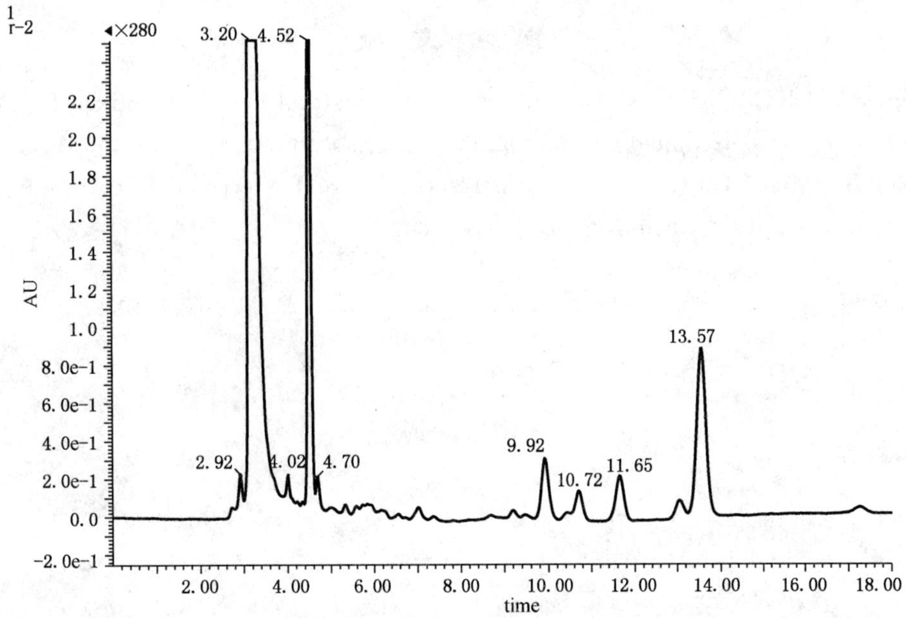

图 A.3 稻谷麦角甾醇色谱图

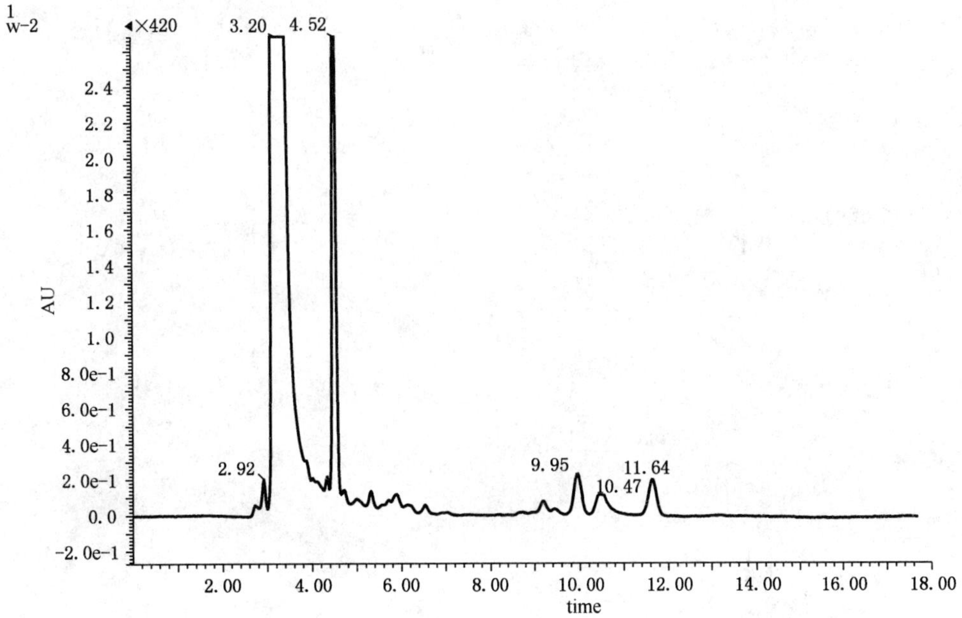

图 A.4 玉米麦角甾醇色谱图

参 考 文 献

[1] Schwadorf K, Müller H M. Determination of ergosterol in cereals, mixed feed components, and mixed feeds by liquid chromatography. J. Assoc. of Anal. Chem. ,1989,72:457-462.

[2] Sio F, Laratta B, Giovane A, *et al*. Analysis of free and esterrified ergosterol in tomato products. J. Agric. Food Chem. ,2000,48:780-784.

ICS 67.060
B 20

中华人民共和国国家标准

GB/T 25222—2010

粮油检验 粮食中磷化物残留量的测定 分光光度法

Inspection of grain and oils—Determination of phosphide residues in grain—Spectrophotometric method

2010-09-26 发布 2011-03-01 实施

中华人民共和国国家质量监督检验检疫总局
中国国家标准化管理委员会 发布

前　言

本标准由国家粮食局提出。

本标准由全国粮油标准化技术委员会归口。

本标准负责起草单位:南京财经大学。

本标准参加起草单位:江苏省粮油质量监督检验所、南京市粮油质量监督检验所、吉林省粮油卫生检验监测站。

本标准主要起草人:袁建、杨晓蓉、戴波、汪海峰、莫晓松、于小禾、高晓春。

粮油检验　粮食中磷化物残留量的测定　分光光度法

1　范围

本标准规定了采用分光光度法测定粮食中磷化物残留量的术语和定义、原理、试剂与材料、仪器和设备、扦样、试样制备、操作步骤、结果计算与表述。

本标准适用于粮食中磷化物熏蒸剂残留量的测定。

本标准方法的检出限为0.01 mg/kg。

2　规范性引用文件

下列文件中的条款通过本标准的引用而成为本标准的条款。凡是注日期的引用文件，其随后所有的修改单(不包括勘误的内容)或修订版均不适用于本标准，然而，鼓励根据本标准达成协议的各方研究是否可使用这些文件的最新版本。凡是不注日期的引用文件，其最新版本适用于本标准。

GB 5491　粮食、油料检验　扦样、分样法

GB/T 6682　分析实验室用水规格和试验方法

3　术语和定义

下列术语和定义适用于本标准。

3.1

磷化物　phosphide

用作熏蒸剂的含磷化合物，如磷化铝等。

3.2

磷化物残留量　phosphide residues

在本标准规定条件下测得的残留在粮食中的磷化物含量。以磷化氢占试样的质量分数表示。

4　原理

样品中磷化物在水和酸作用下，产生磷化氢气体，蒸出并吸收于酸性高锰酸钾溶液中被氧化成磷酸，再与钼酸铵作用生成磷钼酸铵，用氯化亚锡还原成蓝色化合物——钼蓝，测定其吸光度，用标准曲线法定量。

5　试剂和材料

除另有规定外，所用试剂均为分析纯。实验用水应符合GB/T 6682中三级要求。

5.1　高锰酸钾溶液(16.5 g/L)：称取16.5 g高锰酸钾，加水溶解后稀释至1 000 mL，静置三天或加热煮沸3 min，冷却，放置过夜，用玻璃棉或石棉过滤备用。

5.2　高锰酸钾溶液(3.3 g/L)：取一定量的高锰酸钾溶液(5.1)用水稀释5倍。

5.3　硫酸(1+17)：取28 mL 98%硫酸缓缓加入400 mL水中，冷却后加水至500 mL。

5.4　硫酸(1+5)：取83.3 mL 98%硫酸缓缓加入400 mL水中，冷却后加水至500 mL。

5.5　饱和亚硫酸钠溶液：取28.5 g无水亚硫酸钠，加约70 mL水，微热使溶解，冷却后稀释至100 mL。

5.6　钼酸铵溶液：50 g/L。

5.7 氯化亚锡溶液:取 0.1 g 氯化亚锡,溶于 5 mL 盐酸中,用时现配。

5.8 酸性高锰酸钾溶液:高锰酸钾溶液(5.1)和硫酸(5.3)等量混和。

5.9 碱性焦性没食子酸溶液:5 g 焦性没食子酸溶于 15 mL 水中,48 g 氢氧化钾溶于 32 mL 水中,冷却后小心将两溶液混合。用时现配。

5.10 磷化物标准溶液:称取 0.040 0 g 经 105 ℃干燥过的无水磷酸二氢钾,溶于水,移入 100 mL 容量瓶中,加水稀释至刻度(可加 1 滴三氯甲烷以增加保存时间),此溶液含磷量相当于含磷化氢 0.10 mg/mL。

5.11 磷化物标准使用液:吸取 1.00 mL 磷化物标准溶液(5.10)于 100 mL 容量瓶中,加水至刻度,混匀,此溶液含磷量相当于含磷化氢 1.0 μg/mL。

6 仪器和设备

实验室常规仪器设备及以下仪器设备。

6.1 分光光度计:配 3 cm 比色皿,可调节波长 710 nm。

6.2 天平:感量 0.01 g 及感量 0.000 1 g。

6.3 磷化氢蒸馏吸收装置,包括下列玻璃仪器和器具。见图 1。

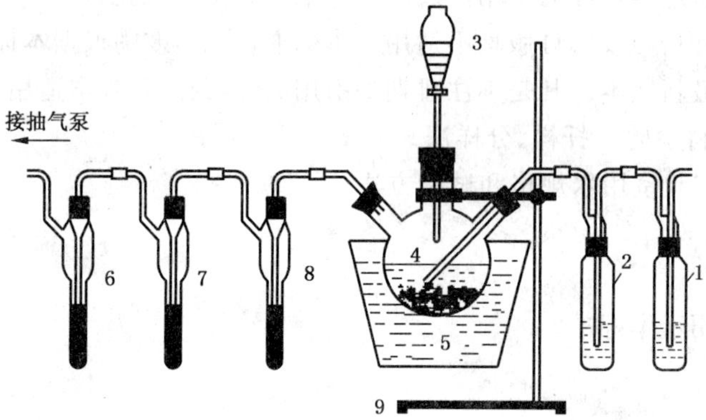

1,2——洗气瓶;
3——分液漏斗;
4——反应瓶;
5——水浴;
6,7,8——气体吸收管;
9——铁架台。

图 1 磷化氢蒸馏吸收装置

6.3.1 气体吸收管:20 mL。

6.3.2 洗气瓶:250 mL。

6.3.3 分液漏斗:250 mL,装有与三颈瓶配套的胶塞。

6.3.4 沸水浴:铜质水浴锅和电炉,或其他等效的设备。

6.3.5 水力抽气泵或其他抽气设备:可调抽气速度。

6.3.6 反应瓶:三颈瓶,1 000 mL。

6.3.7 玻璃弯管:长短管各 1 根,具有与反应瓶配套的胶塞,或能与反应瓶吻口的磨口连接管。

注:长管应能伸入反应液面下至少 2 cm,短管位于反应瓶中的部分不宜过长。

6.3.8 铁架台:配有十字夹和万用夹。

6.3.9 软管:橡皮管或乳胶管。

6.4 比色管:50 mL。

6.5 刻度移液管:1 mL、5 mL 各数支。

6.6 量筒:10 mL、100 mL。

7 扦样

按 GB 5491 进行，并迅速密封包装。

8 试样制备

打开包装后，尽可能快地按 GB 5491 分取试样。

粒状粮食样品不需粉碎。

9 操作步骤

9.1 蒸馏吸收装置准备

按图 1 连接好蒸馏吸收装置。在三个串联的气体吸收管(6.3.1)中各加 5 mL 高锰酸钾溶液(5.2)和 1 mL 硫酸(5.3)。洗气瓶 1(6.3.2)中加入约 100 mL 酸性高锰酸钾溶液(5.8)，洗气瓶 2(6.3.2)中加入新配制的碱性焦性没食子酸溶液(5.9)。分液漏斗(6.3.3)中加入 5 mL 硫酸(5.3)和 80 mL 水。水浴锅(6.3.4)中加入适量水并加热至沸腾。打开抽气泵(6.3.5)，检查装置的气密性。

9.2 测定

9.2.1 称取 50 g(精确至 0.1 g)试样。

9.2.2 预先抽气 5 min，取下分液漏斗(6.3.3)，迅速加入试样(9.2.1)于反应瓶(6.3.6)中，立即装上分液漏斗，塞紧瓶塞，加大抽气速度，将分液漏斗中的溶液加至反应瓶中，然后减慢抽气速度，抽气 30 min，并保持水浴沸腾。

注：反应时抽气速度以能分辨气泡为宜。

9.2.3 反应完毕后，先除去气体吸收管(6.3.1)进气一端的连接，再除去抽气管一端的连接，关闭抽气泵，取下三个气体吸收管，合并吸收管中的溶液于 50 mL 比色管(6.4)中，气体吸收管用少量水洗涤，洗液并入比色管中，滴加饱和亚硫酸钠溶液(5.5)使高锰酸钾溶液褪色，加 4.5 mL 硫酸(5.4)，2.5 mL 钼酸铵溶液(5.6)，混匀，再加水至 50 mL 刻度，混匀。

9.2.4 在比色管(9.2.3)中加入 0.1 mL 氯化亚锡溶液(5.7)，混匀。15 min 后，用 3 cm 比色杯，以零管调节零点，于波长 710 nm 处测吸光度，在标准曲线上求出相应的磷化氢含量。

9.3 标准曲线制备

吸取 0 mL、1.00 mL、2.00 mL、3.00 mL、4.00 mL、5.00 mL 磷化物标准使用液(5.11)(相当于 0 μg、1 μg、2 μg、3 μg、4 μg、5 μg 磷化氢)，分别加于 6 支 50 mL 比色管(6.4)中，再各加 30 mL 水，5.5 mL 硫酸(5.4)，2.5mL 钼酸铵溶液(5.6)，混匀，再加水至 50 mL，混匀。再加 0.1 mL 氯化亚锡溶液(5.7)，混匀。15 min 后，用 3 cm 比色杯，以零管调节零点，于波长 710 nm 处测吸光度，绘制磷化氢含量与吸光度关系的标准曲线。

9.4 空白试验

除不加试样外，按 9.2 测定步骤加入各种试剂做空白试验。

9.5 平行试验

每个试样按 9.1～9.2 重复进行两次测定。

10 结果计算与表述

10.1 试样中磷化物残留量按式(1)计算：

$$X=\frac{(A_1-A_2)\times 1\,000}{m\times 1\,000} \qquad \cdots\cdots (1)$$

式中：

X——试样中磷化物残留量(以 PH_3 计)，单位为毫克每千克(mg/kg)；

A_1——试样溶液中磷化物的质量,单位为微克(μg);

A_2——试剂空白液中磷化物的质量,单位为微克(μg);

m——试样质量,单位为克(g)。

10.2 结果的表述:两次平行测定结果应符合重复性(第11章)要求,两次测定的算术平均值即为最终测定结果,保留二位有效数字。

11 重复性要求

两次测定结果的差值不应超过平均值的10%。

ICS 67.200.10
X 14

中华人民共和国国家标准

GB/T 25223—2010/ISO 12228:1999

动植物油脂 甾醇组成和甾醇总量的测定 气相色谱法

Animal and vegetable fats and oils—Determination of individual and total sterols contents—Gas chromatographic method

(ISO 12228:1999,IDT)

2010-09-26 发布 2011-03-01 实施

中华人民共和国国家质量监督检验检疫总局
中国国家标准化管理委员会 发布

前　言

本标准等同采用 ISO 12228:1999《动植物油脂　甾醇组成和甾醇总量的测定　气相色谱法》(英文版)。

为了便于使用,本标准对 ISO 12228:1999 进行了下列编辑性修改:

——将“本国际标准”改为“本标准”;

——删除了国际标准的前言;

——用小数点“.”代替国际标准中作为小数点的逗号“,”;

——规范性引用文件中用等同采用的 GB/T 15687 代替 ISO 661:1989;用适用的 GB/T 6682 代替 ISO 3696:1987;

——将 ISO 12228:1999 的 5.6 硅胶薄层板调整为 6.5,原 5.5～5.10、6.5～6.13 条款顺序及标准中所涉及条款作了相关调整;

——对公式进行了编号。

本标准的附录 A 为资料性附录。

本标准由国家粮食局提出。

本标准由全国粮油标准化技术委员会归口。

本标准负责起草单位:南京财经大学。

本标准参与起草单位:国家粮食局科学研究院、湖北省粮油食品质量监测站。

本标准主要起草人:袁建、鞠兴荣、汪海峰、杨晓蓉、薛雅琳、熊宁。

动植物油脂
甾醇组成和甾醇总量的测定
气相色谱法

1 范围

本标准规定了采用气相色谱测定动植物油脂中甾醇组成和甾醇总量的术语和定义、原理、试剂、仪器设备、操作步骤、结果表示和精密度。

本标准适用于动植物油脂中甾醇组成和甾醇总量的测定。

2 规范性引用文件

下列文件中的条款通过本标准的引用而成为本标准的条款。凡是注日期的引用文件,其随后所有的修改单(不包括勘误的内容)或修订版均不适用于本标准,然而,鼓励根据本标准达成协议的各方研究是否可使用这些文件的最新版本。凡是不注日期的引用文件,其最新版本适用于本标准。

GB/T 6682 分析实验室用水规格和试验方法(GB/T 6682—2008,ISO 3696:1987,MOD)

GB/T 15687 动植物油脂 试样的制备(GB/T 15687—2008,ISO 661:2003,IDT)

3 术语和定义

下列术语和定义适用于本标准。

3.1

甾醇组成 composition of sterols

本标准规定条件下,测得的甾醇总量中从胆甾醇到Δ7-燕麦甾烯醇的单个甾醇组分(见表1)。

注:组分含量通过峰面积归一化计算,以质量分数表示。

3.2

甾醇总量 total sterol content

本标准规定条件下,测得的从胆甾醇到Δ7-燕麦甾烯醇所有单个甾醇的总质量占试样的质量分数,以mg/100 g表示(见表1)。

4 原理

样品用氢氧化钾-乙醇溶液回流皂化后,不皂化物以氧化铝层析柱进行固相萃取分离。脂肪酸阴离子被氧化铝层析柱吸附,甾醇流出层析柱。通过薄层色谱法将甾醇与不皂化物分离。以桦木醇为内标物,通过气相色谱法对甾醇及其含量进行定性和定量。

5 试剂

除非另有说明,仅使用分析纯试剂,水须符合GB/T 6682规定的三级水要求。

5.1 0.5 mol/L 氢氧化钾-乙醇溶液:溶解3 g氢氧化钾于5 mL水中,再用100 mL乙醇(5.3)稀释,溶液应呈无色或淡黄色。

5.2 桦木醇内标溶液:1.0 mg/mL的丙酮溶液(见5.9的注)。

注:在橄榄果渣油里可能含桦木醇,推荐用5-α-胆甾烷-3β醇(胆甾烷醇)为内标物。

5.3 乙醇:纯度≥95%(体积分数)。

5.4 氧化铝:中性,粒径0.063 mm~0.200 mm,Ⅰ级活性。

5.5 乙醚:新蒸馏,无过氧化物和残留物。

警告:乙醚极易燃,可以形成爆炸性的过氧化物。空气中的爆炸极限为1.7%～48%(体积分数)。使用时应采取特殊的预防措施。

5.6 展开剂:V(己烷)+V(乙醚)=1+1。

5.7 薄层色谱用标准溶液:1.0 mg/mL胆甾醇丙酮溶液,5.0 mg/mL桦木醇丙酮溶液。

5.8 显色剂:甲醇。

5.9 硅烷化试剂:在*N*-甲基-*N*-三甲基硅烷七氟丁酰胺(MSHFBA)中加入50 μL 1-甲基咪唑。

注:一般不使用其他硅烷化试剂,除非采用特别措施以保证桦木醇的两个羟基被硅烷化,否则在气相色谱分离时桦木醇可能会出现两个峰。

6 仪器设备

实验室常规仪器设备,以及下列特殊的仪器设备。

6.1 磨口圆底烧瓶:25 mL和50 mL。

6.2 回流冷凝器:磨口连接,与烧瓶(6.1)配套。

6.3 玻璃柱:具聚四氟乙烯活塞、烧结玻璃砂芯及100 mL的储液器,长25 cm,内径1.5 cm。

6.4 旋转蒸发器:附真空泵和水浴锅(40 ℃恒温)。

6.5 硅胶薄层色谱板:20 cm×20 cm,薄层厚度0.25 mm。

6.6 玻璃展开槽:具磨砂玻璃盖,应适合规格为20 cm×20 cm薄层板的使用。

6.7 微量注射器或微量移液管:100 μL。

6.8 烘箱:可恒温105 ℃±3 ℃。

6.9 干燥器:装有有效的干燥剂,用于储存薄层板。

6.10 反应瓶:容量0.3 mL,具螺纹瓶盖和聚四氟乙烯(PTFE)线纹封口,用于甾醇衍生物的制备。

6.11 气相色谱仪:具有毛细管柱、分流进样装置、氢火焰离子化检测器和合适的记录仪。

6.12 石英玻璃或玻璃毛细管柱:长25 m～60 m,内径0.2 mm～0.25 mm,固定相SE-54(或使用温度极限最小为280 ℃～300 ℃的非极性固定相);液膜厚度约为0.1 μm。

6.13 气相色谱用微量注射器:1 μL。

6.14 分析天平:感量0.000 1 g。

7 扦样

实验室收到的样品应具有真实的代表性,运输和储存过程中不得受损和变质。

扦样不是本标准规定的内容,推荐按GB/T 5524执行。

8 试样制备

按GB/T 15687执行。

9 操作步骤

9.1 称量

称取试样约250 mg(精确至1 mg)于25 mL烧瓶(6.1)中。对于甾醇含量低于100 mg/100 g的油脂,可用三倍量的试样,并相应地调整试剂用量和相关仪器设备。

9.2 测定

9.2.1 氧化铝柱的制备

在20 mL乙醇(5.3)中加入10 g氧化铝(5.4),并将悬浮液倒入玻璃柱中(6.3),使氧化铝自然沉降,打开活塞放出溶剂,待液面到达氧化铝顶层时关闭活塞。

9.2.2 不皂化物的提取

准确吸取1.00 mL桦木醇内标溶液(5.2)加于试样烧瓶中(9.1),再加入5 mL氢氧化钾-乙醇溶液

(5.1)和少许沸石。在烧瓶上连接好回流冷凝器,加热并保持混合液微沸,15 min后,停止加热,并趁热加入5 mL乙醇(5.3)稀释烧瓶中的混合液,振摇均匀。

吸取5 mL上述溶液加于准备好的氧化铝柱中(9.2.1)。以50 mL圆底烧瓶(6.1)收集洗脱液,打开活塞,放出溶剂直到液面到达氧化铝顶层。先用5 mL乙醇(5.3)洗提不皂化物,再用30 mL乙醚(5.5)洗提,流速大约为2 mL/min。用旋转蒸发器(6.4)去除烧瓶中的溶剂。

警告:此操作中必须采用氧化铝柱,不可用硅胶柱或者其他柱代替,也不可采用溶剂萃取法。

9.2.3 薄层色谱

由9.2.2得到的不皂化物用少量乙醚(5.5)溶解。用微量注射器(6.7)吸取该溶液点在距离薄层板下边缘2 cm处,样液点成线状,线两端距离边缘至少留出3 cm间隙。吸取5 μL薄层色谱标准溶液(5.7)在距边缘1.5 cm处,左右各点一点。在展开槽(6.6)中加入大约100 mL展开剂(5.6)。将板放入展开槽中展开,直至溶剂到达上边缘。取出薄层板,在通风橱中挥干溶剂。

注:转移由9.2.2得到的残渣到薄层板上是不必定量的。可使用自动点样装置。展开槽不需饱和。

9.2.4 甾醇的分离

在薄层色谱板上喷洒甲醇(5.8),直到甾醇和桦木醇区带在半透明(暗色)背景下呈现白色,桦木醇斑点略低于甾醇区带。标记包括标准点上方2 mm及可见斑点区下方4 mm的区域(见图1)。用刀片刮下全部标记部分的硅胶层,并将硅胶全部收集于小烧杯中。

注:将可见斑点区下方设定为宽于上方(下方为4 mm,上方为2 mm)是为了避免操作过程中桦木醇的损失。葵花籽油可能显示三个带(Δ5-甾醇,Δ7-甾醇和桦木醇)。

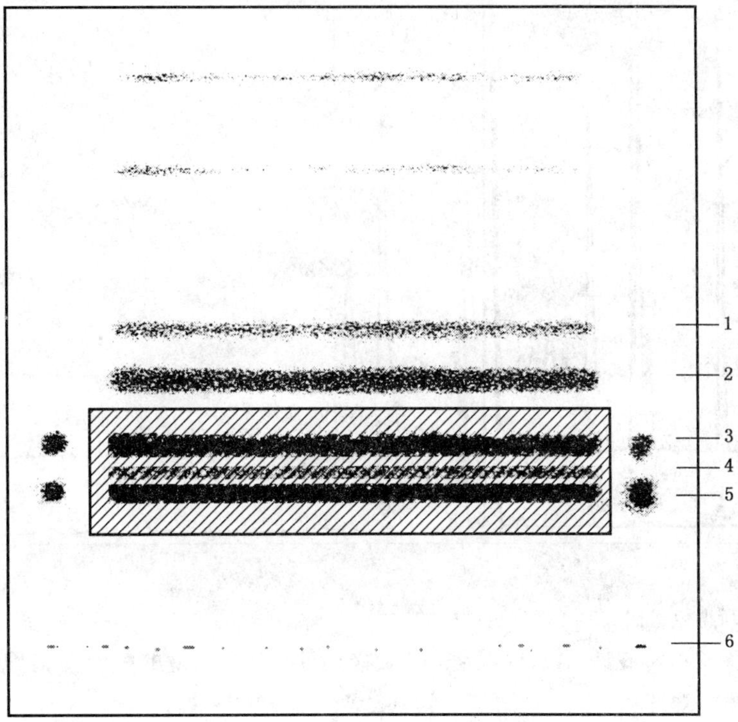

1——三萜烯类;
2——甲基甾醇;
3——Δ5-甾醇;
4——Δ7-甾醇;
5——桦木醇;
6——原点。

注:透明背景上呈现白色区带,标记区带(斑点下方4 mm,上方2 mm),刮下阴影线的部分。区带的比移值(R_f)为:桦木醇0.30、Δ7-甾醇0.33、Δ5-甾醇0.45、三萜烯0.53。

图1 不皂化物(由9.2.3至9.2.4步骤获得)中甾醇的薄层色谱分离示意图

在收集的硅胶中加入 0.5 mL 乙醇(5.3)。用 5 mL 乙醚(5.5)对烧杯中的硅胶洗提三次,并滤入烧瓶(6.1)中。用旋转蒸发器(6.4)将乙醚提取物浓缩至约 1 mL。将浓缩液转移至反应瓶(6.10)中。用氮气流吹干反应瓶中的溶剂。

9.2.5 甾醇三甲基硅醚的制备

取 100 μL 硅烷化试剂(5.9)加于浓缩液的反应瓶(9.2.4)中。密封反应瓶,置于 105 ℃烘箱中加热 15 min。取出并冷却至室温后,将溶液直接注入到气相色谱仪(6.11)进行分析。

9.2.6 气相色谱分析

优化程序升温和载气流速使得到的色谱图接近于图 2。已知油的硅烷化甾醇的分离见图 2。

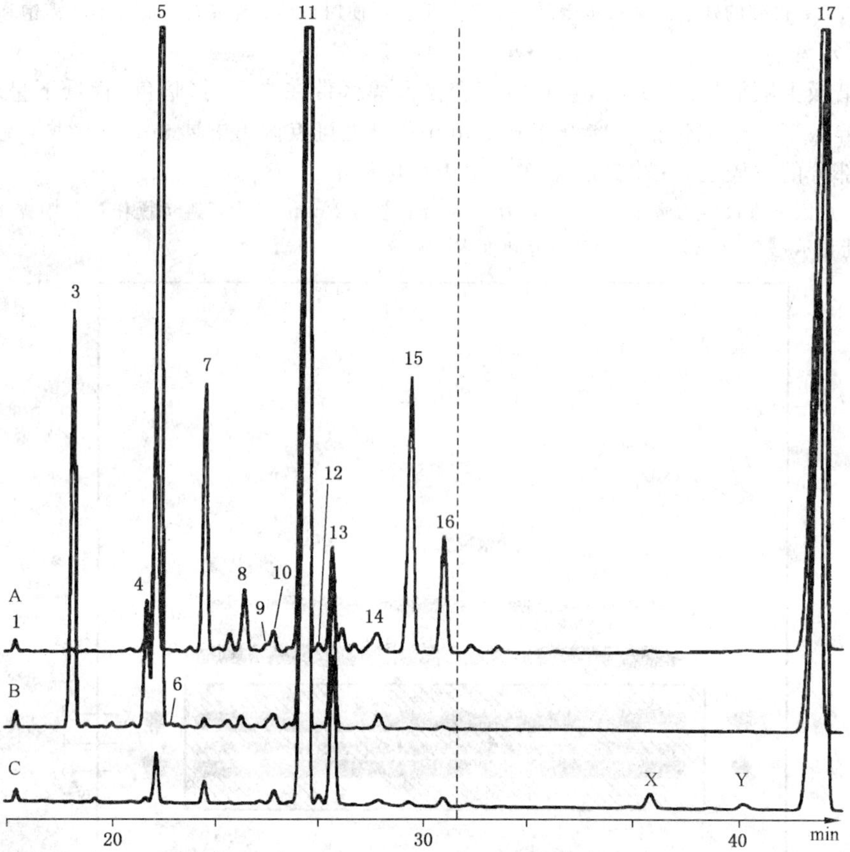

注:9.2.6 条件下所得色谱图按表 1 确定色谱峰的数目。

图 2 葵花籽(A)、油菜籽(B)及橄榄油(C)中甾醇的气液色谱图

可采用下列色谱参数:

气相色谱柱:固定相 SE-54,长 50 m,内径 0.25 mm,薄膜厚度 0.10 μm;

载气:氢气,载气流速:36 cm/s,分流比 1∶20;

检测器温度及进样口温度:320 ℃;柱温采用程序升温方式,以 4 ℃/min 的速度从 240 ℃增加至 255 ℃;

进样量 1 μL。

也可采用其他等效的毛细管柱。

用一个含有胆甾醇、菜籽甾醇、豆甾醇和谷甾醇的标准溶液检查保留时间。用空白溶液校正来自溶剂、玻璃壁、过滤器和手指等可能带来的污染(如测定胆甾醇)。

10 结果表示

10.1 甾醇鉴定

通过测定相对保留时间(RRT)鉴别试样中的甾醇种类,相对保留时间(RRT)以待测甾醇的保留时间(RT)除以胆甾醇和(或)桦木醇的保留时间(RT)所得值表示。表1显示了用SE-54固定相分离时,不同甾醇相对于胆甾醇和桦木醇的相对保留时间。

注:表1中所列相对保留时间是在9.2.6给定的条件下测得的,仅用于鉴别单个甾醇时参考,组分洗脱顺序如图2所示。由于相对保留时间取决于实验条件(气液色谱柱的类型和长度,升温程序,以及固定相的用量),真实的相对保留时间可能与表1中给的相对保留时间有略微偏差。

表1 单个甾醇的气液色谱峰鉴定和相对保留时间(固定相:SE-54)

峰	通用名	化学名,英文名	RRTC[a]	RRTB[b]
1	胆甾醇	胆甾基-5-烯-3β-醇,Cholest-5-en-3β-ol	1.00	0.44
2	胆甾烷醇	5α-胆甾烷基-3β-醇,5α-Cholestan-3β-ol	1.02	0.45
3	菜油甾醇	[24S]-24-甲基胆甾基-5,22-二烯-3β-醇,[24S]-24-Methyl cholesta-5,22-dien-3β-ol	1.09	0.48
4	24-亚甲基胆甾醇	24-亚甲基胆甾基-5,24-二烯-3β-醇,24-Methylene cholesta-5,24-dien-3β-ol	1.21	0.53
5	芸薹甾醇	[24R]-24-甲基胆甾基-5-烯-3β-醇,[24R]-24-Methyl cholesta-5-en-3β-ol	1.23	0.54
6	芸薹甾烷醇	[24R]-24-甲基胆甾烷基-3β-醇,[24R]-24-Methyl cholesta-5-en-3β-ol	1.25	0.55
7	豆甾醇	[24S]-24-乙基胆甾基-5,22-二烯-3β-醇,[24S]-24-Ethyl colesta-5,22-dien-3β-ol	1.31	0.57
8	Δ7-芸薹甾烯醇	[24R]-24-甲基胆甾基-7-烯-3β-醇,[24R]-24-Methyl colest-7-en-3β-ol	1.38	0.59
9	Δ5,23-豆甾二烯醇	[24R,S]-24-乙基胆甾基-5,23-二烯-3β-醇,[24R,S]-24-Ethyl cholesta -5,23-dien-3β-ol	1.40	0.60
10	赤桐甾醇	[24S]-24-乙基胆甾基-5,25-二烯-3β-醇,[24S]-24-Ethyl cholesta-5,25-dien-3β-ol	1.42	0.62
11	谷甾醇	[24R]-24-乙基胆甾基-5-烯-3β-醇,[24R]-24-Ethyl cholest -5-en-3β-ol	1.47	0.64
12	谷甾烷醇	[24R]-24-乙基胆甾烷基-3β-醇,[24R]-24-Ethyl cholestan-3β-ol	1.50	0.65
13	Δ5-燕麦甾烯醇	[24Z]-24(28)-亚乙基胆甾基-5-烯-3β-醇,[24Z]-24(28)-Ethylidene cholest-5-en-3β-ol	1.52	0.66
14	Δ5,24-豆甾二烯醇	[24R,S]-24-乙基胆甾基-5,24-二烯-3β-醇,[24R,S]-24-Ethyl cholesta-5,24-dien-3β-ol	1.59	0.69
15	Δ7-豆甾烯醇	[24R,S]-24-乙基胆甾基-7-烯-3β-醇,[24R,S]-24-Ethyl choest-7-en-3β-ol	1.65	0.72

表 1（续）

峰	通用名	化学名,英文名	RRTC[a]	RRTB[b]
16	Δ7-燕麦甾烯醇	[24*Z*]-24(28)-亚乙基胆甾基-7-烯-3*β*-醇，[24*Z*]-24(28)-Ethylidene cholest-7-en-3*β*-ol	1.70	0.74
X	高根二醇	—	2.03	0.88
Y	熊果醇	—	2.17	0.95
17	桦木醇	Lup-20(29)-烯-3*β*,28-二醇，Lup-20[29]-ene-3*β*,28-diol	2.30	1.00
注：谷甾醇可能与 *α*-菠菜甾醇和 Δ7,22,25-豆甾三烯醇一同流出。葵花籽和南瓜籽的甾醇中的[24*R*]-24-乙基胆甾-7,25(27)-二烯-3*β*-醇可能与峰 14(Δ5,24-豆甾二烯醇)一同流出。				
[a] RRTC：相对于胆甾醇的相对保留时间＝1.00。 [b] RRTB：相对于桦木醇的相对保留时间＝1.00。				

10.2 甾醇组分

甾醇组分含量通过峰面积按式(1)计算：

$$C_i = \frac{A_i}{\sum A} \times 100\% \qquad \cdots\cdots(1)$$

式中：

C_i——单一甾醇组分的含量(以质量分数表示)；

A_i——甾醇组分 i 的峰面积；

$\sum A$——所有甾醇组分(峰 1～峰 16)峰面积的和。

10.3 甾醇总量的测定

本方法假定所有甾醇和桦木醇的响应因子是相等的。

注：在给出的条件下，用氢火焰离子化检测器检测等量的甲基硅烷基化甾醇和甲基硅烷化桦木醇时可获得相同的响应值。

试样中甾醇总量(S)按式(2)计算：

$$S = \frac{\sum(A) \times m_B}{A_B \times m_T} \times 100 \qquad \cdots\cdots(2)$$

式中：

S——试样中甾醇总量，以 100 g 油中含有的毫克数表示(mg/100 g)；

m_B——桦木醇的质量，单位为毫克(mg)；

$\sum(A)$——单体甾醇峰面积的和；

A_B——桦木醇内标的峰面积；

m_T——试样的质量，单位为克(g)。

为了计算甾醇总量，应考虑除高根二醇和熊果醇(峰 X 和 Y)峰以外的从胆甾醇开始到 Δ7-燕麦甾烯醇结束(峰 16)的所有甾醇的峰。

11 精密度

11.1 实验室间比对试验

附录 A 详述了本标准精密度的实验室间比对测试结果，提供的重复性、再现性数据对于其他浓度范围和其他测试物质来说也许并不适用。

11.2 重复性

在重复性条件下获得的两个独立测试结果的绝对差小于等于重复性限(r)的情况应大于95%。

甾醇组分含量及甾醇总量的重复性限(r)参见附录A。

11.3 再现性

在再现性条件下获得的两个独立测试结果的绝对差小于等于再现性限(R)的情况应大于95%。

甾醇组分含量及甾醇总量的再现性限(R)参见附录A。

12 测试报告

测试报告应详细说明：

——标识样品的全部信息；

——本标准所使用的采样方法(如果已知)；

——本标准所涉及的测试方法；

——本标准没有具体说明的，或者被认为是可选性的，以及所有可能影响结果的操作细节；

——测定结果；

——如进行了重复性试验，则报告最终结果。

附 录 A
（资料性附录）
实验室间比对试验

本标准的精密度是基于1996～1997年DIN组织的，以橄榄油、葵花籽油、油菜籽油为样品的国际实验室间比对试验，并按ISO 5725-1和ISO 5725-2统计分析，具体结果见表A.1至表A.14。

表A.1 甾醇总量的统计结果

样 品	橄榄油	葵花籽油	油菜籽油
含量水平/(mg/kg)	2 000	4 000	8 000
参加试验的实验室数	14	14	14
剔除异常值后的实验室数	13	14	13
所有实验室每份样品的单体甾醇测定次数	2	2	2
平均值/(mg/kg)	1 887	3 785	7 585
重复性标准偏差，S_r	66.75	165.62	174.64
重复性限，r	186.89	463.73	489.00
重复性变异系数/%	3.54	4.37	2.30
再现性标准偏差，S_R	212.20	542.38	762.67
再现性限，R	594.17	1 518.66	2 135.48
再现性变异系数/%	11.25	14.33	10.05

表A.2 甾醇单体——胆甾醇含量的统计结果

样 品	橄榄油	葵花籽油	油菜籽油
含量水平/(mg/kg)	1.0	0.5	0.5
参加试验的实验室数	14	14	14
剔除异常值后的实验室数	13	12	14
所有实验室每份样品的单体甾醇测定次数	2	2	2
平均值/(mg/kg)	0.8	0.4	0.4
重复性标准偏差，S_r	0.15	0.05	0.08
重复性限，r	0.41	0.13	0.22
重复性变异系数/%	19.54	11.53	18.33
再现性标准偏差，S_R	0.35	0.21	0.15
再现性限，R	0.97	0.58	0.41
再现性变异系数/%	45.89	52.43	34.11

表A.3 甾醇单体——菜油甾醇含量的统计结果

样 品	橄榄油	葵花籽油	油菜籽油
含量水平/(mg/kg)	0.1	0.1	10
参加试验的实验室数	14	14	14
剔除异常值后的实验室数	13	13	13

表 A.3（续）

样　　品	橄榄油	葵花籽油	油菜籽油
所有实验室每份样品的单体甾醇测定次数	2	2	2
平均值/(mg/kg)	0.1	0.09	10.8
重复性标准偏差，S_r	0.17	0.068	0.14
重复性限，r	0.48	0.190	0.38
重复性变异系数/%	135.59	80.289	1.26
再现性标准偏差，S_R	0.1	0.089	0.26
再现性限，R	0.52	0.249	0.97
再现性变异系数/%	147.53	104.940	2.39

表 A.4　甾醇单体——24-亚甲基胆甾醇和芸薹甾醇含量的统计结果

样　　品	橄榄油	葵花籽油	油菜籽油
含量水平/(mg/kg)	5	10	40
参加试验的实验室数	14	14	14
剔除异常值后的实验室数	12	11	13
所有实验室每份样品的单体甾醇测定次数	2	2	2
平均值/(mg/kg)	3.5	9.0	37.5
重复性标准偏差，S_r	0.50	0.21	0.19
重复性限，r	1.4	0.58	0.54
重复性变异系数/%	14.15	2.31	0.51
再现性标准偏差，S_R	0.52	0.26	0.35
再现性限，R	1.45	0.72	0.97
再现性变异系数/%	14.67	2.88	0.93

表 A.5　甾醇单体——芸薹甾烷醇含量的统计结果

样　　品	橄榄油	葵花籽油	油菜籽油
含量水平/(mg/kg)	<0.1	0.1	0.1～0.5
参加试验的实验室数	14	14	14
剔除异常值后的实验室数	9	10	12
所有实验室每份样品的单体甾醇测定次数	2	2	2
平均值/(mg/kg)	0.03	0.1	0.2
重复性标准偏差，S_r	0.024	0.03	0.06
重复性限，r	0.066	0.09	0.16
重复性变异系数/%	84.853	35.13	32.78
再现性标准偏差，S_R	0.059	0.13	0.18
再现性限，R	0.165	0.37	0.50
再现性变异系数/%	212.132	147.45	106.00

表 A.6　甾醇单体——豆甾醇含量的统计结果

样　　品	橄榄油	葵花籽油	油菜籽油
含量水平/(mg/kg)	1	10	0.5
参加试验的实验室数	14	14	14
剔除异常值后的实验室数	13	13	13
所有实验室每份样品的单体甾醇测定次数	2	2	2
平均值/(mg/kg)	1.4	8.1	0.3
重复性标准偏差,S_r	0.2	0.11	0.05
重复性限,r	0.55	0.31	0.15
重复性变异系数/%	13.81	1.37	15.51
再现性标准偏差,S_R	0.22	0.25	0.10
再现性限,R	0.61	0.69	0.29
再现性变异系数/%	15.22	3.03	30.87

表 A.7　甾醇单体——Δ7-芸薹甾烯醇含量的统计结果

样　　品	橄榄油	葵花籽油	油菜籽油
含量水平/(mg/kg)	0.1	1	0.5
参加试验的实验室数	14	14	14
剔除异常值后的实验室数	13	14	14
所有实验室每份样品的单体甾醇测定次数	2	2	2
平均值/(mg/kg)	0.2	1.6	0.3
重复性标准偏差,S_r	0.11	0.15	0.05
重复性限,r	0.31	0.43	0.15
重复性变异系数/%	81.11	9.36	17.40
再现性标准偏差,S_R	0.21	0.91	0.15
再现性限,R	0.59	2.56	0.43
再现性变异系数/%	156.63	56.21	50.10

表 A.8　甾醇单体——Δ5,23-豆甾二烯醇含量的统计结果

样　　品	橄榄油	葵花籽油	油菜籽油
含量水平/(mg/kg)	0.5	1	0.5
参加试验的实验室数	14	14	14
剔除异常值后的实验室数	14	14	14
所有实验室每份样品的单体甾醇测定次数	2	2	2
平均值/(mg/kg)	0.7	1.2	0.5
重复性标准偏差,S_r	0.07	0.14	0.06
重复性限,r	0.20	0.39	0.16
重复性变异系数/%	9.63	11.64	11.94
再现性标准偏差,S_R	0.57	0.94	0.15
再现性限,R	1.59	2.62	0.42
再现性变异系数/%	77.37	78.57	31.69

表 A.9 甾醇单体——赤桐甾醇含量的统计结果

样　品	橄榄油	葵花籽油	油菜籽油
含量水平/(mg/kg)	0.2	<0.1	0.1～0.5
参加试验的实验室数	14	14	14
剔除异常值后的实验室数	13	10	12
所有实验室每份样品的单体甾醇测定次数	2	2	2
平均值/(mg/kg)	0.3	0.07	0.2
重复性标准偏差,S_r	0.04	0.022	0.03
重复性限,r	0.12	0.063	0.08
重复性变异系数/%	17.02	34.4	16.50
再现性标准偏差,S_R	0.37	0.101	0.20
再现性限,R	1.03	0.284	0.56
再现性变异系数/%	142.20	155.968	114.56

表 A.10 甾醇单体——谷甾醇含量的统计结果

样　品	橄榄油	葵花籽油	油菜籽油
含量水平/(mg/kg)	80	60	45
参加试验的实验室数	14	14	14
剔除异常值后的实验室数	12	13	14
所有实验室每份样品的单体甾醇测定次数	2	2	2
平均值/(mg/kg)	81.4	57.0	44.3
重复性标准偏差,S_r	0.88	0.41	0.22
重复性限,r	2.45	1.15	0.63
重复性变异系数/%	1.08	0.72	0.51
再现性标准偏差,S_R	1.81	1.42	0.73
再现性限,R	5.07	3.99	2.05
再现性变异系数/%	2.23	2.50	1.65

表 A.11 甾醇单体——Δ5-燕麦甾烯醇含量的统计结果

样　品	橄榄油	葵花籽油	油菜籽油
含量水平/(mg/kg)	10	5	5
参加试验的实验室数	14	14	14
剔除异常值后的实验室数	12	13	12
所有实验室每份样品的单体甾醇测定次数	2	2	2
平均值/(mg/kg)	9.6	4.7	4.9
重复性标准偏差,S_r	0.22	0.13	0.11
重复性限,r	0.60	0.36	0.30
重复性变异系数/%	2.24	2.70	2.20
再现性标准偏差,S_R	0.90	0.68	0.33
再现性限,R	2.51	1.90	0.93
再现性变异系数/%	9.32	14.43	6.75

表 A.12 甾醇单体——Δ5,24-豆甾二烯醇含量的统计结果

样　品	橄榄油	葵花籽油	油菜籽油
含量水平/(mg/kg)	0.5	1.5	0.5
参加试验的实验室数	14	14	14
剔除异常值后的实验室数	12	11	13
所有实验室每份样品的单体甾醇测定次数	2	2	2
平均值/(mg/kg)	0.4	1.4	0.5
重复性标准偏差,S_r	0.11	0.06	0.08
重复性限,r	0.30	0.16	0.23
重复性变异系数/%	25.41	4.07	15.91
再现性标准偏差,S_R	0.18	0.25	0.16
再现性限,R	0.50	0.69	0.46
再现性变异系数/%	41.77	17.69	31.20

表 A.13 甾醇单体——Δ7-豆甾烯醇含量的统计结果

样　品	橄榄油	葵花籽油	油菜籽油
含量水平/(mg/kg)	0.5	10	0.1
参加试验的实验室数	14	14	14
剔除异常值后的实验室数	10	11	12
所有实验室每份样品的单体甾醇测定次数	2	2	2
平均值/(mg/kg)	0.4	10.9	0.1
重复性标准偏差,S_r	0.04	0.12	0.09
重复性限,r	0.11	0.33	0.25
重复性变异系数/%	9.81	1.07	79.09
再现性标准偏差,S_R	0.12	0.21	0.11
再现性限,R	0.33	0.60	0.30
再现性变异系数/%	29.72	1.97	96.32

表 A.14 甾醇单体——Δ7-燕麦甾烯醇含量的统计结果

样　品	橄榄油	葵花籽油	油菜籽油
含量水平/(mg/kg)	0.5	5	0.1
参加试验的实验室数	14	14	14
剔除异常值后的实验室数	12	12	13
所有实验室每份样品的单体甾醇测定次数	2	2	2
平均值/(mg/kg)	0.7	4.9	0.1
重复性标准偏差,S_r	0.15	0.14	0.04
重复性限,r	0.41	0.38	0.11
重复性变异系数/%	20.95	2.78	31.87
再现性标准偏差,S_R	0.30	0.35	0.10
再现性限,R	0.84	0.93	0.27
再现性变异系数/%	42.99	7.14	78.60

参 考 文 献

[1] GB/T 5524—2008 动植物油脂 扦样(ISO 5555:2001,IDT)

[2] ISO 5725-1:1994 Accuracy (trueness and precision) of measurement methods and results—Part 1:General principles and definitions.

[3] ISO 5725-2:1994 Accuracy (trueness and precision) of measurement methods and results—Part 2:Basic method for the determination of repeatability and reproducibility of a standard measurement method.

ICS 67.200.10
X 14

中华人民共和国国家标准

GB/T 25224.2—2010/ISO 15788-2:2003

动植物油脂　植物油中豆甾二烯的测定
第2部分:高效液相色谱法

**Animal and vegetable fats and oils—
Determination of stigmastadienes in vegetable oils—
Part 2:Method using high-performance liquid chromatography (HPLC)**

(ISO 15788-2:2003,IDT)

2010-09-26 发布　　2011-03-01 实施

中华人民共和国国家质量监督检验检疫总局
中国国家标准化管理委员会　发布

前言

本标准等同采用ISO 15788-2:2003《动植物油脂　植物油中豆甾二烯的测定　第2部分:高效液相色谱法》(英文版)。

为了便于使用,本标准对ISO 15788-2:2003进行了下列编辑性修改:

——将“本国际标准”改为“本标准”;

——删除了国际标准的前言;

——用小数点“.”代替国际标准中作为小数点的逗号“,”;

——规范性引用文件中用现行国家标准GB/T 6682代替ISO 3696:1987,GB/T 25223代替ISO 12228:1999;

——对公式进行了编号;

——对第5章中试剂的排列次序进行了调整。

本标准的附录A、附录B为资料性附录。

本标准由国家粮食局提出。

本标准由全国粮油标准化技术委员会归口。

本标准负责起草单位:南京财经大学。

本标准参与起草单位:国家粮食局科学研究院。

本标准主要起草人:袁建、汪海峰、王立峰、鞠兴荣、薛雅琳。

动植物油脂　植物油中豆甾二烯的测定
第2部分：高效液相色谱法

1　范围

本标准规定了高效液相色谱法测定植物油中甾醇二烯，尤其是豆甾二烯的术语、原理、试剂、仪器设备、试样制备、操作步骤、结果表示和精密度的要求。

甾醇二烯是油脂漂白处理和水蒸气洗涤、脱臭过程中由甾醇类物质脱水形成的。本方法也适用于测定未精炼油如初榨橄榄油中是否存在精炼植物油的筛选方法。

注：ISO 15788-1 是植物油中豆甾二烯测定的基准方法，而本方法可作为一种快速筛选方法。其精密度（参见附录 A）可用 ISO 15788-1 规定的气液色谱法进行校验。对于初榨橄榄油样品，接近于国际组织（IOOC，EC）规定的限定值。

2　规范性引用文件

下列文件中的条款通过本标准的引用而成为本标准的条款。凡是注日期的引用文件，其随后所有的修改单（不包括勘误的内容）或修订版均不适用于本标准，然而，鼓励根据本标准达成协议的各方研究是否可使用这些文件的最新版本。凡是不注日期的引用文件，其最新版本适用于本标准。

GB/T 6682　分析实验室用水规格和试验方法(GB/T 6682—2008，ISO 3696:1987，MOD)

GB/T 25223　动植物油脂　甾醇组成和甾醇总量的测定　气相色谱法(GB/T 25223—2010，ISO 12228:1999，IDT)

3　术语与定义

下列术语和定义适用于本标准。

3.1

豆甾二烯含量　stigmastadienes content

本标准规定条件下，通过液相色谱测定的豆甾二烯的含量。以毫克每千克(mg/kg)表示。

3.2

甾醇二烯含量　steradienes content

本标准规定条件下，通过液相色谱测定的所有甾醇二烯的含量。以毫克每千克(mg/kg)表示。

4　原理

在硅胶柱中用石油醚将甾醇二烯作为非极性脂类组分从脂类物质中分离出来，石油醚洗脱液经浓缩后，用反相高效液相色谱仪紫外检测器在 235 nm 处检测。按样品类别可采用内标法定量或外标法定量。

5　试剂

警告：应注意危险品操作规则，并遵循技术、组织和个人的安全操作规范。

除非另有说明外，均使用分析纯试剂。

5.1 水:符合 GB/T 6682 一级水要求。

5.2 柱层析用硅胶 60:粒径 0.063 mm～0.200 mm,或 0.063 mm～0.100 mm[1)],硅胶含水量 2 g/100 g。硅胶置于瓷盘内,在烘箱中 160 ℃烘干 12 h,然后在干燥器内冷却至室温。调整硅胶含水量为2 g/100 g,称取 98 g(精确至 1 g)干燥后的硅胶置于具塞磨口锥形瓶中,加入 2 g 水(精确至 0.01 g),用力振摇 1 min,在密闭容器中过夜。

5.3 石油醚:沸程 40 ℃～60 ℃。

5.4 乙腈:色谱纯。

5.5 叔丁基甲基醚:色谱纯。

5.6 异辛烷。

5.7 Δ3,5-胆甾二烯[2)]:纯度≥95%。

以 5α-胆甾烷作为内标物测定胆甾二烯的纯度,按 GB/T 25223 气相色谱法测定甾醇气相色谱条件操作,氢火焰离子化检测器的响应因子为 1.0,应考虑到测定甾醇二烯时所用的浓度。

5.8 胆甾烷:纯度≥95%。

5.9 Δ3,5-胆甾二烯标准储备溶液和标准应用溶液:

5.9.1 Δ3,5-胆甾二烯储备液:浓度 1 mg/mL。

称取 Δ3,5-胆甾二烯(5.7)50.0 mg(精确至 0.1 mg)于 50 mL 容量瓶中,用叔丁基甲基醚(5.5)溶解和稀释,并定容至刻度。

5.9.2 Δ3,5-胆甾二烯标准应用溶液(用于液相色谱):

5.9.2.1 外标应用溶液:浓度 10 μg/mL。

吸取 100 μLΔ3,5-胆甾二烯溶液(5.9.1)于 10 mL 容量瓶中,用乙腈-叔丁基甲基醚(5.9.4)定容至刻度。每 20 μL 溶液中含有 0.20 μg,作为高效液相色谱外标标准溶液。标准溶液的浓度取决于被分析油的种类。当初榨油中豆甾二烯含量小于 0.5 mg/kg,外标溶液浓度应为 0.2 μg/mL。

5.9.2.2 内标应用溶液:浓度 2 μg/mL。

吸取 100 μLΔ3,5-胆甾二烯溶液(5.9.1)于 50 mL 容量瓶中,用石油醚(5.3)稀释至刻度。标准溶液的浓度取决于被分析油的种类。当初榨油中豆甾二烯含量小于 0.5 mg/kg,内标溶液浓度为 0.2 μg/mL。

5.9.3 5α-胆甾烷标准溶液(用于气相色谱):浓度 1 mg/mL。

称取 5α-胆甾烷[3)](5.8)50.0 mg(精确至 0.1 mg)于 50 mL 容量瓶中,用异辛烷(5.6)稀释至刻度。用该溶液标定 Δ3,5-胆甾二烯(5.9.2)纯度时,操作如下:分别移取 1 mL 5α-胆甾烷标准溶液和 1 mL Δ3,5-胆甾二烯储备溶液(5.9.1)于 10 mL 容量瓶中(分流进样)或于 50 mL 容量瓶中(柱头进样),并用异辛烷稀释至刻度。

5.9.4 乙腈-叔丁基甲基醚:V(乙腈)+V(叔丁基甲基醚)=1+1。

5.9.5 色谱流动相:V(乙腈)+V(叔丁基甲基醚)=70+30,脱气。

6 仪器设备

实验室常规仪器,以及下列的设备。

---

1) 如:№ 7734 or 15101,E. Merck 公司,64271 Darmstadt,Germany。给出这一信息是为了方便本标准的使用者,并不表示对该产品的指定认可。

2) 如:№ C6012,Sigma 化学股份有限公司,Grünwalder Weg 30,82041 Deisenhofen,Germany。给出这一信息是为了方便本标准的使用者,并不表示对该产品的指定认可。

3) 如:№ C8003,Sigma 化学股份有限公司,Grünwalder Weg 30,82041 Deisenhofen,Germany。给出这一信息是为了方便本标准的使用者,并不表示对该产品的指定认可。

6.1 棉花或玻璃棉:棉花需用石油醚提取脱脂 8 h。

6.2 玻璃层析柱:内径 10 mm,长 150 mm,配有 25 mL 储液器。

6.3 锥形瓶:容量 25 mL。

6.4 容量瓶:容量 5 mL、10 mL、50 mL。

6.5 烧杯:多种规格。

6.6 高效液相色谱系统(HPLC):包含高压泵、进样器(20 μL 和 100 μL 定量环)、紫外检测器(测定波长 235 nm)及积分系统。

6.7 高效液相色谱柱:长 250 mm,内径 4.0 mm 或 4.6 mm,装有 RP18 型反相固定相,粒径 5 μm[4)]。

6.8 自动进样小瓶:合适的容量。

6.9 旋转蒸发器:具水浴装置。

7 扦样

实验室收到的样品应具有真实的代表性,运输和储存过程中不得受损和变质。

扦样不是本标准规定的内容,推荐采用 GB/T 5524 的方法。

8 试样制备

8.1 实验准备

测试前需去除油脂样品中的水分。如果需要,将约 5 g 样品快速加热到 100 ℃,然后离心去水。

层析柱(6.2)底端放置小团棉花或玻璃棉(6.1),然后加入 5 g 硅胶(5.2),并在木板上轻轻敲实。

8.2 外标法

称取试样约 500 mg(精确至 1 mg)于小烧杯中,用 2 mL 石油醚(5.3)溶解后,倒入打开活塞的层析柱(8.1)中。每次用 2 mL 石油醚冲洗烧杯两次,也倒入层析柱。当溶剂液面到达填料的顶部时,立即用 20 mL 石油醚洗脱非极性物质,并收集于锥形瓶(6.3)中。在旋转蒸发器(6.9)上蒸干溶剂,用 500 μL乙腈-叔丁基甲基醚(5.9.4)溶解残留物。

8.3 内标法

使用本方法时,应确保样品中不含 Δ3,5-胆甾二烯(例如:精炼油)。称取样品约 500 mg(精确至 1 mg)于小烧杯中,加入 1.0 mL Δ3,5-胆甾二烯内标应用液(5.9.2.2)。用 2 mL 石油醚(5.3)溶解后倒入打开活塞的层析柱(8.1)中。每次用 2 mL 石油醚冲洗烧杯两次,也倒入层析柱。当溶剂液面到达填料的顶部时,立即用 20 mL 石油醚洗脱非极性物质,并收集于锥形瓶(6.3)中。在旋转蒸发器(6.9)上蒸干溶剂,用 500 μL 乙腈-叔丁基甲基醚(5.9.4)溶解残留物。

9 操作步骤

9.1 高效液相色谱(HPLC)

推荐采用下列色谱条件:

固定相:RP-18,5 μm;

色谱柱:长 250mm,内径 4.6 mm;

流动相:乙腈-叔丁基甲基醚(5.9.5);

流速:1 mL/min;

进样量:20 μL～100 μL(进样量取决于被测浓度的估计值);

检测器:紫外检测器,235 nm。

---

4) 如:Su persphere 100,RP 18 end-capped,No. 1. 16858,E. Merck,64 271 Darmstadt,Germany。给出这一信息是为了方便本标准的使用者,并不表示对该产品的指定认可。

9.2 甾醇二烯的鉴定

用表1所示的相对保留时间进行色谱峰的鉴别(色谱图参见附录B)。胆甾二烯作为参比物,其保留时间大约在20 min至25 min。

表1 甾醇衍生物的相对保留时间

甾醇衍生物	相对保留时间(RRT)
胆甾二烯	1.00
豆甾三烯	1.05
菜甾二烯	1.07
豆甾二烯	1.15

注:根据被测脂肪或油脂种类,有时希望进一步分析甾醇二烯和甾醇三烯的组分。可注入精炼油脂样品或自制豆甾二烯标准品进行峰的鉴定。在给定的色谱条件下,初榨油(未漂白的)的色谱图上,甾醇二烯出峰位置上不会出现任何峰。

10 结果表示

10.1 外标法

按式(1)通过外标物胆甾二烯的量计算出豆甾二烯或甾醇二烯的含量:

$$w=\frac{A_S\times M}{A_C\times m}\times f \qquad \cdots\cdots(1)$$

式中:

w——样品中豆甾二烯或甾醇二烯的含量,单位为毫克每千克(mg/kg);

A_S——3,5-豆甾二烯的峰面积或甾醇二烯的峰面积;

M——3,5-胆甾二烯(外标物)进样质量,单位为微克(μg)(5.9.2.1);

A_C——3,5-胆甾二烯的峰面积(外标物;若它的峰分裂,则以面积总和计算,如附录B所示);

m——油脂试样的质量,单位为克(g)(8.2);

f——稀释因子(对于样品体积500 μL和进样体积20 μL,$f=25$)。

所用的胆甾二烯的纯度需检测(见5.9.3),纯度不低于95%时,不需要进行校正。否则,必须校正。胆甾二烯和胆甾烷采用相同的响应系数。

测试结果保留两位小数。

10.2 内标法

按式(2)通过内标物含量计算豆甾二烯或甾醇二烯的含量:

$$w'=\frac{A'_S\times M'}{A'_C\times m'} \qquad \cdots\cdots(2)$$

式中:

w'——豆甾二烯或甾醇二烯的含量,单位为毫克每千克(mg/kg);

A'_S——3,5-豆甾二烯的峰面积或甾醇二烯的峰面积;

M'——3,5-胆甾二烯(内标物)进样质量,单位微克(μg)(5.9.2.2);

A'_C——3,5-胆甾二烯的峰面积(内标物;若它的峰分裂,则以面积总和计算,如附录B所示);

m'——油脂试样的质量,单位为克(g)(8.3)。

所用的胆甾二烯的纯度需检测(见5.9.3),纯度不低于95%时,不需要进行校正,否则应校正。胆甾二烯和胆甾烷采用相同的响应系数。

测试结果保留两位小数。

11 精密度

11.1 重复试验

附录A汇总了本标准方法实验室间测试精密度的结果，对于其他浓度范围和测试物质来说，本实验测试数据也许并不适用。

11.2 重复性

在同一实验室，由同一操作者使用相同设备，按相同的测试方法，并在短时间内对同一被测对象获得的两次独立测定结果的绝对差值大于表A.1中给出的重复性限 r 值的情况不超过5%。

11.3 再现性

在不同实验室，由不同的操作者使用不同的设备，按相同的测试方法，对同一被测对象两次独立测定结果的绝对差值大于表A.1中给出的再现性限 R 值的情况不超过5%。

12 测试报告

测试报告应详细说明：

——标识样品的全部必需信息；

——采样方法(如果已知)；

——本标准所涉及的测试方法；

——本标准未详细说明的、任选的、偶尔的可能影响测定结果的操作细节；

——测试结果；

——如进行了重复性检验，则报告最终结果。

附　录　A
（资料性附录）
实验室间比对试验结果

1998年由德国组织了15个实验室对5种不同样品进行国际实验室间比对试验，建立了本方法的精密度。结果按ISO 5725-1和ISO 5725-2统计分析，结果如表A.1所示。

表A.1　实验室间比对试验结果

项目	初榨橄榄油	在初榨橄榄油中加入不同量精炼橄榄油			
	A	B	C	D	E
参加试验的实验室数	15	15	15	15	15
剔除离群值后的实验室数	12	15	14	15	15
平均值/(mg/kg)	0.01	0.11	0.18	0.32	0.15
重复性标准偏差，S_r/(mg/kg)	0.000	0.015	0.012	0.021	0.011
重复性变异系数/%	0	13	7	9	7
重复性限，$r(r=S_r\times2.8)$/(mg/kg)	0.000	0.042	0.034	0.059	0.031
再现性标准偏差，S_R/(mg/kg)	0.016	0.034	0.056	0.100	0.034
再现性变异系数/%	144	30	31	31	23
再现性限，$R(R=S_R\times2.8)$/(mg/kg)	0.044	0.096	0.155	0.279 4	0.095

附 录 B
（资料性附录）
色谱图示例

色谱图示例见图B.1。

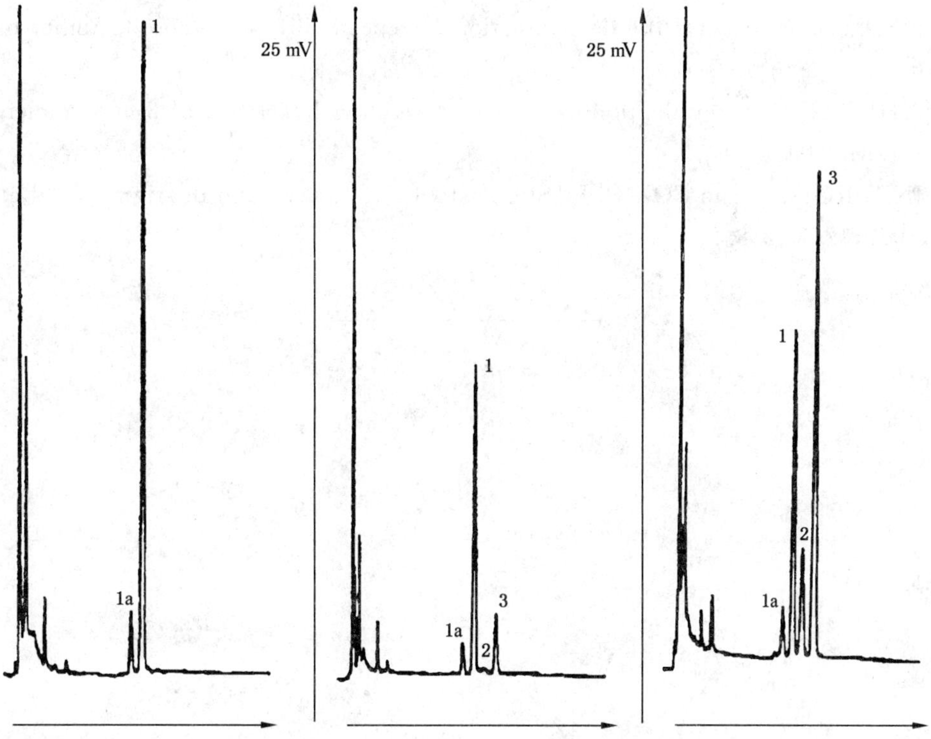

峰的鉴别

峰1a/1 (17.5 min/20.3 min)：胆甾二烯；

峰2 (21.8 min)：芸苔甾二烯（主要为campestadiene）；

峰3 (23.6 min)：豆甾二烯。

注：在有些色谱柱上峰1a和峰1不分开。

色谱图A：特级初榨橄榄油，未检出豆甾二烯。

色谱图B：含0.25 mg/kg豆甾二烯的橄榄油。

色谱图C：含0.25 mg/kg豆甾二烯的部分精炼植物油。

图B.1 色谱图示例

参 考 文 献

[1] GB/T 5524—2008 动植物油脂 扦样(ISO 5555:2001,IDT).

[2] ISO 5725-1:1994 Accuracy (trueness and precision) of measurement methods and results—Part 1:General principles and definitions.

[3] ISO 5725-2:1994 Accuracy (trueness and precision) of measurement methods and results—Part 2:Basic method for the determination of repeatability and reproducibility of a standard measurement method.

[4] SCHULTE E. Determination of edible fat refining by HPLC of 3,5-steradienes. Fat Sci. Technol.,96,1994,24-128.

[5] LINBURG R. G. and COX R. H. Stigmasta-3,5,22-triene and di-stigmasteryl ether. Can. J. Chem., 35,1957,1237-1238.

ICS 67.200.10
X 14

中华人民共和国国家标准

GB/T 25225—2010/ISO 15303:2001

动植物油脂 挥发性有机污染物的测定 气相色谱-质谱法

Animal and vegetable fats and oils—Detection and identification of a volatile organic contaminant by GC/MS

(ISO 15303:2001,IDT)

2010-09-26 发布　　2011-03-01 实施

中华人民共和国国家质量监督检验检疫总局
中国国家标准化管理委员会　发布

前　言

本标准等同采用 ISO 15303:2001《动植物油脂　挥发性有机污染物的测定　气相色谱-质谱法》(英文版)。

为便于使用,本标准做了下列编辑性修改:

——“本国际标准”一词改为“本标准”;

——用小数点“.”代替作为小数点的逗号“,”;

——删除国际标准的前言;

——用等同采用的 GB/T 15687 代替 ISO 661:1989;

——将“氦气,化学纯”改为“氦气,纯度≥99.999%”。

本标准的附录 A 为资料性附录。

本标准由国家粮食局提出。

本标准由全国粮油标准化技术委员会归口。

本标准起草单位:武汉产品质量监督检验所、武汉工业学院。

本标准主要起草人:江小明、陈曦、何东平、张世彦、卢跃鹏、邓春波、曾爱民、林建国、杨永。

动植物油脂
挥发性有机污染物的测定
气相色谱-质谱法

1 范围

本标准规定了采用气相色谱-质谱法测定食用油中挥发性有机污染物的原理、试剂、仪器、操作步骤、结果计算和表述、精密度。

本标准适用于粗制及精制食用油中污染挥发性化学工业品的定性分析和定量测定。

本标准不适用于能与食用油或食用油中天然成分发生反应的化学物质以及非挥发性化学物质的测定。在这种情况下，有时可以用于污染物的定性分析。

本法适用于以下类别化合物的测定：

——饱和卤代烃类；

——不饱和卤代烃类；

——酯类，醛类，醇类，胺类，酮类，醚类；

——环状化合物类和芳香类化合物；

——含氮化合物类；

——丙烯酸酯类等。

本标准的测定范围为 1 mg/kg～10 mg/kg。

2 规范性引用文件

下列文件中的条款通过本标准的引用而成为本标准的条款。凡是注日期的引用文件，其随后所有的修改单（不包括勘误的内容）或修订版均不适用于本标准，然而，鼓励根据本标准达成协议的各方研究是否可使用这些文件的最新版本。凡是不注日期的引用文件，其最新版本适用于本标准。

GB/T 15687　动植物油脂　试样的制备(GB/T 15687—2008,ISO 661:2003,IDT)

3 原理

将与被测污染物质色谱保留时间以及含量相近的氘化内标物加入油脂试样中，并将其加于与气质联用仪相连的热脱附装置的样品管中，试样中挥发出的物质在冷阱中被捕集。冷阱瞬间升温至 160 ℃，从冷阱中脱附出来的物质进入 GC/MS 分析。内标法定量。

4 试剂

除非另有说明，在分析中仅使用分析纯的试剂和蒸馏水、去离子水或相当纯度的水。

4.1　标准对照品：与被测挥发性污染物相对应的标准品，纯度≥99%。

4.2　甲醇：优级纯。

4.3　内标物：完全氘代苯、完全氘代萘或完全氘代乙基苯，纯度≥99%。

4.4　氦气：纯度≥99.999%。

4.5　精炼、脱色、脱臭花生油或与之类似的稳定液态植物油：不含有与被测污染物相关的工业化学物质。

5 仪器

常用的实验仪器及下列特殊仪器。

5.1 毛细管气相色谱仪。

5.2 质谱仪。

5.3 热脱附冷阱装置[1]。

5.4 毛细管柱:50 m×0.32 mm,甲基聚硅氧烷(OV101)固定相液膜厚度 0.5 μm。或等效的毛细管柱。

5.5 气相色谱(GC)/质谱仪(MS):按下列条件操作:

a) 热脱附升温程序(进样口):

——热脱附炉温:160 ℃;

——冷阱温度:<−40 ℃。

冷阱在−40 ℃以下保持 5 min,然后瞬间升至 160 ℃,气相色谱仪同时开始程序升温。冷阱在 160 ℃保持 3 min。

b) GC 升温程序:

——初始温度 50 ℃,保持 5 min;

——升温速率 7.5 ℃/min;

——最终温度 250 ℃,保持 5 min。

c) MS 条件:

——扫描速度≥1 次/s;

——离子源 70 eV,200 ℃,100 μA,4 kV。

d) 载气流速:

——色谱柱:氦气 1 mL/min;

——在冷阱中分流:5 mL/min。

5.6 涡旋振荡器。

6 步骤

6.1 标准样和空白样制备

6.1.1 取精炼、脱色、脱臭植物油[如花生油(4.5)]作为载体油和空白油样。

6.1.2 用甲醇(4.2)配制标准对照品(4.1)的标准样溶液。取适当体积该标准溶液添加到空白油样(6.1.1)中,此为标准样储备液(如浓度为 100 mg/kg)。用空白油稀释该储备液到所需浓度(一般范围为 1 mg/kg~10 mg/kg)。标准样的浓度应与样品中污染物的浓度相近。

6.1.3 如有需要,用空白油(4.5)稀释待测试样,使污染物的浓度处于本标准定量线性范围 1 mg/kg~10 mg/kg 之间。

6.2 内标样制备

用甲醇(4.2)配制浓度为 0.1 g/L(0.1 μg/μL)的氘代苯、氘代乙基苯或氘代萘(4.3)内标物标准溶液。所选的内标物应与被测物有相近的色谱保留时间。

6.3 试样制备

称取 1.00 g 油脂试样,加入 5.0 μL 内标物甲醇溶液(4.2),用涡旋振荡器(5.6)混匀。

试样、标准样、空白样均按上述步骤同样处理,并放置过夜充分平衡。

---

1) Chrompack Purge 和 Trap Sytem 是商业上可使用的产品,给出该信息仅为了方便本标准的使用者,不表示本标准对该设备的认可。

6.4 GC/MS 分析测定

取一根空的热脱附管，在管中填充 3 cm～4 cm 洁净的玻璃纤维，称取约 10 mg 试样(6.3)于热脱附管中。如果污染物的浓度超过了 10 mg/kg，则应减少试样量，称取 2.5 mg 试样(6.3)重新测定。对于更高浓度的试样，建议用空白油样(6.1.1)将试样稀释到浓度范围为 1 mg/kg～10 mg/kg(见 6.1.3)。

将捕集冷阱预先冷却至－20 ℃以下，再继续冷却至－40 ℃以下。将装有试样的试管置于热脱附装置炉腔中并启动热脱附装置(TCT)和 GC/MS 的程序。

6.5 确证

比较试样和相应标准样的气相色谱保留时间、质谱图。气相色谱保留时间、质谱图都能很好地匹配才能判定待测物的存在。

以试样和内标物的选择性离子色谱峰面积进行定量，这种定量方法可以有效地减少共存物的干扰。

7 结果计算和表述

7.1 结果计算

响应比率 R 等于分析物选择性离子的峰面积除以内标物选择性离子的峰面积，计算公式如下：

$$R=\frac{K\cdot c}{c_{is}} \quad\cdots\cdots(1)$$

式中：

R——响应比率；

K——常数；

c——分析物的离子浓度；

c_{is}——内标物的浓度。

$$R_{SAM}=\frac{K\cdot c_{SAM}}{c_{is}} \quad\cdots\cdots(2)$$

式中：

R_{SAM}——试样的 R 值；

c_{SAM}——试样中被分析物的浓度；

因为 c_{is} 为定值：

$$R_{SAM}=F\cdot c_{SAM} \quad\cdots\cdots(3)$$

式中，因子 F 为：

$$F=\frac{K}{c_{is}} \quad\cdots\cdots(4)$$

同理，标准样的 R 值为：

$$R_{STD}=F\cdot c_{STD} \quad\cdots\cdots(5)$$

式中：

c_{STD}——标准样中被测物的浓度。

因此

$$\frac{c_{SAM}\cdot F}{c_{STD}\cdot F}=\frac{R_{SAM}}{R_{STD}} \quad\cdots\cdots(6)$$

$$c_{SAM}=\frac{R_{SAM}\cdot c_{STD}}{R_{STD}} \quad\cdots\cdots(7)$$

7.2 结果表述

每个试样均进行两次平行测定。如果测定结果满足 8.2 中重复性限要求，测试报告应说明污染物的名称及两次重复测定浓度值的平均值。否则，需再进行两次平行测定。如果这次测定结果的绝对差值又超过 0.6 mg/kg，在各次测定结果间的最大差值不超过 1.0 mg/kg 的前提下，将结果记为四次测定结果的算术平均值。

结果精确到小数点后一位。

8 精密度

8.1 实验室间实验

本标准实验室间实验的精密度参见附录A。附录A精密度的数据不适用于超出本标准规定的浓度范围和基质。

8.2 重复性

在同一实验室，由同一操作者使用相同的设备，按相同的测试方法，在短时间内对同一被测对象相互独立进行的测试条件下，两个独立测试结果的绝对差值大于0.6 mg/kg的情况不超过5%。

8.3 再现性

在不同的实验室，由不同的操作者使用不同设备，按相同的测试方法，对同一被测对象相互独立进行的测试条件下，两个独立测试结果的绝对差值大于1.43 mg/kg的情况不超过5%。

注：本标准用以下物质已经进行了多次测试：1,1,1-三氯乙烷(1,1,1-trichloroethane)，丙烯酸-2-乙基己酯(2-ethyl hexyl acrylate)，双环戊二烯(dicylopentadiene)，四氯乙烯(tetrachloroethylene)，*N*-甲基-*N*-乙基苯胺(*N*,*N*-ethylmethylaniline)，*N*,*N*-二甲基苯胺(*N*,*N*-dimethylaniline)，己-2-醇(hexan-2-ol)，苯(benzene)，异丙苯(cumene)，丙烯酸乙酯(ethyl acrylate)(见参考文献)。

附 录 A
（资料性附录）
实验室间测试结果

A.1 总则

食用油中有机污染物测试已经进行了两次。首次测试于1993年进行，报告见表A.1。第二次测试于1994年进行，报告见表A.3。

注：考虑到本实验所需仪器设备的特殊性，尽管本次实验参与者和反馈所得的结果数目有限，这些国际性实验室间的结果仍可以接受。这一点在1996年4月召开的ISO/TC 34/SC 11会议上达成共识。需要指出的是这些相关的协议与ISO 5725:1986或ISO 5725-1:1994不一致。

A.2 1993年首次实验室间测试

受邀参与的实验室数目：来自10个国家的21个实验室。

提交结果的实验室数目：来自5个国家的7个实验室。

向参与者提供了贴有A到H标签的8种食用油。为了模拟实际情况，测试人员被告知污染物是提供的三种化合物中的一种。试样详情见表A.1，统计结果见表A.2。

本方法可以用于检测油脂中存在的已知污染物。然而，本次协作测试数据的精密度还达不到油脂贸易所认可的和ISO规定的低含量污染物测试的要求。

表 A.1 第一次检测用商品食用油样品

样品编号	商品食用油样品中可能含有的化合物列表[a]	油中添加待测物浓度/(mg/kg)
A	二氯甲烷 Dichloromethane 1,2-二溴甲烷 1,2-Dibromoethane 1,1,1-三氯乙烷 1,1,1-TRICHLOROETHANE	1.12
B	丙烯酸-2-乙基己酯 2-ETHYL HEXYL ACRYLATE 丙烯酸甲酯 Methyl acrylate 二戊烯 Dipentene	1.25
C	甲基叔丁醚 Methyl t-butyl ether 双环戊二烯 DICYCLOPENTADIENE 糠醛 Furfural	1.29
D	三氯乙稀 Trichloroethylene 四氯乙稀 TETRACHLOROETHYLENE 2-糠醛 2-Furaldehyde	1.03
E	*N*-甲基-*N*-乙基苯胺 *N*,*N*- ETHYLMETHYLANILINE 2-甲基-5-乙基吡啶 5-Ethyl-2-methylpyridine *N*,*N*-二甲基苯胺 *N*,*N*-Dimethyl aniline	1.04
F	吡啶 Pyridine *N*,*N*-二甲基苯胺 *N*,*N*- DIMETHYLANILINE 硝基甲苯 Nitrotoluene	1.10
G	正丁醛 Butanal 己-2-醇 HEXAN-2-OL 二异丁基甲酮 Di-isobutyl ketone	1.04

表 A.1(续)

样品编号	商品食用油样品中可能含有的化合物列表[a]	油中添加待测物浓度/(mg/kg)
H	异丙苯 Cumene 吡啶 Pyridine 苯 BENZENE	1.04

[a] 名称用大写字母标识的化合物是实际存在于油样中的污染物。但是,测试结束后这些信息才告知分析者。

表 A.2 第一次实验室间测试结果的统计分析

项　目	样　品							
	A	B	C	D	E	F	G	H
实验室数目	7	7	7	7	7	7	7	7
检测到浓度平均值/(mg/kg)	1.11	1.32	1.53	1.05	1.58	1.18	0.83	0.91
添加浓度/(mg/kg)	1.12	1.25	1.29	1.03	1.04	1.10	1.04	1.04
重复性可接受的结果数目	2	2	3	2	3	2	2	3
重复性标准偏差,S_r/(mg/kg)	0.15	0.08	0.12	0.08	0.13	0.04	0.11	0.04
重复性变异系数/%	13.7	5.6	15.9	6.6	19.4	3.5	14.3	4.0
重复性限,r(r=2.83S_r)	0.43	0.23	0.62	0.21	0.51	0.11	0.31	0.11
再现性测定的可接受结果的数目	7	6	7	6	5	6	6	7
再现性标准偏差,S_R/(mg/kg)	0.64	0.57	1.09	0.29	1.80	0.43	0.44	0.18
再现性变异系数/%	58.2	42.2	79.0	29.7	13.5	36.8	53.0	19.6
再现性限,R(R=2.83S_R)	1.82	1.61	3.09	0.81	5.09	1.22	1.25	0.51
结果范围/(mg/kg)	0.58~2.50	0.58~2.10	0.57~3.50	0.68~1.30	0.40~4.73	0.4~1.7	0.17~1.37	0.6~1.10

注:从不同样品测试结果的 r 和 R 值来看,本方法并不十分精确。但在目前的情况下,方法整体的精密度还是可以接受的。表中测试结果的平均重复性限(r)为 0.36,平均再现性限(R)为 2.38。

A.3 1994 年第二次实验室间实验

参与的实验室数目:来自 7 个国家的 16 个实验室。

提交结果的实验室数目:来自 5 个国家的 9 个实验室。

向参与者提供了贴有 I 到 K 标签的 3 种食用油。为了模拟实际情况,测试人员被告知污染物是提供的三种化合物中的一种。试样详情见表 A.3,统计结果见表 A.4。

表 A.3 第二次检测用商品食用油样品

样品编号	商品食用油样品中可能含有的化合物列表[a]	油中添加待测物浓度/(mg/kg)
I	丙烯酸-2-乙基己酯 2-Ethyl hexyl acrylate 丙烯酸乙酯 ETHYL ACRYLATE 乙酸乙烯酯 Vinyl acetate	1.03
J	*N*,*N*-二甲基苯胺 *N*,*N*-Dimethylaniline 1,2-环氧基-3-氯丙烷 Epichlorhydrin 1,3-二氯丙烯 1,3-Dichloropropen	
K	异丙苯 CUMENE 四氯乙稀 Tetrachloroethylene *N*-甲基-*N*-乙基苯胺 *N*,*N*-Ethylmethylaniline	1.25

[a] 名称用大写字母标识的化学物质是实际存在于油样当中的污染物。但是,测试结束后这些信息才告知分析者。J 是空白。

表 A.4 第二次实验室间实验结果的统计分析

项目	样品(m/z)				
	I(55)	K(105)	K(105)	K(120)	K(120)
	内标(m/z)				
	苯 Benzene (84)	乙基苯 Ethylbenzene (98)	乙基苯 Ethylbenzene (116)	乙基苯 Ethylbenzene (98)	乙基苯 Ethylbenzene (116)
实验室数目	9	9	8	8	8
可接受的结果数目	7	8	8	6	7
平均值/(mg/kg)	1.19	0.94	0.99	0.92	0.97
重复性标准偏差,S_r/(mg/kg)	0.48	0.07	0.08	0.04	0.08
重复性变异系数/%	40.0	7.7	8.5	4.15	8.7
重复性限,$r(r=2.83S_r)$	1.3	0.2	0.24	0.11	0.24
再现性标准偏差,S_R/(mg/kg)	0.50	0.50	0.51	0.52	0.52
再现性变异系数/%	42	53.25	51.2	56.8	53.5
再现性限,$R(R=2.83S_R)$	1.4	1.4	1.4	1.47	1.47
结果范围/(mg/kg)	0.5~2.75	0.16~1.69	0.15~1.66	0.1~1.47	0.09~1.67

注:从不同样品测试结果的 r 和 R 值来看,本方法并不十分精确。但在目前的情况下,方法整体的精密度还是可以接受的。表中测试结果的平均重复性限(r)为 0.61,平均再现性限(R)为 1.43。

参 考 文 献

[1] ISO 5725:1986 Precision of test methods—Determination of repeatability and reproducibility for a standard test method by inter-laboratory tests

[2] ISO 5725-1:1994 Accuracy(trueness and precision)of measurement methods and results—Part 1:General principles and definitions

[3] Leatherhead Food Research Association. Research Reports,No. 708(June 1993)

[4] Leatherhead Food Research Association. Technical Notes,No. 110(April 1994)

[5] Leatherhead Food Research Association. Research Reports,No. 742(February 1997)

ICS 67.060
B 20

中华人民共和国国家标准

GB/T 25226—2010

大　　米
蒸煮过程中米粒糊化时间的评价

Rice—Evaluation of gelatinization time of kernels during cooking

(ISO 14864:1998,MOD)

2010-09-26 发布　　　　　　　　　　　　　　　　2011-03-01 实施

中华人民共和国国家质量监督检验检疫总局
中国国家标准化管理委员会　发布

前　言

本标准修改采用 ISO 14864:1998《大米　蒸煮过程中米粒糊化时间的评价》(英文版)。

为适合我国国情，本标准与 ISO 14864:1998 的技术差异为：删除了“2　规范性引用文件”中的“ISO 7301 大米　规范”及在“1　范围”和“3　术语和定义”中对 ISO 7301 的提及。

为便于使用，本标准做了下列编辑性修改：

——删除国际标准的前言；

——将“本国际标准”一词改为“本标准”；

——用小数点“.”代替原文中小数点“,”。

本标准的附录 A 和附录 B 为资料性附录。

本标准由国家粮食局提出。

本标准由全国粮油标准化技术委员会归口。

本标准起草单位：南京财经大学、江苏省产品质量监督检验研究院、国家粮食局科学研究院。

本标准主要起草人：杨慧萍、袁建、蔡晶、杨晓蓉、王素雅。

大　米
蒸煮过程中米粒糊化时间的评价

1　范围

本标准规定了大米蒸煮过程中米粒糊化时间的评价方法。

本标准适用于大米糊化时间评价。

2　规范性引用文件

下列文件中的条款通过本标准的引用而成为本标准的条款。凡是注日期的引用文件，其随后所有的修改单(不包括勘误的内容)或修订版均不适用于本标准，然而，鼓励根据本标准达成协议的各方研究是否可使用这些文件的最新版本。凡是不注日期的引用文件，其最新版本适用于本标准。

GB/T 21305　谷物及谷物制品水分的测定　常规法(GB/T 21305—2007,ISO 712:1998,IDT)

3　术语和定义

下列术语和定义适用于本标准。

3.1

糊化作用　gelatinization

使大米粒变为类似果冻状的凝结胶体(又叫凝胶)的水合过程。

3.2

糊化状态　gel state

糊化状态是糊化作用(3.1)的结果。蒸煮过的大米颗粒夹在两块玻璃板间时，全透明、无白色和不透明斑点的状态。

见图1～图3。

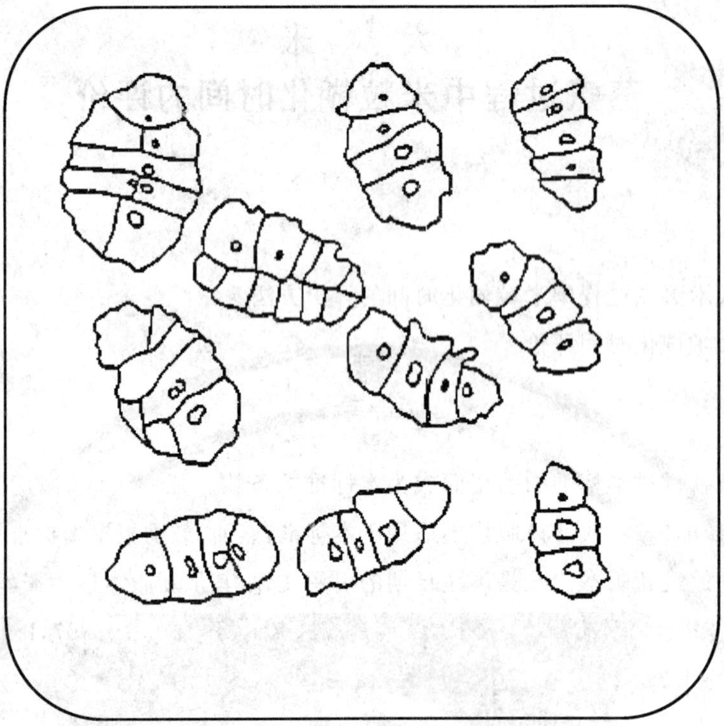

图 1　最初阶段:米粒没有完全糊化(在米粒内可见未糊化的淀粉颗粒)

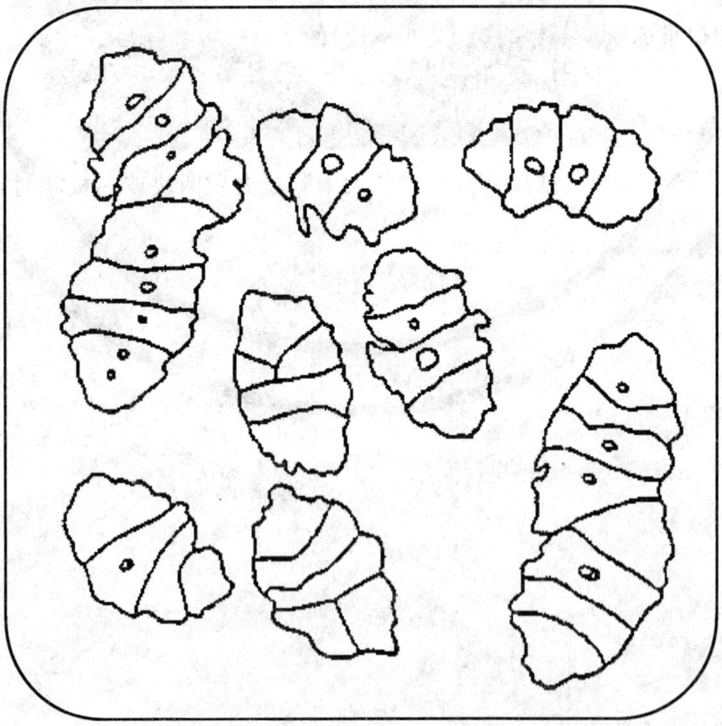

图 2　中间阶段:可见一些完全糊化的米粒

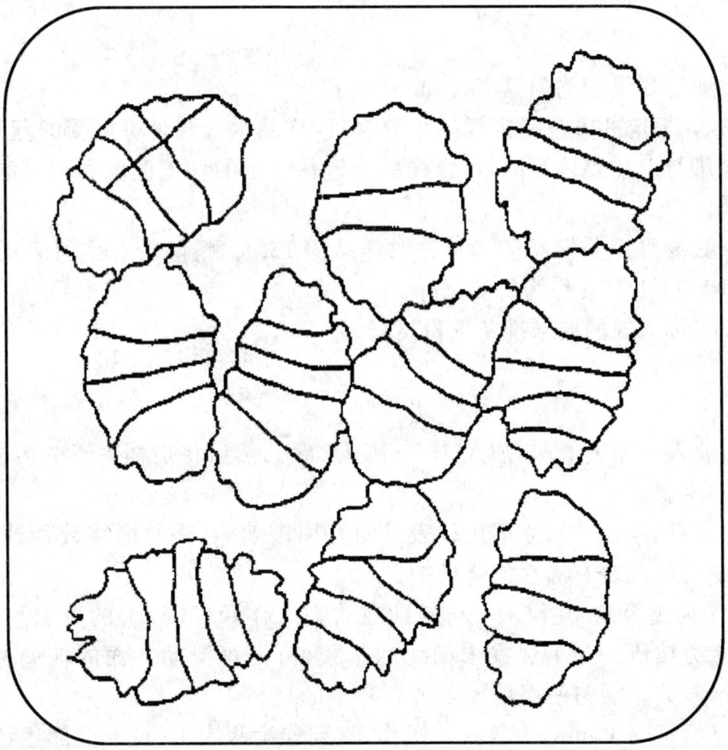

图 3　最后阶段:所有米粒完全糊化

3.3

糊化时间　gelatinization time

90%的大米粒从自然状态达到糊化状态(3.2)所需的时间。

4　原理

通过目视观察评价,测定大米粒从浸入沸水到完全糊化所需的时间。

5　仪器设备

实验室常规仪器和下列仪器。

5.1　电热板:能保持温度在 350 ℃±10 ℃。

5.2　烧杯:硼硅玻璃材质、容积 400 mL、直径 8 cm。

5.3　漏勺:不锈钢材质、带有隔热手柄。

5.4　玻璃棒:约 25 cm 长、直径 5 mm。

5.5　圆形或方形玻璃片:直径或边长约 70 mm,厚 5 mm。

5.6　天平:感量 0.01 g。

5.7　秒表。

5.8　工作台:台面颜色与大米粒颜色应有明显差异。

5.9　分样器:带有分配装置的锥形分样器或多孔分样器。

5.10　玻璃珠:直径约 5 mm。

6　扦样

扦样不是本标准规定的内容,推荐采用 ISO 13690。

实验室收到的样品应具有代表性,并在运输或储存过程中未受损或改变。

7 试样制备

7.1 仔细混合样品，使之尽可能均匀。

7.2 依据 GB/T 21305 规定的方法测定样品水分含量，样品水分含量可接受的范围是(13.0±1.0)%。

如果样品水分含量与上述要求不同，可将样品放置在一定的环境温度和相对湿度下，直到样品水分含量达到上述范围内。

7.3 缩分样品，如果必要可用分样器(5.9)，分取样品约 15 g。挑除带有残留胚芽的米粒和碎米粒，在完整米粒中随机取(10.0±1.0)g 作为待测试样。

7.4 对于每 1 个样品，按 7.3 的要求准备 5 份试样。

8 操作步骤

8.1 在烧杯(5.2)中放入一些玻璃珠，加入 275 mL 蒸馏水，然后将烧杯置于电热板上加热。

8.2 将水加热至剧烈沸腾。

8.3 向烧杯中加入一份试样(7.3)，立即用秒表计时。用玻璃棒(5.4)搅拌数秒钟，以防止米粒粘附在烧杯底部。同时，将漏勺放入装有沸水的烧杯中。

8.4 7 min 后，用漏勺捞出至少 10 粒米粒均匀地散放在工作台(5.8)上的玻璃片(5.5)上。盖上另一块玻璃片，用手指在上方按压。为了观察未糊化的米粒，可稍稍滑动上面的玻璃片。检查被压扁的米粒，记录完全糊化的米粒数。漏勺使用后放入装有沸水的烧杯中。

8.5 在第 8 min 及以后每隔 1 min，重复 8.4 操作，直到连续两次 10 粒米全部达到糊化状态。

8.6 对于每份试样(7.4)，按照 8.1～8.5 做平行试验。

9 结果表示

9.1 按下列步骤计算 90%的米粒完全糊化所需时间(t_{90})(示例参见附录 A)：

a) 确定达到糊化状态的米粒数和相应的时间(t_n)，计算 5 份试样的糊化米粒平均百分数(G_n)；

b) 计算两个相邻 G_n 值的平均值，得到一系列 G_n 值的平均值；再进行第二次相邻值平均值的计算，得到 G_n 值的第二次平均值 G_{pn}(参见表 A.1)；

c) 以 t_n 值为横坐标，G_{pn}值为纵坐标绘制笛卡儿坐标系；

d) 以表格中 t_n 和 G_{pn}值描点，用线将这些点连接起来得到曲线 C。从纵坐标 90%处对应曲线 C 的 P 点作垂线，与横坐标的交点即为 t_{90} 值。

采用适宜的回归分析，也可获得相同结果。

9.2 t_{90}值用分和秒表示。

10 精密度

附录 B 汇总了本方法精密度的实验室间测试情况。从这些测试中得到的值可能不适用于其他测试对象及糊化时间范围。

11 测试报告

测试报告应载明：

——识别样品所必需的全部信息；

——取样方法(如果已知)；

——本标准所涉及的测试方法；

——本标准没有具体说明的，或者被认为是可选性的，以及所有可能影响了结果的操作细节；

——测定结果；

——或进行了重复性试验，给出最终结果。

附 录 A
（资料性附录）
结果记录及糊化曲线示例

结果记录见表 A.1，糊化曲线示例见图 A.1。

表 A.1 结果记录

蒸煮时间，t_n/min	试样中完全糊化米粒数					糊化米粒平均百分数，G_n/%	G_n 值的第一次平均值/%	G_n 值的第二次平均值，G_{pn}/%
	1	2	3	4	5			
15	2	2	2	2	3	22.00		
							28.00	
16	3	3	4	3	4	34.00		38.50
							49.00	
17	6	7	7	6	6	64.00		62.00
							75.00	
18	8	8	9	8	10	86.00		84.00
							93.00	
19	10	10	10	10	10	100.00		96.00
							100.00	
20	10	10	10	10	10	100.00		

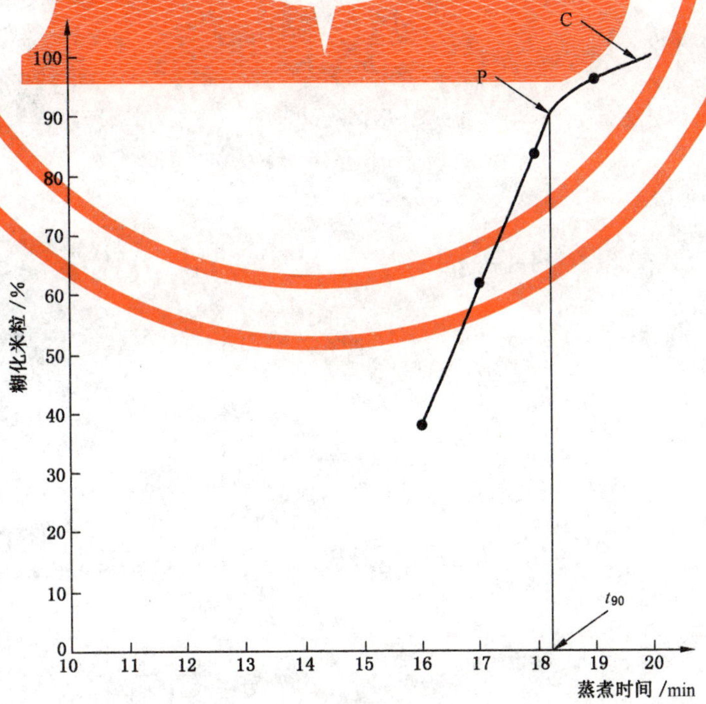

图 A.1 糊化曲线

附　录　B
（资料性附录）
实验室间测试结果

由 Ente Nazionale Risi 稻米研究中心（意大利）组织 14 个实验室对 3 份不同样品进行了三次测试的比对试验。按 ISO 5725-2 进行统计分析，结果见表 B.1。

表 B.1　精密度数据

样品	Thaibonnet	Baldo	Balilla
实验室数	14	13	14
平均时间	20′01″	21′06″	18′02″
重复性标准差，S_r 重复性变异系数/%	00　17 1.4	00　15 1.2	00　21 1.9
再现性标准差，S_R 再现性变异系数/%	00　53 4.4	01　00 4.8	00　52 4.8

参 考 文 献

［1］ ISO 5725-1:1994 Accuracy(trueness and precision)of measurement methods and results—Part 1:General principles and definitions.

［2］ ISO 5725-2:1994 Accuracy(trueness and precision)of measurement methods and results—Part 2:Basic method for the determination of repeatability and reproducibility of a standard measurement method.

［3］ ISO 13690 Cereals,pulses and milled products—Sampling of static batches.

［4］ Ranghino F. Evaluation of rice resistance to cooking, based on the gelatinization time of kernels. II Riso, XV, 1966,117-127.

ICS 65.060
B 93

中华人民共和国国家标准

GB/T 25227—2010

粮食加工、储运设备现场监测装置技术规范

Technical code for field detective devices for the equipments in grain processing and storage system

2010-09-26 发布　　2011-03-01 实施

中华人民共和国国家质量监督检验检疫总局
中国国家标准化管理委员会　发布

前　　言

本标准由国家粮食局提出。

本标准由全国粮油标准化技术委员会归口。

本标准起草单位:国贸工程设计院。

本标准主要起草人:管超、李东方。

粮食加工、储运设备现场监测装置技术规范

1 范围

本标准规定了粮食加工、储运设备常用现场监测装置的术语和定义、性能、安装技术要求、现场测试及维护和保养。

本标准适用于粮食加工、储运作业自动控制系统设备现场监测装置的设计、选型和安装。

本标准规定的现场监测装置种类及数量可根据工程项目自动化程度的不同而增减。

2 规范性引用文件

下列文件中的条款通过本标准的引用而成为本标准的条款。凡是注日期的引用文件，其随后所有的修改单(不包括勘误的内容)或修订版均不适用于本标准。然而，鼓励根据本标准达成协议的各方研究是否可使用这些文件的最新版本。凡是不注日期的引用文件，其最新版本适用于本标准。

GB 17440 粮食加工、储运系统粉尘防爆安全规程

3 术语和定义

下列术语和定义适用于本标准。

3.1

现场监测装置 field detective device

用于监控关键设备运行状态或设施内物位状态的仪表、开关或装置。常用的有料位器、堵塞开关、失速检测装置、跑偏开关、压力开关、张紧开关、拉绳开关、限位开关等。

3.2

料位器 level detector

监测粮仓、料斗物料位置状态或位置的装置。

3.3

堵塞开关 blocked chute detector

监测设备排料或溜管物料堵塞状况的装置。

3.4

失速检测装置 under-speed detector

监测输送设备运行中“低于正常速度”状况的装置。

3.5

跑偏开关 off-track detector

监测输送带偏离正常轨迹的装置。

3.6

压力开关 air pressure switch

监测气垫式输送机气压室内气压和脉冲除尘器上、中箱体压差的装置。

3.7

张紧开关 take-up limit switch

监测带式输送机的输送带重力张紧状况的装置。

3.8

拉绳开关　perimeter pull switch

输送设备长距离安全制动的装置。

3.9

限位开关　limit switch

监测闸阀门和其他设备的开闭状态或行程位置的装置。

4　性能

4.1　料位器

4.1.1　高(中间)料位器:在物料达到预定高度时能实时发出报警信号。

4.1.2　低料位器:在物料排空时能实时发出报警信号。

4.1.3　连续料位器:能够检测仓内物料全程的高度状态,并实时输出对应高度的数据信号。

4.2　堵塞开关

在监测点发生料流阻塞时能实时发出报警信号。

4.3　失速检测装置

当输送设备因输送带打滑、断裂或松弛造成的输送速度低于正常值一定幅度时,能实时发出报警信号。

4.4　跑偏开关

当输送设备皮带偏离正常运行轨迹一定程度时,能实时发出报警信号。当皮带位置已被校正后,检测挡杆能自动恢复至正常状态。

4.5　压力开关

当监测点压力达到设备规定值以上时能实时发出信号,该规定值可现场调定或采用定值型开关。

4.6　张紧开关

当设备张紧装置超过限定位置时能实时发出报警信号。

4.7　拉绳开关

当拉绳施力后能实时发出报警信号并制动相关设备。开关应为自锁型,可在故障排除前禁止设备运行。

4.8　限位开关

当设备运行到限定位置时能实时发出状态信号。

5　安装技术要求

5.1　选型

5.1.1　现场监测装置的选型和监测点的数量设置,应根据项目规模、工艺特点、操作要求和自动控制水平等因素确定。

5.1.2　现场监测装置的选型应优先选用安全可靠、技术先进和性价比高的产品。

5.1.3　在同一工程项目中,现场监测装置的品种和规格应力求统一。

5.1.4　设计采用的现场监测装置,应为符合相关标准并取得相应认证的合格产品。

5.1.5　应根据现场环境选择适合该环境的产品;粮食粉尘爆炸性危险环境电气设备防护等级选用应符合 GB 17440 中的相关规定。

5.2　安装要求

5.2.1　一般要求

5.2.1.1　现场监测装置及其接线盒的设置和安装应符合有关国家标准的规定,用于联结这些现场监测装置的接线盒导线管入口应进行相应的密封并符合相关标准。

5.2.1.2 现场监测装置的安装位置，应避免直接被粮流冲击，如有受到粮流冲击时应安装保护装置。

5.2.1.3 安装于仓内熏蒸气体环境的现场装置，应采用防熏蒸气体腐蚀的保护形式和相应的防护措施。

5.2.1.4 现场监测装置的金属外壳应可靠接地。

5.2.1.5 安装位置及尺寸应根据选定的产品确定，设计时应提供预留孔洞或预埋管线的工作条件图。

5.2.1.6 应按照现场监测装置的技术说明书或使用标签的规定进行安装和使用。

5.2.1.7 现场监测装置的安装位置应使其在维修时易于检查、清理和更换。

5.2.1.8 现场监测装置的安装位置及方式，应确保其能够准确、可靠动作，并不被损坏。

5.2.2 高(中间)料位器

5.2.2.1 与工艺设备有自动控制联锁关系的料仓或料斗均应安装。

5.2.2.2 应安装在相关筒仓(或浅圆仓)、缓冲仓、料斗和发放仓的顶部区域，以显示高料位状态。

5.2.2.3 安装位置应保证在高料位报警以后，仓内有足够的空间来容纳为该仓入料的最长路径上的物料。

5.2.2.4 倾斜式料位开关头部应与物料有较大的接触面，并由链子悬挂于所需要的高度位置，以保证料位器能可靠地动作。

5.2.3 低料位器

5.2.3.1 与工艺设备有自动控制联锁关系的料仓或料斗均应安装。

5.2.3.2 应安装在相关筒仓(或浅圆仓)、缓冲仓、料斗和发放仓的底部或卸粮溜管段，以监测物料的卸空状态。

5.2.3.3 宜安装在料仓排料闸门的上方，且不影响料流。

5.2.3.4 阻旋式料位器检测头上方应安装保护挡板。

5.2.3.5 电容式料位器应采用感应灵敏度可调型，便于根据现场情况微调。插入式料位器应考虑料流摩擦防护，如安装保护挡板或非金属耐磨罩。

5.2.4 连续料位器

应安装在相关料仓顶部，并避免仓壁、料流和粉尘对检测效果的影响。

5.2.5 失速检测装置

5.2.5.1 根据设备的工艺要求安装。

5.2.5.2 应安装在设备的非驱动轴部位。

5.2.5.3 固定在非驱动轴上的旋转部分应安装防护罩，以防杂物缠绕使信号失常或对人员造成伤害。

5.2.6 跑偏开关

5.2.6.1 宜在皮带输送机头和尾部 1 m～2 m 处的输送带的两侧安装。

5.2.6.2 当输送机长度较长时，中间部位也应安装。

5.2.6.3 应采用自复位型。

5.2.7 堵塞开关

5.2.7.1 宜安装在输送机和其他设备(如清理筛等)排料口处或重要的溜管段。

5.2.7.2 应安装在不受料流直接冲击的位置。

5.2.8 限位开关

5.2.8.1 应安装在监测闸阀门和下列设备：

a) 电(气)动闸阀门行程限位，包括全开、全闭和某些中间位置；

b) 薰蒸密封设施；

c) 提升机、输送机张紧行程限位；

d) 装车溜管行程限位；

e) 刮板机、清仓机堵料保护机构限位。

5.2.8.2 限位开关动作臂可在行程范围内根据实际情况调节。

5.2.8.3 限位开关的位置应便于维修和现场调节。应安装适当的冲击板、块，并为试运行期间的现场调节留有一定的余地。

5.2.9 **压力开关**

5.2.9.1 应在所有气垫式输送机气压室外适当位置安装。

5.2.9.2 相关设备的动作压力值出厂时已设定，或根据现场调整。

5.2.9.3 应在脉冲除尘器的上、中箱体安装压差开关，监测除尘风网气流滤尘前、后的压差，当该压差大于设定值时，发出报警信号。

5.2.10 **拉绳开关**

5.2.10.1 应根据设计要求或在长度大于 40 m 的胶带输送机或提升机上安装，以便提供及时的安全制动。

5.2.10.2 应采用手动复位。

5.2.10.3 当输送机较长时，应适当增加拉绳开关数量。

5.2.10.4 拉绳安装应按各段间隔不超过 2.5 m 的范围，用金属环支撑。

5.2.10.5 应采用适宜于安装地区气候环境的塑套钢丝拉绳，其两端宜用钢缆线夹紧固。

5.2.11 **信号使用**

5.2.11.1 现场监测装置的信号可以根据需要接入控制系统，由控制系统根据联锁程序控制设备启动和停止；或接入控制系统的同时，直接连接在对应设备电动机二次控制回路中。

5.2.11.2 限位、拉绳、压力、料位、堵塞、跑偏、张紧、失速等信号宜全部接入控制系统，供报警或联锁控制程序使用；拉绳、电动闸阀门限位、压力信号等，在设备设有手动独立控制方式时，应同时接入电动机二次控制回路。

6 现场测试

6.1 现场监测装置的测试分模拟测试、空载测试和带料测试。

6.2 模拟测试：由人工触发现场监测装置产生信号，主要检验动作信号有无及接线正误。测试项目为限位、拉绳、压力、料位、堵塞、跑偏、张紧、失速等。

6.3 空载测试：对限位、拉绳、压力信号的实际测试。配合料位、堵塞、跑偏、张紧、失速等信号的模拟动作，测试控制程序的联锁逻辑正确性。

6.4 带料测试：测试对可能发生的堵塞、跑偏、失速、料位信号产生联锁保护或报警等功能，检验相应现场监测装置动作的灵敏性和可靠性。测试结果应符合第 4 章的要求。

7 维护和保养

7.1 应定期检查现场监测装置的完好状况和电气动作可靠性，确保其可靠和有效性。

7.2 应定期对现场监测装置上的粉尘和其他附着物进行清理，确保其安全可靠工作。

7.3 对作业线工作时可能发生的误动作，应对相关现场监测装置及时进行调整或检修，确认其正常后，方可继续使用。

ICS 67.040
X 10

中华人民共和国国家标准

GB/T 25228—2010

粮油检验　玉米及其制品中伏马毒素含量测定　免疫亲和柱净化高效液相色谱法和荧光光度法

Inspection of grain and oils—Determination of fumonisins in corn and its products by high liquid chromatography and fluorometer with immunoaffinity column cleanup

2010-09-26 发布　　2011-03-01 实施

中华人民共和国国家质量监督检验检疫总局
中国国家标准化管理委员会　发布

前　言

本标准中的免疫亲和柱净化高效液相色谱法修改采用国际分析化学师协会的测定方法《AOAC 官方方法 2001.04　玉米和玉米片中伏马毒素的测定　免疫亲和柱净化液相色谱法》(Official method 2001.04 Determination of fumonisins B_1 and B_2 in corn and corn flakes—Liquid chromatography with immunoaffinity column cleanup)。

为了便于使用,本标准对 AOAC official method 2001.04 进行了下列修改:

——将适用测定浓度范围修改为检出限,删除了该标准中实验室间测试数据表 A 和表 B,增加了国内实验室间测试数据;

——修改了对免疫亲和柱的要求;

——修改了标准曲线的浓度范围;

——将定容体积由 200 μL 改为 400 μL;

——增加了空白试验;

——简化了结果计算。

本标准的附录 A、附录 B 和附录 C 为资料性附录。

本标准由国家粮食局提出。

本标准由全国粮油标准化技术委员会归口。

本标准负责起草单位:国家粮食局科学研究院。

本标准参加起草单位:北京中检维康技术有限公司。

本标准主要起草人:王松雪、王雄、刘焓、张艳、孙长坡、王岩。

粮油检验 玉米及其制品中伏马毒素含量测定 免疫亲和柱净化高效液相色谱法和荧光光度法

1 范围

本标准规定了采用免疫亲和柱净化高效液相色谱法和免疫亲和柱净化荧光光度法测定玉米及其制品中伏马毒素测定的原理、试剂和材料、仪器和设备、操作步骤及结果表示。

本标准中免疫亲和柱净化高效液相色谱法适用于玉米和玉米制品中伏马毒素 B_1 和 B_2 的测定，免疫亲和柱净化荧光光度法适用于玉米和玉米制品中伏马毒素总量的测定。

免疫亲和柱净化高效液相色谱法的检测限为 0.1 mg/kg；免疫亲和柱净化荧光光度法的检测限为 0.5 mg/kg。

2 规范性引用文件

下列文件中的条款通过本标准的引用而成为本标准的条款。凡是注日期的引用文件，其随后所有的修改单（不包括勘误的内容）或修订版均不适用于本标准，然而，鼓励根据本标准达成协议的各方研究是否可使用这些文件的最新版本。凡是不注日期的引用文件，其最新版本适用于本标准。

GB/T 6682 分析实验室用水规格和试验方法

3 免疫亲和柱层析净化高效液相色谱法

3.1 原理

利用免疫亲和反应净化样品，以邻苯二甲醛柱前衍生伏马毒素为荧光化合物，用反相高效液相色谱进行分离、检测，外标法测定伏马毒素 B_1 和 B_2 的含量。

3.2 试剂和材料

除另有规定外，所用试剂均为分析纯，实验用水应符合 GB/T 6682 中二级水的要求。

3.2.1 甲醇：色谱纯，或纯度相当。

3.2.2 乙腈：色谱纯，或纯度相当。

3.2.3 磷酸二氢钠（$NaH_2PO_4 \cdot 2H_2O$）。

3.2.4 四硼酸钠（$Na_2B_4O_7 \cdot 10H_2O$）。

3.2.5 氯化钠。

3.2.6 磷酸氢二钠。

3.2.7 磷酸二氢钾。

3.2.8 氯化钾。

3.2.9 浓盐酸。

3.2.10 磷酸。

3.2.11 邻苯二甲醛（OPA）。

3.2.12 2-巯基乙醇（MCE）。

3.2.13 0.1 mol/L 磷酸二氢钠溶液：称取 15.6 g 磷酸二氢钠（3.2.3），用水溶解并定容为 1 L。

3.2.14 0.1 mol/L 四硼酸钠溶液：称取 3.8 g 四硼酸钠（3.2.4），用水溶解并定容至 100 mL。

3.2.15 2 mol/L 盐酸溶液：将 1 体积浓盐酸（3.2.9）溶解在 5 体积水中。

3.2.16 提取溶液：取 25 mL 甲醇(3.2.1)加入 25 mL 乙腈(3.2.2)和 50 mL 水。

3.2.17 乙腈＋水：取 5 mL 乙腈(3.2.2)加入 5 mL 水。

3.2.18 磷酸盐缓冲液(PBS)：将 8.0 g 氯化钠(3.2.5)、1.2 g 磷酸氢二钠(3.2.6)、0.2 g 磷酸二氢钾(3.2.7)、0.2 g 氯化钾(3.2.8)溶解于 990 mL 水中，用 2 mol/L 盐酸溶液(3.2.15)调节 pH 为 7.0，最后定容为 1 L。

3.2.19 流动相：甲醇(3.2.1)＋0.1 mol/L 磷酸二氢钠溶液(3.2.13)＝77＋23，用磷酸(3.2.10)调节 pH 为 3.3～4.0，用 0.45 μm 滤膜(3.3.13)过滤。

3.2.20 OPA 衍生液：将 40 mg OPA(3.2.11)溶解在 1 mL 甲醇中，用 0.1 mol/L $Na_2B_4O_7$ 溶液(3.2.14)5 mL 稀释。加 2-硫基乙醇(MCE)(3.2.12)50 μL，混匀。装于具塞棕色瓶中，室温避光处可以储藏 1 周。

3.2.21 伏马毒素 B_1 和 B_2 标准品：晶体，纯度＞95％。

3.2.22 伏马毒素标准储备液：准确称取适量伏马毒素 B_1 和 B_2 标准品(3.2.21)，用乙腈＋水(3.2.17)溶解，配制成伏马毒素 B_1 浓度为 100 μg/mL、伏马毒素 B_2 浓度为 50 μg/mL 的混合标准溶液。该标准溶液在 4 ℃下，可以稳定储藏 6 个月。移取 500 μL 该混合标准溶液于 5 mL 的容量瓶中，用乙腈＋水(3.2.17)定容至刻度，摇匀，即可获得伏马毒素 B_1 浓度为 10 ng/μL、伏马毒素 B_2 浓度为 5 ng/μL 的储备液。

3.2.23 伏马毒素标准工作溶液：分别取上述伏马毒素储备液(3.2.22)125 μL、250 μL、500 μL、1 000 μL 和 2 500 μL 置于 5 个 5 mL 的容量瓶中，用乙腈＋水(3.2.17)定容至刻度，获得 5 种不同浓度的伏马毒素工作标准溶液。其中，伏马毒素 B_1 标准工作溶液浓度为 0.250 ng/μL、0.500 ng/μL、1.00 ng/μL、2.00 ng/μL 和 5.00 ng/μL；伏马毒素 B_2 标准工作溶液浓度为 0.125 ng/μL、0.250 ng/μL、0.500 ng/μL、1.00 ng/μL 和 2.50 ng/μL。

3.3 仪器和设备

3.3.1 天平：感量 0.1 mg。

3.3.2 谷物粉碎机。

3.3.3 离心管：塑料，250 mL，带盖。

3.3.4 离心机：离心力不小于 2 500g。

3.3.5 滤纸：Φ12 cm Whatman 4 号[1)]，或相当者。

3.3.6 玻璃微纤维滤纸：Φ9 cm Whatman GF/A，或相当者。

3.3.7 免疫亲和柱：对伏马毒素 B_1 和 B_2 均有 100％的交叉反应性。对伏马毒素 B_1 和 B_2 总吸附容量大于 5 μg，对于甲醇-PBS 溶液中含有 1 μg 伏马毒素的回收率≥90％。

3.3.8 玻璃注射器：10 mL，可以与亲和柱相连。

3.3.9 微量注射器：25 μL～1 000 μL。

3.3.10 空气压力泵：可以与免疫亲和柱相连。

3.3.11 高效液相色谱仪：配备 20 μL 进样系统、荧光检测器和数据处理系统。

3.3.12 氮吹仪。

3.3.13 滤膜：0.45 μm 孔径，25 mm 直径的聚砜膜或相当者。

3.3.14 振荡器。

3.4 操作步骤

3.4.1 提取

将样品用谷物粉碎机磨细至粒径小于 1 mm(全部通过 1 mm 孔径的试验筛)，称取 20 g(m，精确到

---

1) Whatman 4 号为适合的市售产品的实例。给出这一信息是为了方便本标准的使用者，并不表示本标准对该产品的认可。如果其他产品具有相同的效果，可经实验评估后使用这些等效的产品，下同。

0.1 g)粉碎试样，置于250 mL的离心管(3.3.3)中，加50 mL提取液(3.2.16)。盖好离心管的盖，在振荡器(3.3.14)上水平振荡20 min。在离心力为2 500g条件下离心10 min，用滤纸(3.3.5)过滤上清液(尽可能滤尽并避免将固体残留物转移到滤纸上，下同)；在离心管的残渣中再加50 mL提取液，以上述方式提取离心后，仍用上次的滤纸过滤，合并两次滤液。混合均匀后，量取10 mL滤液置于100 mL的烧杯中，加40 mL PBS缓冲液(3.2.18)，混匀。用玻璃微纤维滤纸(3.3.6)过滤，取10 mL滤液用于免疫亲和柱(3.3.7)净化。

3.4.2 免疫亲和柱净化

将免疫亲和柱(3.3.7)与玻璃注射器(3.3.8)下端连接。准确移取10.0 mL上述滤液(3.4.1)加入玻璃注射器中，将空气压力泵(3.3.10)与玻璃注射器上端连接，加压，使滤液以1滴/s～2滴/s的流速通过亲和柱，弃掉流出液。用上述方式，再以10 mL PBS缓冲液(3.2.18)清洗亲和柱，直至液体完全流出，空气通过，弃掉全部流出液。最后以1.5 mL甲醇(3.2.1)将亲和柱中的伏马毒素洗脱，控制流速为1滴/s，收集全部洗脱液于玻璃试管中，在60 ℃下用氮吹仪(3.3.12)以氮气吹干，残留物置于4 ℃下存放，备用。测定前用乙腈＋水(3.2.17)400 μL溶解残留物，此为供高效液相色谱测定用样品净化液。

注：由于不同厂商提供的亲和柱操作程序可能有所不同，实际操作时，请参照免疫亲和柱厂商提供的操作说明和程序使用。

3.4.3 衍生化反应

分别取上述净化液(3.4.2)和标准工作溶液(3.2.23)各50 μL，分别置于1 mL的各个试管中，各加入50 μL OPA衍生液(3.2.20)，涡流混合器上混合30 s，静置3 min后，立即取20 μL衍生液进高效液相色谱仪分析。

3.4.4 色谱参考条件

色谱柱：C_{18}柱或相当的柱，柱长150 mm，内径4.6 mm，填料直径5 μm。

流动相：见3.2.19。

流速：1.0 mL/min。

荧光检测器：激发波长335 nm、发射波长440 nm。

柱温：室温。

3.4.5 标准曲线制作

在上述色谱条件下，等基线平稳后制作标准曲线，伏马毒素B_1和B_2标准品的参考色谱图参见附录A。

分别吸取各标准溶液的衍生液(3.4.3)20 μL进样分析，以各衍生液衍生前的伏马毒素B_1、伏马毒素B_2的色谱峰峰面积对相应标准工作溶液的浓度作图，制作伏马毒素B_1、伏马毒素B_2的标准曲线。

3.4.6 测定

在上述色谱条件下，等基线平稳后进样分析。

吸取20 μL样液的衍生液(3.4.3)进样分析。比较样品与标准的色谱图，根据保留时间定性。根据伏马毒素B_1或B_2的峰面积查标准曲线，得到净化液中相应的伏马毒素B_1或B_2的浓度(c)。

如果伏马毒素的浓度超过了所制作的标准曲线浓度范围，用乙腈＋水(3.2.17)将净化液稀释f倍后，重新进行衍生化反应和色谱分析。

3.4.7 空白试验

除不加试样外，按3.4.1至3.4.6的步骤进行。

3.5 结果计算

3.5.1 样品中伏马毒素B_1或B_2的含量按式(1)计算：

$$X_1 = \frac{(c - c_0) \times V \times 50 \times f}{m \times 1\,000} \quad \cdots\cdots(1)$$

式中：

X_1——样品中伏马毒素 B_1 或 B_2 的含量，单位为毫克每千克(mg/kg)；

c——净化液中伏马毒素 B_1 或 B_2 的浓度，单位为纳克每微升(ng/μL)；

c_0——空白试验的净化液中伏马毒素 B_1 或 B_2 的浓度，单位为纳克每微升(ng/μL)；

V——净化液体积(400 μL)，单位为微升(μL)；

50——样品量与净化液对应样品量的倍数；

m——试样的质量，单位为克(g)；

f——样品净化液的稀释倍数。

3.5.2 每个试样进行两次平行试验，两次测定重复性符合3.6.2要求，取两次测定的算术平均值作为测定结果。

3.6 精密度

3.6.1 实验室间试验

附录B统计了本法精密度的实验室间测试数据。这些结果适用于给定的分析浓度范围和基体之内的样品。

3.6.2 重复性

在同一实验室，由同一操作者使用相同设备，按相同的测试方法，并在短时间内对同一被测对象相互独立进行测试，获得的两次独立测试结果的绝对差值大于按式(2)计算的重复性限(r)值的情况不超过5%。

伏马毒素 B_1 或 B_2 含量在0～5 mg/kg时：

$$r = 0.311\,9 \times F - 0.026\,2 \qquad \cdots\cdots (2)$$

式中：

r——重复性限；

F——两次测定结果的算术平均值，单位为毫克每千克(mg/kg)。

3.6.3 再现性

在不同的实验室，由不同的操作者使用不同的设备，按相同的测试方法，对同一被测对象相互独立进行测试，获得的两次独立测试结果的绝对差值大于按式(3)计算的再现性限(R)值的情况不超过5%。

伏马毒素 B_1 或 B_2 含量在0～5 mg/kg时：

$$R = 0.405\,3 \times F - 0.037\,7 \qquad \cdots\cdots (3)$$

式中：

R——再现性限；

F——两次测定结果的算术平均值，单位为毫克每千克(mg/kg)。

4 免疫亲和柱层析净化荧光光度法

4.1 原理

利用免疫亲和反应净化样品，样品净化后经邻苯二甲醛衍生化，用荧光光度计测定伏马毒素总量。

4.2 试剂和材料

除另有规定外，所用试剂均为分析纯，实验用水应符合GB/T 6682中二级用水要求。

4.2.1 甲醇：色谱级。

4.2.2 氯化钠。

4.2.3 磷酸氢二钠。

4.2.4 磷酸二氢钾。

4.2.5 氯化钾。

4.2.6 聚乙二醇(PEG 8000)。

4.2.7 吐温-20(Tween-20)。

4.2.8 邻苯二甲醛(OPA)。

4.2.9 2-硫基乙醇(MCE)。

4.2.10 四硼酸钠($Na_2B_4O_7 \cdot 10H_2O$)。

4.2.11 硫酸奎宁($C_{40}H_{54}N_4O_{10}S$)。

4.2.12 浓盐酸。

4.2.13 2 mol/L 盐酸溶液:将1体积浓盐酸(4.2.12)溶解在5倍体积水中。

4.2.14 浓硫酸。

4.2.15 0.05 mol/L 硫酸溶液:取2.8 mL浓硫酸(4.2.14),缓慢加入适量水中,冷却后定容至1 000 mL。

4.2.16 甲醇+水=80+20。

4.2.17 0.12 mol/L 四硼酸钠溶液:称取4.6 g四硼酸钠(4.2.10),用水溶解并定容至100 mL。

4.2.18 磷酸盐缓冲液(PBS):将8.0 g NaCl(4.2.2)、1.2 g Na_2HPO_4(4.2.3)、0.2 g KH_2PO_4(4.2.4)、0.2 g KCl(4.2.5)溶解于990 mL水中,用2 mol/L盐酸溶液(4.2.13)调节pH为7.0,最后定容为1 L。

4.2.19 清洗缓冲液:称取25 g PEG 8000(4.2.6),加1 mL吐温-20(4.2.7),用磷酸盐缓冲液(4.2.18)溶解并稀释至1 000 mL。

4.2.20 OPA衍生液:将50 mg OPA(4.2.8)溶解在1 mL甲醇(4.2.1)中,用49 mL 0.12 mol/L四硼酸钠溶液(4.2.17)稀释。加2-硫基乙醇(MCE)(4.2.9)200 μL,混匀,装于密封的棕色瓶中,在室温避光处可以储藏1周。

4.2.21 伏马毒素B_1、B_2、B_3标准品(fumonisins):晶体,纯度>95%。

4.2.22 6 μg/mL和12 μg/mL总伏马毒素甲醇标准溶液:以伏马毒素B_1、B_2、B_3标准品(4.2.21),按伏马毒素B_1、B_2和B_3的比例为$FB_1+FB_2+FB_3=5+2+1$,配制6 μg/mL和12 μg/mL总伏马毒素甲醇标准溶液。

4.2.23 荧光光度计标定溶液:称取一定量硫酸奎宁(4.2.11),用0.05 mol/L硫酸溶液(4.2.15)稀释至100 mL,用6.0 μg/mL和12 μg/mL总伏马毒素甲醇标准溶液(4.2.22)各1 mL,分别与等体积OPA衍生液(4.2.20)涡流混合器上混合30 s,静置3 min,进行衍生化反应。在荧光光度计激发波长335 nm、发射波长440 nm的条件下,分别用0.05 mol/L硫酸溶液调节硫酸奎宁溶液的浓度,使两个硫酸奎宁溶液的荧光强度分别与6.0 μg/mL和12 μg/mL总伏马毒素甲醇标准溶液衍生液的荧光强度相等(配制时可参考:1 μg/mL硫酸奎宁的荧光强度约相当于1.5 μg/mL OPA-伏马毒素衍生液的荧光强度,具体根据实际情况定)。此标定溶液浓度一经确定,可在该荧光光度计上多次使用。

4.3 仪器和设备

4.3.1 免疫亲和柱:同3.3.7。

4.3.2 无荧光玻璃测试管。

4.3.3 微纤维滤纸:Φ11 cm、孔径1.0 μm。

4.3.4 带不锈钢均质杯的高速均质器:转速约22 000 r/min。

4.3.5 1 mL微量移液器和吸头。

4.3.6 20 μL微量移液器和吸头。

4.4 操作步骤

4.4.1 提取

粉碎样品并使其全部通过1 mm孔径的试验筛,称取粉碎后的试样50 g(精确到0.1 g)和5 g氯化钠(4.2.2)置于均质杯中,加入100 mL甲醇+水溶液(4.2.16),盖上均质杯的盖子,用高速均质器(4.3.4)均质1 min。取下盖子,将提取物倒入折叠式滤纸上,滤液收集于干净的容器中。移取10.0 mL

滤液，置于 50 mL 容量瓶中，用清洗缓冲液(4.2.19)稀释并定容至刻度。稀释液通过 1.0 μm 微纤维滤纸(4.3.3)过滤，备用。

4.4.2 免疫亲和柱净化

准确量取 10 mL 上述过滤、稀释的提取液(4.4.1)，按 3.4.2 相同的方法，使提取液全部通过伏马毒素免疫亲和柱，直至空气进入到亲和柱中。再以上述方法分别依次用 10 mL 清洗缓冲液(4.2.19)和 10 mL PBS 缓冲液(4.2.18)清洗免疫亲和柱，直至空气进入柱中。用甲醇(4.2.1)1.0 mL(V')以 1 滴/s 的流速淋洗亲和柱，全部收集净化液于玻璃测试管中(4.3.2)，备测。

4.4.3 荧光光度计标定

在激发波长 335 nm、发射波长 440 nm 条件下，以 0.05 mol/L 硫酸溶液(4.2.15)为空白，调节荧光光度计的读数值为 0.0。用荧光光度计标定溶液(4.2.23)调节荧光光度计的读数值为相当的伏马毒素浓度，即为 6 和 12。

4.4.4 衍生与测定

于装有 1 mL 净化液(4.4.2)的玻璃试管中加入 1 mL OPA 衍生液(4.2.20)，混匀。将测试管置于已标定好的荧光光度计中，240 s 后读数，即为试样中伏马毒素浓度(c)。

如超出荧光光度计读数 12 太多，需要将净化液稀释 f 倍后重新测定。

4.4.5 空白试验

除不加试样外，按 4.4.1 至 4.4.4 的步骤进行。

4.5 结果计算

4.5.1 样品伏马毒素的含量按式(4)计算：

$$X_2 = \frac{(c - c_0) \times V' \times 50 \times f}{m} \quad \cdots\cdots (4)$$

式中：

X_2——样品中伏马毒素的含量，单位为毫克每千克(mg/kg)；

c——试样中伏马毒素的浓度，单位为微克每毫升(μg/mL)；

c_0——空白试验中的伏马毒素浓度，单位为微克每毫升(μg/mL)；

V'——净化液体积(1 mL)，单位为毫升(mL)；

50——样品量与净化液对应样品量的倍数；

m——试样的质量，单位为克(g)；

f——样品净化溶液的稀释倍数。

4.5.2 每个试样进行两次平行试验，两次测定重复性符合 4.6.2 要求，取两次测定的算术平均值作为测定结果。

4.6 精密度

4.6.1 实验室间试验

附录 C 统计了本方法精密度的实验室间测试数据。这些结果适用于给定的分析浓度范围和基体之内的样品。

4.6.2 重复性

在同一实验室，由同一操作者使用相同设备，按相同的测试方法，并在短时间内对同一被测对象相互独立进行测试获得的两次独立测试结果的绝对差值大于按式(5)计算的重复性限(r)值的情况不超过 5%。

总伏马毒素含量在 0～8 mg/kg 时：

$$r = 0.332\,4 \times F + 0.221\,6 \quad \cdots\cdots (5)$$

式中：

r——重复性限；

F——两次测定结果的算术平均值，单位为毫克每千克(mg/kg)。

4.6.3 **再现性**

在不同的实验室，由不同的操作者使用不同的设备，按相同的测试方法，对同一被测对象相互独立进行测试获得的两次独立测试结果的绝对差值大于按式(6)计算的再现性限(R)值的情况不超过5%。

总伏马毒素含量在0～8 mg/kg时：

$$R = 0.332\,4 \times F + 0.221\,6 \qquad (6)$$

式中：

R——再现性限；

F——两次测定结果的算术平均值，单位为毫克每千克(mg/kg)。

附 录 A
（资料性附录）
伏马毒素 B_1 和 B_2 标准品的参考色谱图

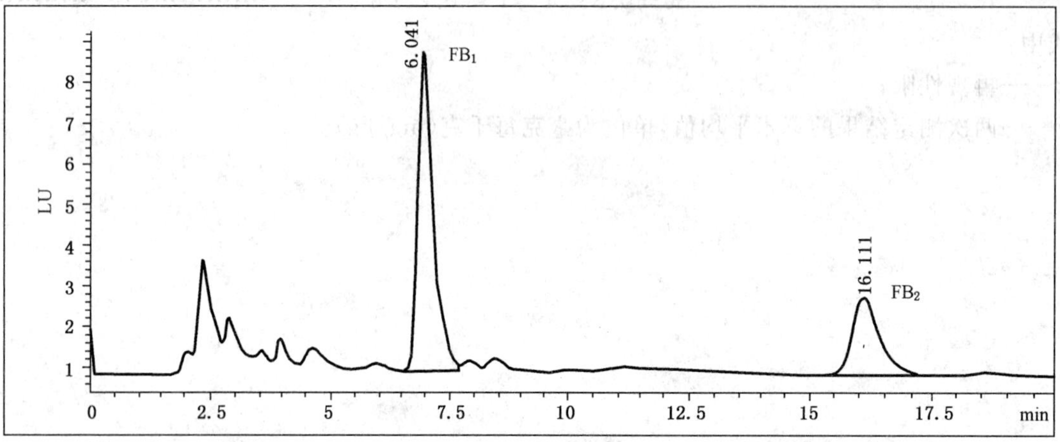

图 A.1 伏马毒素 B_1 和 B_2 标准品的参考色谱图

附　录　B
（资料性附录）
免疫亲和层析净化高效液相色谱法联合实验室测试结果

免疫亲和层析净化高效液相色谱法的实验室间测试统计结果见表B.1，样品为添加了伏马毒素标准品（FB_1+FB_2）的玉米和玉米制品。

表B.1　联合实验室测试结果

项目	玉米						玉米制品					
	FB_1	FB_2	FB_1	FB_2	FB_1	FB_2	FB_1	FB_2	FB_1	FB_2	FB_1	FB_2
参加实验室的数量	5	5	5	5	5	5	5	5	5	5	5	5
样品的数量	1	1	1	1	1	1	1	1	1	1	1	1
去除离群值后的测试实验室数量	5	5	5	5	5	5	5	5	5	5	5	5
所有可接受结果的数量	15	15	14	15	15	15	15	15	15	15	15	15
平均值/(mg/kg)	0.405	0.196	0.784	0.414	4.25	1.91	0.400	0.204	0.855	0.389	4.46	2.09
重复性的标准偏差，s_r/(mg/kg)	0.049 2	0.032 4	0.043 6	0.047 6	0.458 1	0.190 4	0.044 0	0.029 2	0.056 0	0.033 7	0.502 2	0.205 4
重复性的变异系数/%	12.2	16.6	5.6	11.5	10.8	10.0	11.0	14.4	6.5	8.7	11.3	9.8
重复性限值，r/(mg/kg)	0.139	0.092	0.123	0.135	1.296	0.539	0.125	0.083	0.158	0.095	1.421	0.581
再现性标准偏差，s_R/(mg/kg)	0.049 3	0.032 4	0.044 2	0.055 4	0.628 3	0.190 4	0.053 3	0.035 1	0.128 0	0.033 7	0.609 5	0.322 6
再现性的变异系数/%	12.2	16.6	5.6	13.4	14.8	10.0	13.3	17.3	15.0	8.7	13.7	15.5
再现性限值，R	0.140	0.092	0.125	0.157	1.778	0.539	0.151	0.099	0.362	0.095	1.725	0.913
回收率/%	81.0	78.3	78.4	82.9	84.9	76.5	80.1	81.5	85.5	77.8	89.3	83.5

附　录　C
（资料性附录）
免疫亲和柱层析净化荧光光度法联合实验室测试结果

免疫亲和柱层析净化荧光光度法的实验室间测试统计结果见表 C.1，样品为添加了伏马毒素标准品 FBs（$FB_1+FB_2+FB_3=5+2+1$）的玉米和玉米制品。

表 C.1　联合实验室测试结果

项　　目	玉米			玉米制品		
	FBs	FBs	FBs	FBs	FBs	FBs
参加实验室的数量	6	6	6	6	6	6
样品的数量	1	1	1	1	1	1
去除离群值后的测试实验室数量	6	6	6	6	6	6
所有可接受结果的数量	18	18	18	18	18	18
平均值/(mg/kg)	0.801	3.93	7.84	0.798	3.98	7.73
重复性的标准偏差，s_r/(mg/kg)	0.162 5	0.461 3	1.156 1	0.144 9	0.698 4	0.792 3
重复性的变异系数/%	20.3	11.7	14.7	18.2	17.6	10.2
重复性限值，r/(mg/kg)	0.460	1.305	3.272	0.410	1.977	2.242
再现性标准偏差，s_R/(mg/kg)	0.162 5	0.461 3	1.156 1	0.144 9	0.698 4	0.792 3
再现性的变异系数/%	20.3	11.7	14.7	18.2	17.6	10.2
再现性限值，R/(mg/kg)	0.460	1.305	3.272	0.410	1.977	2.242
回收率/%	80.1	78.6	78.4	79.8	79.6	77.3

ICS 65.040.20
B 20

中华人民共和国国家标准

GB/T 25229—2010

粮油储藏　平房仓气密性要求

Grain and oils storage—Requirement of airtightness of warehouse

2010-09-26 发布　　2011-03-01 实施

中华人民共和国国家质量监督检验检疫总局
中国国家标准化管理委员会　发布

前　言

本标准的附录B、附录C为规范性附录,附录A为资料性附录。

本标准由国家粮食局提出。

本标准由全国粮油标准化技术委员会归口。

本标准起草单位:河南工业大学、国家粮食储备局郑州科学研究设计院。

本标准主要起草人:张来林、叶坚、张学飞、朱庆芳、申好五、高晓青、李建锋。

粮油储藏　平房仓气密性要求

1　范围

本标准规定了平房仓气密性的相关术语和定义、气密性分级、仓房密封要求，以及气密性检测类型和检测方法。

本标准适用于实施气调、熏蒸技术储藏粮食、油料的平房仓。

2　规范性引用文件

下列文件中的条款通过本标准的引用而成为本标准的条款。凡是注日期的引用文件，其随后所有的修改单(不包括勘误的内容)或修订版均不适用于本标准，然而，鼓励根据本标准达成协议的各方研究是否可使用这些文件的最新版本。凡是不注日期的引用文件，其最新版本适用于本标准。

GB/T 7106　建筑外门窗气密、水密、抗风压性能分级及检测方法

GB 9686　食品容器内壁聚酰胺环氧树脂涂料卫生标准

GB/T 14683　硅酮建筑密封胶

GB 50003　砌体结构设计规范

GB 50010　混凝土结构设计规范

GB 50011　建筑抗震设计规范

GB 50212　建筑防腐蚀工程施工及验收规范

GB 50320　粮食平房仓设计规范

LS/T 1211　粮油储藏技术规范

LS/T 1213—2008　二氧化碳气调储粮技术规程

3　术语和定义

下列术语和定义适用于本标准。

3.1

仓房气密性　storage airtightness

仓房对气体的密封性能。

3.2

气密技术　airtightness technology

使仓房对气体的密封性能达到一定要求，所采用的仓房密封技术。

3.3

压力半衰期　half life of pressure

在规定压力和密闭条件下，仓房内外压力差从初始值降低一半的时间。

3.4

气调仓　controlled-atmosphere warehouse

可以控制仓内气体组分的仓房。

3.5

熏蒸仓　fumigation warehouse

仓房气密性达到本标准要求，可对储粮实施安全、有效熏蒸的仓房。

4 气密性分级

4.1 平房仓气密性以500 Pa的压力半衰期分为三个等级;平房仓内薄膜密封的粮堆气密性以300 Pa的压力半衰期分为二个等级。

4.2 气密性分级指标:平房仓气密性分级指标见表1,平房仓内薄膜密封的粮堆气密性分级指标见表2。

表1 平房仓的气密性等级

用途	气密性等级	压力差变化范围	压力半衰期(t)
气调仓	一级	500 Pa～250 Pa	$t \geqslant 5$ min
	二级	500 Pa～250 Pa	4 min$\leqslant t<$5 min
	三级	500 Pa～250 Pa	2 min$\leqslant t<$4 min
熏蒸仓	一级	500 Pa～250 Pa	$t \geqslant 180$ s
	二级	500 Pa～250 Pa	100 s$\leqslant t<$180 s
	三级	500 Pa～250 Pa	40 s$\leqslant t<$100 s

表2 平房仓内薄膜密封的粮堆气密性等级

用途	气密性等级	压力差变化范围	压力半衰期(t)
气调储粮	一级	－300 Pa～－150 Pa	$t \geqslant 5$ min
	二级	－300 Pa～－150 Pa	2.5 min$\leqslant t<$5 min
	三级	－300 Pa～150 Pa	1.5 min$\leqslant t<$2.5 min
熏蒸储粮	一级	－300 Pa～－150 Pa	$t \geqslant 90$ s
	二级	－300 Pa～－150 Pa	50 s$\leqslant t<$90 s

5 仓房密封要求

5.1 基本要求

5.1.1 平房仓应满足GB 50320中对建筑结构的要求和LS/T 1211中对仓房性能的要求。

5.1.2 平房仓在设计使用年限内,仓房在正常维护条件下应能保持其使用功能。

5.1.3 平房仓仓房气密性达不到本标准气密性等级要求,若进行气调储粮或熏蒸可采取仓内薄膜密封粮堆的方法。

5.1.4 平房仓门窗应满足GB/T 7106中对结构强度、气密性和水密性的要求。

5.1.5 平房仓仓体漏气部位的气密技术处理及仓房围护结构的施工工艺均应达到5.5、5.6的要求。

5.1.6 密封材料的选用应符合5.3的要求。

5.2 密封部件

仓房密封部件应满足下列要求:

5.2.1 门窗

门窗框:承受压力≥1.0 kPa,在1.0 kPa压力下应不漏气。

密闭塑料薄膜:厚度≥0.12 mm。

5.2.2 轴流风机孔、进粮孔、出粮孔、人员出入孔

工作压力:≥1.0 kPa,气密试验压力1.1 kPa。

适用温度:－30 ℃～80 ℃。

适用介质:空气、粉尘气体、磷化氢气体。

5.2.3 闸阀

5.2.3.1 手动气密闸阀应满足下列要求：

——公称压力 1.0 kPa,强度试验压力 1.5 kPa,气密试验压力 1.1 kPa;

——工作温度：－29 ℃～60 ℃；

——适用介质:气体和颗粒。

5.2.3.2 电动气密闸阀应满足下列要求：

——公称压力 1.0 kPa,强度试验压力 1.5 kPa,气密试验压力 1.1 kPa;

——工作温度：－29 ℃～60 ℃；

——适用介质:非腐蚀性气体。

5.3 密封材料

5.3.1 密封材料基本要求

5.3.1.1 应具有柔韧性和延展性,具有良好的粘附力,能抗紫外线辐射、抗腐蚀,在各种储粮气体的环境中应保持稳定。应易于施工,具有良好的耐磨性,对粮食无毒无污染。

5.3.1.2 仓房板缝及墙板连接处可采用气密材料处理,板缝里宜涂嵌缝胶,板缝外宜涂密封涂料,其性能技术指标应满足 5.3.2 的要求,也可选用其他具有类似性能满足气密要求的产品。

5.3.1.3 各类缝隙所涂密封胶的强度、弹性、粘接力应达到 GB/T 14683 的要求,在墙体、屋面板、地面变形时不应断裂,并应达到无毒无污染的要求。

5.3.2 密封材料的技术规格和性能参数

密封材料的技术规格和性能参数如下：

——粘接强度大于 1.0 MPa;

——80 ℃,2 h 无流淌、滑动和集中性气泡；

——10 ℃时,2 h 弯折无裂纹；

——不易变性和老化；

——无毒无污染；

——不易燃烧或能自熄,不应被虫蛀、霉烂,能防水或不易吸水；

——施工方便,易于修补。

5.3.3 密封胶

密封胶应满足下列要求：

——表面固化时间:30 min 左右；

——硬度:26shoreA;

——延伸率:≥300%;

——抗拉强度:≥1.0 MPa;

——密封性能良好,按 GB/T 14683 执行,同时应符合无毒无污染的要求。

5.3.4 密封涂料

密封涂料应满足下列要求：

——粘度:10 000 Pa·s～20 000 Pa·s,可刷涂；

——延伸率:≥200%;

——抗拉强度:≥1.0 MPa;

——粘接密封性能良好。

5.3.5 聚酰胺环氧树脂及发泡聚氨酯

应符合 GB 9686、GB 50212 等相关标准的要求;涂料力学指标应符合国家相应的涂料检验标准。

5.3.6 无纺布

无纺布应满足下列要求：

——抗拉强度：纵向≥659 N/5 cm，横向≥572 N/5 cm；

——延伸率：纵向≥27%，横向≥36%；

——热收缩(200 ℃/10 min)：纵向≤0.9%，横向≤0.9%。

5.3.7 用于粮堆或孔洞密封的塑料薄膜

用于粮堆或孔洞密封的塑料薄膜性能应满足下列要求：

——密度：≥1.0 g/cm^3；

——氧气透过率：≤2 500 $mL/m^2 \cdot 24\ h$；

——抗张强度：≥4 kg/m^2；

——厚度：≥0.10 mm。

5.3.8 平房仓气密设计和气密性改造

可参照附录A选用相应气密材料。对要求较高的气调仓，用薄膜密闭时，需采用双槽压紧方式。

5.4 仓体裂缝密封要求

5.4.1 平房仓按 GB 50010 和 GB 50003 的要求进行裂缝宽度验算。

5.4.2 当有抗震设防要求时，均应符合 GB 50011 关于抗震变形验算的要求。

5.5 仓体漏气部位密封要求

5.5.1 按照附录B规定的方法进行检漏。

5.5.2 确认漏气部位及漏气情况。

5.5.3 平房仓的用途不同，对漏气部位处理的要求不同，处理方式可参照 LS/T 1213—2008 中的方法，处理后仓房的气密性应达到 LS/T 1213—2008 中表1、表2的气密性要求。

5.5.4 门窗处理：对有裂缝的门窗应进行维修、更换或增设密闭辅助设施。对漏气的门窗，应更换密封条或利用原设密封槽用塑料薄膜进行密闭处理。

5.5.5 挡粮板处理：有裂缝的挡粮板应改造或更换，或在挡粮板及外门之间设置可拆卸的密封设施(如钢塑密闭门、密封薄膜等)。

5.5.6 阀门处理：对关闭不严漏气的阀门应进行更换，对漏气阀门应更换密封圈。

5.5.7 轴流风机孔处理：增设密封窗，或在仓内增设密封罩，或用塑料薄膜密封。

5.5.8 孔洞处理：对于常开孔洞，如进粮孔、出粮孔、人员出入口、通风口和进气阀门等漏气部件，应更换密封垫，或加衬柔软厚胶条，或更换专用保温密闭通风口及气密闸阀。

5.5.9 缝隙处理：对于较宽的缝隙或较大孔洞宜用水泥沙浆填充、找平，干燥后再涂刷聚氨酯、丙烯酸等气密涂料；对于较小的缝隙或孔洞，用中性硅酮胶等气密胶密封、找平。墙缝采用气密涂料按十字喷涂法处理。钢结构屋顶、混凝土墙板宜采用聚氨酯发泡处理。仓内地面、地面与墙体交接处的裂缝按仓内地面防潮做法修补。

5.5.10 管线处理：对于进出仓的电源线、电缆线、浓度检测管等穿墙管线处漏气，应采用硅酮胶、发泡聚氨酯等气密材料填塞密封。进气管道及环流管道接口漏气，应更换密封垫圈。

6 气密性检测类型和方法

6.1 检测类型：整体仓房的气密性检测，采用正压气密检测法；薄膜密封粮堆的气密性检测，采用负压气密检测法。

6.2 检测方法：按附录C执行。

附 录 A
（资料性附录）
气密性处理材料表

在仓房进行气密性改造时，对不同的漏气部位所采用的材料与处理措施均不同，可参照表A.1选用气密性材料。

表A.1 气密性材料表

构件名称	推荐采用的气密性材料	备 注
门窗	硅酮橡胶、塑料薄膜	新型挡粮门、新型气密保温窗、单砖墙
风道通风口	硅酮胶、橡胶垫	新型保温密闭通风口
环流熏蒸孔	硅酮胶	—
穿线孔	4∶6石蜡加热砂、硅酮胶	—
轴流风机孔	塑料薄膜	新型气密保温窗、密闭罩
人员出入孔	硅酮胶、塑料薄膜	—
围护结构衔接处	硅酮胶、聚酰氨环氧树脂、无纺布、气密涂料、丙烯酸	—
屋面、墙面	硅酮胶、无纺布、气密涂料、聚氨酯、聚酰氨环氧树脂、弹性腻子、砂浆水泥、丙烯酸、丙烯酸酯	—

附 录 B
（规范性附录）
平房仓检漏 发泡液检测法

B.1 原理

发泡液喷涂在可能漏气部位时，遇到泄漏出的气体会形成气泡，从而确定漏气部位。

B.2 步骤

首先用家用洗涤剂与水按2%的比例配制混合液或肥皂液，然后喷涂在加压平房仓的检测部位，记录产生气泡的部位和点数，并作标记。

B.3 适用场合

本法适用于被检物体的微小甚至是极微小缝隙或孔洞的检测，如环流设备、环流管道、闸阀门的连接处，通风口盖板处，部件与墙面以及塑料薄膜的连接处等漏气部位。对于漏气明显的部位应采用B.4的方法检测。

B.4 其他方法

对于有明显漏气部位的检测，如仓房的门窗孔洞、板缝、塑料薄膜连接等处漏气时，可采用观察、听音或触摸等方法检测。

附 录 C
（规范性附录）
平房仓气密性检测

C.1 原理

采用压力衰减法检测。用风机将空气压入仓内（正压检测）或从薄膜密闭的粮堆中抽出空气（负压检测），使仓（粮堆）内外压力达到规定的压力差后停机，根据压力衰减达到规定压力差的时间，判断平房仓或粮堆的气密性。

C.2 仪器设备与用具

C.2.1 仓房气密性检测时器械的连接见图 C.1。

C.2.2 风机：采用中低压离心风机，一般风压为 1 000 Pa～3 000 Pa、风量为 5 000 m^3/h～15 000 m^3/h。

C.2.3 连接管：正压测试采用柔性材料如帆布管连接，负压测试采用刚性管件或带有支撑的柔性管件。

C.2.4 闸阀：采用气密性好、开关迅速、操作方便的部件，直接安装在通风口上。

C.2.5 压力计或微压表：压力范围≤±1 500 Pa，精度≤±10 Pa。一般用乳胶管从熏蒸浓度检测箱处连接。

C.2.6 秒表：精度≤0.1 s。

C.2.7 喷壶：内装 2%家用洗涤剂与水的混合液或发泡液，用于仓房漏气部位的检查。

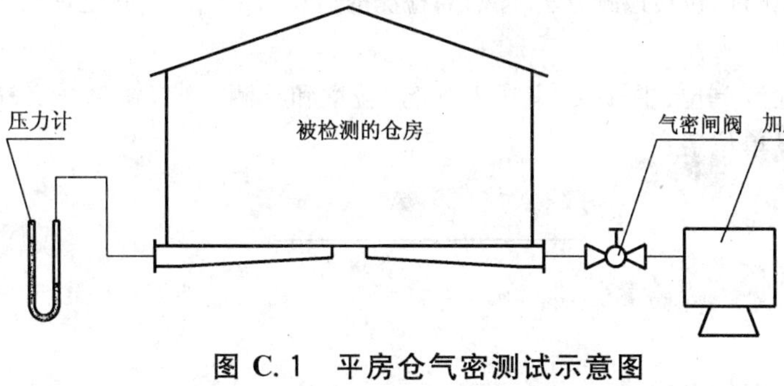

图 C.1 平房仓气密测试示意图

C.3 步骤

C.3.1 准备

C.3.1.1 在气密性测试前，应做好仓房门窗、各类孔洞及缝隙密闭的准备工作。

C.3.1.2 根据检测类型确定气密性检测方法（即正压检测或负压检测）和检测压力的设定值。

C.3.1.3 将风机通过闸阀与通风口连接，压力计与仓房相通，并确定各连接处不存在漏气现象。检压部位应远离仓房的加压处。

C.3.1.4 对于仓顶采用彩钢扣板结构的仓房，在加压过程中应有安全监控措施，防止仓内压力过大破坏仓体结构。

C.3.2 检测

C.3.2.1 启动风机并开启闸阀向仓内加压，至仓内压力超过设定压力值的 10%时迅速关闭闸阀。当压力达到设定值时开始计时，记录压力衰减到设定值一半时所需的时间，即为压力半衰期。

C.3.2.2 每仓检测次数不少于三次，将检测结果填入检测记录表中（见表 C.1）。

C.3.2.3 记录测试时仓体各部位或部件经加压后的各种情况。发现有异常情况应停止检测，查明原因进行处理。

表 C.1 仓房气密检测值

仓号： 检测日期：

检测次数	装粮情况	最大压力/Pa	计时压力/Pa	压力半衰期/s	备 注
第一次					
第二次					
第三次					

C.4 检测结果

C.4.1 根据压力半衰期检测结果，按4.2确定仓房或粮堆的气密性等级。

C.4.2 每仓、每次检测结果都应达到上述气密性等级的要求，如每次检测结果中有一次以上达不到气密性等级的要求则为不合格，应对仓房重新进行气密处理。

C.4.3 满足上述条件的仓房为气密检测的合格仓房。

C.5 检测报告

检测完成后的书面检测报告内容应包括：

——工程概况，包括工程名称、地点与工程建设概况；

——被检仓房的位置与编号；

——仓房气密性测试条件，包括检测方法和仪器；检测前后仓房采取的密封处理措施和检测数据记录；

——检测结论；

——检测报告应有检测单位、主检人、审核人签名、盖章和检测日期，新建仓房气密性检测报告应有监理单位和建设单位盖章。

ICS 67.260
X 91

中华人民共和国国家标准

GB/T 25230—2010

粮油机械　打麸机

Grain and oil machinery—Bran finisher

2010-09-26 发布　　　　2011-03-01 实施

中华人民共和国国家质量监督检验检疫总局
中国国家标准化管理委员会　发布

前　言

本标准的附录A为规范性附录。

本标准由国家粮食局提出。

本标准由全国粮油标准化技术委员会归口。

本标准起草单位:国家粮食储备局无锡科学研究设计院、江都市仙龙粮食机械有限公司。

本标准主要起草人:方群、徐毅峰、陈宏、邓维永。

粮油机械　打麸机

1　范围

本标准规定了打麸机的工作原理、型号及基本参数、技术要求、试验方法、检验规则及标志、包装、运输和储存的要求。

本标准适用于小麦加工中松脱并排除麸皮上的粘附粉的卧式单体或双体筛筒打麸机。

2　规范性引用文件

下列文件中的条款通过本标准的引用而成为本标准的条款。凡是注日期的引用文件，其随后所有的修改单（不包括勘误的内容）或修订版均不适用于本标准，然而，鼓励根据本标准达成协议的各方研究是否可使用这些文件的最新版本。凡是不注日期的引用文件，其最新版本适用于本标准。

GB/T 191　包装储运图示标志

GB/T 1184—1996　形状和位置公差　未注公差值

GB 2893　安全色

GB 5226.1　机械电气安全　机械电气设备　第1部分：通用技术条件

GB/T 9239.1—2006　机械振动　恒态（刚性）转子平衡品质要求　第1部分：规范与平衡允差的检验

GB/T 9286—1998　色漆和清漆　漆膜的划格试验

GB/T 13306　标牌

GB/T 17248.3　声学　机器和设备发射的噪声工作位置和其他指定位置发射声压级的测量　现场简易法

GB/T 24854　粮油机械　产品包装通用技术条件

GBZ 158　工作场所职业病危害警示标识

GBZ/T 192.1　工作场所空气中粉尘测定　第1部分：总粉尘浓度

3　工作原理

由若干打板组成的转子安装在筛筒中，利用转子打板的旋转作用对进入筛筒中的麸粉混合物进行搅动和打击，使得粘附在麸皮表面上的胚乳粉通过筛孔加以分离。常用于小麦粉加工中的前、中及后路皮磨工序。

4　型号及基本参数

4.1　型号编制方法

见附录A。

4.2　基本参数项目

基本参数项目包括型号、筛筒规格（直径/长度）、主轴转速、电机功率、处理量以及关键零部件和外购件（如：筛筒筛板、打板、轴承等）的使用寿命等。在使用说明书等技术文件中应明确标明。

5 技术要求

5.1 一般要求

5.1.1 按照经规定程序批准的图样和技术文件制造。

5.1.2 原材料、外购件、外协件等应附有合格证,经检验合格后才能使用。

5.1.3 外露不施漆的金属制件表面应发蓝、发黑或镀铬。

5.1.4 表面涂漆漆层应平整、色泽一致、光洁牢固。漆面不应有刷纹、流挂、起皱、气泡、起皮脱落等缺陷,施漆后的表面应完整无漏漆。漆膜涂层脱离抗性应达到 GB/T 9286—1998 中的 3 级要求。

5.2 机械性能要求

5.2.1 打麸机的打板转子应经动平衡检验,平衡品质应不低于 GB/T 9239.1—2006 要求的 G40 级。

5.2.2 打麸机上的打板应分组配套使用,同台机上任意两块打板的质量差不应超过 30 g。

5.2.3 打板外缘与转子主轴轴心线的平行度公差应不低于 GB/T 1184—1996 中平行度公差值的 11 级。

5.2.4 打板外缘与筛筒内壁的间距应在 6 mm～15 mm 范围内可调。

5.2.5 对于双体筛筒打麸机,安装时两转子主轴轴心线间的平行度公差应不低于 GB/T 1184—1996 中平行度公差值的 11 级。

5.2.6 所有转动部件应转动灵活、应无卡滞和碰撞现象。

5.2.7 打麸机运行时,轴承温升不应超过 35 ℃,最高温度不应超过 75 ℃。

5.2.8 打麸机正常允许空载噪声应不大于 80 dB(A)。

5.2.9 打麸机工作时由于粉尘泄漏所引起的工作场所粉尘浓度不应超过 10 mg/m^3。

5.3 安全要求

5.3.1 安全警示标志应符合 GBZ 158 的规定。

5.3.2 外露转动部件应有防护罩。防护罩及其他危险处应按 GB 2893 中的规定涂漆。

5.3.3 应在醒目位置固定有字样清晰的操作标志,标明转向、警示等内容。

5.3.4 电气设备安全应符合 GB 5226.1 的规定。

6 试验方法

6.1 试验条件和要求

6.1.1 试验场地和机器的安装应满足各项性能试验测定的需要,试验设备应配有相应的起动和过载保护装置。

6.1.2 试验用动力为电动机,其功率应符合配套要求。

6.1.3 试验用仪器、仪表和量具应按有关规定校验合格,并在有效使用期内。

6.1.4 试验电压为 380 V,偏差不大于±10%。

6.1.5 在同一次试验过程中的机器操作和检测均应由固定的熟练操作人员进行操作。

6.1.6 空运转试验应在标定转速下进行,运转时间不少于 30 min。

6.2 机械性能测定

6.2.1 漆膜涂层脱离抗性的测定

按照 GB/T 9286 中规定的测定方法进行。

6.2.2 转子动平衡检验

打麸机的转子动平衡检验应在动平衡试验机上按 GB/T 9239.1—2006 的要求进行,并由检验部门或检验单位出具检测报告。

6.2.3 打板质量差检验

采用最大称量范围略大于打板质量，且显示分辨率为1 g的电子台秤进行称量，并计算出打板质量差。

6.2.4 轴承温度和温升测定

用测温计在试验开始前和结束后测定各轴承外壳的表面温度，计算出温升。

6.2.5 噪声测定

按照GB/T 17248.3中规定的测定方法进行。

6.2.6 粉尘浓度测定

按照GBZ/T 192.1中规定的方法测定整机工作场所的粉尘浓度。

6.3 常规要求和参数的测定

5.1、5.2和5.3中有引用标准的按其标准规定的方法检验，其他要求的检测采用常规方法或目测。

7 检验规则

7.1 检验分类

分为出厂检验和型式检验两类。

7.2 出厂检验

7.2.1 每台产品应进行出厂检验，检验合格方可出厂。

7.2.2 出厂检验项目按第5章中除5.2.9外的项目执行。

7.3 型式检验

7.3.1 有下列情况之一的应进行型式检验：

a) 新产品投产时；

b) 产品投产后，在材料、工艺有较大改动，可能影响产品性能时；

c) 产品停产一年以上，恢复生产时；

d) 连续生产三年时；

e) 出厂检验结果与上次型式检验有较大差异时；

f) 国家有关质量管理部门提出检验要求时。

7.3.2 采取随机抽样，抽样数为5%，但不少于2台。

7.4 判定规则

7.4.1 型式检验结果应符合第5章的规定。

7.4.2 对任一台或任一项检验不合格，允许修复一次后加倍抽样复验，以复验结果为准。若仍不符合规定，则判定为不合格。

8 标志、包装、运输和储存

8.1 标志

8.1.1 在明显位置固定产品标牌，标牌内容按GB/T 13306执行。

8.1.2 外包装的包装储运图示标志按GB/T 191执行。

8.2 包装

8.2.1 按GB/T 24854的规定执行。

8.2.2 随机文件和备件应包括：

——使用说明书；

——检验合格证；

——装箱单。

8.3 运输

8.3.1 运输方式可按供需双方商定或商业惯例办理。

8.3.2 裸装产品在运输途中应将机器固定,并采取防雨措施。

8.3.3 运输过程中的吊卸、装载应按照外包装的图示标志进行。

8.4 储存

8.4.1 室内存放时,应通风良好并采取防潮措施。

8.4.2 露天存放时,应采取防潮、防雨、防晒、防风措施。

附 录 A
（规范性附录）
型号编制方法

A.1 型号编制方法

打麸机的型号由专业代号、品种代号、型式代号以及产品的主要规格等四个部分组成。

F FP D □-□

□-□——主要规格：筛筒直径(cm)- 筛筒数(个)；

D——型式：D，表示打麸机；

FP——品种：FP，表示麸皮机；

F——专业：F，表示制粉机械设备。

A.2 示例

FFPD 45-2：筛筒直径为 450 mm，筛筒数为 2 个的双体筛筒打麸机。

ICS 67.260
X 91

中华人民共和国国家标准

GB/T 25231—2010

粮油机械 喷风碾米机

Grain and oil machinery—Jet-air whitening machine

2010-09-26 发布 2011-03-01 实施

中华人民共和国国家质量监督检验检疫总局
中国国家标准化管理委员会 发布

前　　言

本标准的附录A为规范性附录。

本标准由国家粮食局提出。

本标准由全国粮油标准化技术委员会归口。

本标准起草单位:国家粮食储备局武汉科学研究设计院。

本标准主要起草人:王辉、刘化、龙继英。

粮油机械　喷风碾米机

1　范围

本标准规定了喷风碾米机的相关术语和定义、工作原理、分类、型号及基本参数、技术要求、试验方法、检验规则、标志、包装、运输和储存要求。

本标准适用于加工糙米的卧式铁辊、砂辊喷风碾米机。

2　规范性引用文件

下列文件中的条款通过本标准的引用而成为本标准的条款。凡是注日期的引用文件，其随后所有的修改单(不包括勘误的内容)或修订版均不适用于本标准，然而，鼓励根据本标准达成协议的各方研究是否可使用这些文件的最新版本。凡是不注日期的引用文件，其最新版本适用于本标准。

GB/T 191　包装储运图示标志

GB/T 699　优质碳素结构钢

GB/T 1236　工业通风机　用标准化风道进行性能试验

GB 1354—2009　大米

GB/T 3768　声学　声压法测定噪声源声功率级　反射面上方采用包络测量表面的简易法

GB 5226.1　机械电气安全　机械电气设备　第1部分:通用技术条件

GB/T 5502　粮油检验　米类加工精度检验

GB/T 5503　粮油检验　碎米检验法

GB/T 9239.1　机械振动　恒态(刚性)转子平衡品质要求　第1部分:规范与平衡允差的检验

GB/T 9239.2—2006　机械振动　恒态(刚性)转子平衡品质要求　第2部分:平衡误差

GB/T 12620　长圆孔、长方孔和圆孔筛板

GB/T 13306　标牌

GB/T 18810　糙米

GB/T 24854　粮油机械　产品包装通用技术条件

GB/T 24855　粮油机械　装配通用技术条件

GB/T 24856　粮油机械　铸件通用技术条件

GB/T 24857　粮油机械　板件、板型钢构件通用技术条件

GB/T 25218　粮油机械　产品涂装通用技术条件

GBZ 158　工作场所职业病危害警示标识

JB/T 6083　碾米砂轮

3　术语和定义

下列术语和定义适用于本标准。

3.1

喷风碾米机　jet-air whitening machine

碾米时从碾辊内部向碾白室喷入气流的碾米设备。

3.2

碾辊　whitening cylinder

碾米机中用于碾白米粒的圆柱形或截锥形辊筒。

3.3

铁辊　iron roll or iron ribbed rotor

由白口铸铁铸成的碾辊。

3.4

砂辊　emery roll

用金刚砂烧结，或在铁芯上浇结金刚砂制成的碾辊。

3.5

螺旋推进器　screw iron roll

装在碾米机碾辊前端，用于推进米粒的螺旋输送装置。

3.6

米刀　huller blade,resistance piece,steel brake

在碾白室内壁轴向设置的可调节的长形扁铁或硬胶板，其主要作用是使机内产生局部压力。

3.7

米筛　screen

装置在碾米机碾辊下方或四周，用于排糠的筛板。

3.8

一机碾白　whitening through single passage

糙米经过一道碾米机碾成一定精度白米的工艺。

3.9

增碎率　broken rice increment in milled rice

出机米中的碎米率较进机米中碎米率的增加值。

3.10

糙白不均率　rate of kernels with uneven whiteness

在白米试样中，比标准米样精度上下差一个等级的米粒占试样米粒的粒数百分率。

4　工作原理

碾辊碾米的同时，由碾米机风机通过碾辊内部向碾白室喷入气流。气流增加了碾白室内米粒的翻滚，缓和了米粒所受的外力作用，在提高碾米机碾白能力的同时，降低了米粒的破损，促进降温、去湿和排糠，改善和提高了碾米的工艺效果。

5　分类

根据碾辊材质的不同，分为砂辊喷风碾米机和铁辊喷风碾米机。

6　型号及基本参数

6.1　型号编制方法

按附录A执行。

6.2　基本参数项目

基本参数项目包括：型号规格、生产能力、电机功率、转速、外形尺寸、风机的型号规格及主要技术参数等。在使用说明书等技术文件中应明确标明。

7　技术要求

7.1　一般要求

7.1.1　产品应符合本标准的要求，并按经规定程序批准的图样和技术文件制造。

7.1.2　原材料、外购件、外协件等应附有合格证，经验收合格后才能使用。

7.1.3　板件、板型钢构件应符合 GB/T 24857 的规定。

7.1.4　铸件应符合 GB/T 24856 的规定。

7.1.5　装配应符合 GB/T 24855 的规定。

7.1.6　产品涂装应符合 GB/T 25218 的规定。

7.1.7　碾辊主轴、风机轴应采用机械性能不低于 GB/T 699 规定的 45 号钢制造，并经调质处理。

7.1.8　铁辊、螺旋推进器应采用冷硬铸铁制造，铁辊工作筋白口深度应大于 3 mm，表面硬度为 HRC 45～55。

7.1.9　砂辊材质、几何精度、物理特性均应符合 JB/T 6083 的规定。

7.1.10　米筛应采用机械性能不低于 GB/T 699 规定的 08F 薄钢板制造，表面硬度为 HV 450～650。

7.2　机械性能要求

7.2.1　米筛按 GB/T 12620 执行。表面应光滑、无毛刺，冲点米筛的凸点高低排列均匀、无漏冲或冲破缺陷。

7.2.2　米刀、压筛条需经渗碳淬火，渗碳层厚度 0.20 mm～0.50 mm。

7.2.3　砂辊上粘结的金刚砂，在砂辊直径最小处线速度不小于 15 m/s 的条件下，做持续 10 min 的运转试验，不应有剥落现象。

7.2.4　进料门、出料门压砣或弹性压力门、米刀装置等机构均应定位可靠、调节灵活。

7.2.5　贮糙斗与进料斗座、出料门与出米嘴、米筛与箱体结合处应紧密，无明显缝隙；米筛与米筛拼接严密，无台阶缺陷。

7.2.6　进风管与碾米辊主轴的连接应装拆方便，紧密可靠，无漏风现象。

7.2.7　螺旋推进器与碾辊应装配准确、牢固，铁辊喷风槽边缘上的拨料铁筋(辊筒筋)其筋尖对轴心线的圆跳动不应大于 0.80 mm；砂辊与螺旋推进器的连接允许沿螺旋槽顺向错位，错位最大间距不应大于 10 mm。

7.2.8　碾辊及螺旋推进器装配后应经静平衡校验，其精度应不低于 GB/T 9239.2—2006 规定的 G16 级。

7.2.9　风机叶轮装配后应经静平衡校验，其精度应不低于 GB/T 9239.2—2006 规定的 G16 级。

7.2.10　喷风碾米机运转正常、平稳，不应有异常声响和振动。

7.2.11　台时产量喷风风量应达到 70 m^3/t・h～150 m^3/t・h，风压为 294 Pa～980 Pa。

7.2.12　空载噪声不应大于 85 dB(A)。

7.2.13　在正常运转条件下，轴承温升(工作温度与环境温度的差值)不应超过 40 ℃，最高温度不应超过 75 ℃。

7.3　工艺性能要求

在加工符合 GB/T 18810 规定的糙米时，一机碾白工艺性能指标应符合表 1 的规定。

表 1　喷风碾米机工艺性能指标

序号	项　　目			质量指标	
				铁辊喷风碾米机	砂辊喷风碾米机
1	加工精度			符合 GB 1354—2009 规定的三级大米	
2	增碎率/%	≤	早籼	25	22
			晚粳	10	8
3	含糠粉/%	≤	早籼	0.10	0.15
			晚粳	0.10	0.16

表 1（续）

序号	项 目		质量指标	
			铁辊喷风碾米机	砂辊喷风碾米机
4	糙白不均率/% ≤	早籼	5	7
		晚粳	5	7
5	大米温升/℃ ≤		17	

7.4 安全要求

7.4.1 安全警示标志应符合 GBZ 158 的规定。

7.4.2 电气设备的安全应符合 GB 5226.1 的规定。

7.4.3 喷风碾米机与电机配套销售的，运转件应有安全防护装置。

7.4.4 喷风碾米机不配电机销售的，也应配带安全防护装置，在机体上应留有安装孔。

8 试验方法

8.1 试验条件和要求

8.1.1 试验场地和样机安装，应能满足性能试验各项测定的需要。

8.1.2 在同一次试验过程中，样机的操作和测定、检验工作，均应配备固定的熟练人员。

8.1.3 试验用仪器、仪表，使用前均应校验合格并在有效期内。

8.1.4 试验用电机功率应与样机配套。

8.1.5 试验电压为 380 V，偏差不大于±10%。

8.1.6 每台产品空运转时间不应少于 30 min。

8.2 机械性能检测

8.2.1 螺旋推进器表面白口深度检测：随机抽取 1 个工件（或同批产品的试棒）用钢直尺直接测量其截面积上的白口深度。

8.2.2 螺旋推进器与砂辊的顺向错位测定：用钢卷尺直接测量。

8.2.3 铁辊组件的辊筒筋尖对轴心线的圆跳动测定：将铁辊组件装置在偏摆仪或机床上，以铁辊组件的轴心线为测量基准，用百分表测量辊筒筋全长上的圆跳动，测点不少于 5 点，取最大值为测量值。

8.2.4 砂辊组件静平衡精度检验：采用平行导轨式静平衡架检验，按 GB/T 9239.1 执行。

8.2.5 风机叶轮装配后的静平衡校验：按 GB/T 9239.1 执行。

8.2.6 零部件装配检验：进料门、出料门压砣或弹性压力门、米刀装置等机构装配，贮糙斗与进料斗座、出料门与出米嘴、米筛与箱体结合，米筛与米筛拼接，进风管与碾米辊主轴的连接及其他零部件的装配，均采用感官检测。

8.2.7 配用风量与风压检测：按照 GB/T 1236 执行。

8.2.8 空载噪声检测；按照 GB/T 3768 执行。

8.2.9 轴承温升检测；用测温计在空运转试验结束时，立即在接近轴承外壳部位进行测量，测点不应少于 3 点，同时测量环境温度。

8.3 工艺性能测定

8.3.1 加工精度的检验：按照 GB/T 5502 执行。

8.3.2 增碎率的检验：按照 GB/T 5503 执行。

8.3.3 含糠粉的检验：从平均样品中分取试样 500 g，分三次放入 1.0 mm 圆孔筛内进行筛选，每次筛毕倒出试样后再轻拍筛子，使糠粉掉入筛底，以免堵塞筛眼。全部试样筛完后，刷下粘附在筛层上的糠粉，合并称量。

含糠粉按式(1)计算：

$$\delta=\frac{Q_k}{Q} \qquad \cdots\cdots(1)$$

式中：

δ——含糠粉，%；

Q_k——糠粉质量，单位为千克(kg)；

Q——试样质量，单位为千克(kg)。

8.3.4 糙白不均的检验：从平均样品中不加挑选地取出整米100粒，逐粒凭感官鉴定(如有争论也可以用染色法对比)，比标准米样精度上下差一个等级者，为糙白不均的米粒，数其粒数，计算数量百分数。

8.3.5 大米温升的检验：在待加工的糙米堆中，用温度计测定其温度，同时记录试验场所室温(℃)。在米机运转半小时后，用温度计测量米机出口接料容器中的白米温度(℃)，以温度计度数不再上升为准。计算加工前后的温差。

8.4 其他要求和参数测定

7.1、7.2和7.4中有引用标准的按其标准规定的方法检验，其他要求的检测采用常规方法或感官方法。

9 检验规则

9.1 检验分类

分为出厂检验和型式检验两类。

9.2 出厂检验

9.2.1 每台产品应进行出厂检验，检验合格方可出厂。

9.2.2 出厂检验项目按7.1、7.2、7.4规定检验。

9.3 型式检验

9.3.1 有下列情况之一的应进行型式检验：

a) 新产品投产时；

b) 产品投产后，在材料、工艺有较大改动，可能影响产品性能时；

c) 产品停产一年以上，恢复生产时；

d) 连续生产三年时；

e) 出厂检验结果与上次型式检验有较大差异时；

f) 国家有关质量管理部门提出检验要求时。

9.3.2 型式检验采取随机抽样，抽样数为5%，但不少于2台。

9.4 判定规则

9.4.1 型式检验结果应符合第7章的规定。

9.4.2 对任一台或任一项检验不合格，允许修复一次后，加倍抽样复验，以复验结果为准。若仍不符合规定，则判定为不合格。

10 标志、包装、运输和储存

10.1 标志

10.1.1 在明显位置固定产品标牌，标牌内容应符合GB/T 13306的规定。

10.1.2 外包装的包装储运图示标志应符合GB/T 191的规定。

10.2 包装

10.2.1 应符合GB/T 24854的规定。

10.2.2 随机文件和备件：

——使用说明书；

——检验合格证；

——装箱单；

——工具和附件。

10.3　运输

10.3.1　裸装产品在运输途中应遮盖。

10.3.2　运输过程中的吊卸、装载应按照外包装的图示标志进行。

10.4　储存

10.4.1　室内存放时，通风良好，防潮、不应接近热源。

10.4.2　露天存放时，应防潮、防雨、防晒、防风。

附 录 A
（规范性附录）
型号编制方法

A.1 型号编制方法

型号由专业代号、品种代号、型式代号以及产品的主要规格等四个部分组成。

```
M  NM  F  □
|   |  |  |
|   |  |  └——主要规格：碾辊直径(cm)；
|   |  └————型式：F，表示砂辊喷风碾米机；
|   |              P，表示铁辊喷风碾米机；
|   └———————品种：NM，表示碾米机；
└———————————专业：M，表示碾米设备。
```

A.2 示例

MNMF18：碾辊直径为 18 cm 的砂辊喷风碾米机。

MNMP17：碾辊直径为 17 cm 的铁辊喷风碾米机。

ICS 67.260
X 91

中华人民共和国国家标准

GB/T 25232—2010

粮油机械　刷麸机

Grain and oil machinery—Bran brush

2010-09-26 发布　　2011-03-01 实施

中华人民共和国国家质量监督检验检疫总局
中国国家标准化管理委员会　发布

前　言

本标准的附录 A 为规范性附录。

本标准由国家粮食局提出。

本标准由全国粮油标准化技术委员会归口。

本标准起草单位：国家粮食储备局无锡科学研究设计院、江都市仙龙粮食机械有限公司。

本标准主要起草人：方群、徐毅峰、陈宏、邓维永。

粮油机械　刷麸机

1　范围

本标准规定了刷麸机的工作原理、型号及基本参数、技术要求、试验方法、检验规则及标志、包装、运输和储存的要求。

本标准适用于小麦加工中处理片状或屑状麸皮的立式刷麸机。

2　规范性引用文件

下列文件中的条款通过本标准的引用而成为本标准的条款。凡是注日期的引用文件，其随后所有的修改单(不包括勘误的内容)或修订版均不适用于本标准，然而，鼓励根据本标准达成协议的各方研究是否可使用这些文件的最新版本。凡是不注日期的引用文件，其最新版本适用于本标准。

GB/T 191　包装储运图示标志

GB 2893　安全色

GB 5226.1　机械电气安全　机械电气设备　第1部分:通用技术条件

GB/T 9239.1—2006　机械振动　恒态(刚性)转子平衡品质要求　第1部分:规范与平衡允差的检验

GB/T 9286—1998　色漆和清漆　漆膜的划格试验

GB/T 13306　标牌

GB/T 17248.3　声学　机器和设备发射的噪声工作位置和其他指定位置发射声压级的测量　现场简易法

GB/T 24854　粮油机械　产品包装通用技术条件

GBZ 158　工作场所职业病危害警示标识

3　工作原理

由若干刷帚组成的转子安装在筛筒中，利用转子刷帚的旋转作用对进入筛筒中的麸粉混合物进行搅动和刷理，使得粘附在麸皮表面上的胚乳粉通过筛孔加以分离。常用于小麦粉加工中的后路皮磨工序。

4　型号及基本参数

4.1　型号的编制方法

按附录A执行。

4.2　基本参数项目

基本参数项目包括型号、筛筒规格(直径/长度)、刷帚转速、筛筒转速、电机功率、处理量(前路/后路)以及关键零部件和外购件(如:筛筒筛板、刷帚、轴承等)的使用寿命等。在使用说明书等技术文件中应明确标明。

5　技术要求

5.1　一般要求

5.1.1　按照经规定程序批准的图样和技术文件制造。

5.1.2　原材料、外购件、外协件等应附有合格证，经验收合格后才能使用。

5.1.3 外露不施漆的金属制件表面应发蓝、发黑或镀铬。

5.1.4 表面涂漆漆层应平整、色泽一致、光洁牢固。漆面不应有刷纹、流挂、起皱、气泡、起皮脱落等缺陷,施漆后的表面应完整无漏漆。漆膜涂层脱离抗性应达到 GB/T 9286—1998 中的 3 级要求。

5.2 机械性能要求

5.2.1 刷麸机的刷帚转子应经动平衡校验,平衡品质应不低于 GB/T 9239.1—2006 要求的 G40 级。

5.2.2 刷麸机上的刷帚应分组配套使用,同台机上任意两块刷帚的质量差不应超过 30 g。

5.2.3 刷帚上刷毛外缘应在全长上轻触筛筒内壁。

5.2.4 刷麸机上应配有刷毛磨损后能使刷帚进行径向调节补偿的机构。

5.2.5 所有转动部件应转动灵活,应无卡滞和碰撞现象。

5.2.6 刷麸机上可配有从筛筒外壁对筛孔进行清理的清理刷。

5.2.7 宜采用将刷麸机整机安装在弹性减震器组上的安装形式。

5.2.8 刷麸机运行时,轴承温升不应超过 35 ℃,最高温度不应超过 75 ℃。

5.2.9 刷麸机正常运行,空载噪声应不大于 80 dB(A)。

5.3 安全要求

5.3.1 所有紧固件应紧固,不应松动。

5.3.2 外露转动部件应有防护罩,并按 GB 2893 中的规定涂漆。

5.3.3 应在醒目位置固定有字样清晰的操作标志,标明转向、警示等内容。

5.3.4 刷麸机中的电气安全应满足 GB 5226.1 的规定。

5.3.5 安全警示标志应符合 GBZ 158 的规定。

6 试验方法

6.1 条件和要求

6.1.1 试验场地和机器的安装应能满足性能试验各项测定的需要,试验设备应配有相应的起动和过载保护装置,并能满足试验要求。

6.1.2 试验用动力由电动机提供,其功率应符合配套要求。

6.1.3 试验用仪器、仪表和量具应按有关规定校验合格,并在有效使用期内。

6.1.4 试验电压为 380 V,偏差不大于±10%。

6.1.5 在同一次试验过程中的机器操作和检测均应由固定的熟练操作人员进行操作。

6.1.6 空运转试验应在标定转速下进行,运转时间不少于 30 min。

6.2 机械性能

6.2.1 漆膜涂层脱离抗性的测定

按 GB/T 9286 执行。

6.2.2 转子动平衡校验

转子动平衡校验应在动平衡试验机上,按 GB/T 9239.1 的要求进行,并由试验部门或试验单位出具检测报告。

6.2.3 刷帚质量差校验

采用最大称量范围略大于刷帚质量,且显示分辨率为 1 g 的电子台秤进行称量,计算出刷帚质量差并进行校验。

6.2.4 轴承温度和温升测定

用测温计在试验开始前和结束后测定各轴承外壳的表面温度,并计算温升。

6.2.5 噪声测定

按 GB/T 17248.3 执行。

6.3 常规要求和参数的测定

5.1、5.2 和 5.3 中有引用标准的按其标准规定检验，其他要求的检测采用常规方法或目测。

7 检验规则

7.1 检验分类

分为出厂检验和型式检验两类。

7.2 出厂检验

7.2.1 每台产品应进行出厂检验，检验合格方可出厂。

7.2.2 出厂检验项目按第 5 章中除 5.2.7 外的项目执行。

7.3 型式检验

7.3.1 对产品进行全面考核，按第 5 章的规定执行。有下列情况之一的应进行型式检验：

a) 新产品投产时；

b) 产品投产后，在材料、工艺有较大改动，可能影响产品性能时；

c) 产品停产一年以上，恢复生产时；

d) 连续生产三年时；

e) 出厂检验结果与上次型式检验有较大差异时；

f) 国家有关质量管理部门提出检验要求时。

7.3.2 抽样方法：采取随机抽样，抽样数为 5%，但不少于 2 台。

7.4 判定规则

7.4.1 型式检验结果应符合第 5 章的规定。

7.4.2 对任一台或任一项检验不合格，允许修复一次后加倍抽样复验，以复验结果为准。若仍不符合规定，则判定为不合格。

8 标志、包装、运输和储存

8.1 标志

8.1.1 应在明显位置固定产品标牌，标牌内容按 GB/T 13306 执行。

8.1.2 产品标志的内容应满足本标准的要求，各项数值应与该机的实际情况相符。

8.1.3 外包装的包装储运图示标志按 GB/T 191 执行。

8.2 包装

8.2.1 按 GB/T 24854 的规定执行。

8.2.2 随机文件和备件应包括：

——使用说明书；

——检验合格证；

——装箱单。

8.2.3 用户自提的刷麸机可不采用外包装。

8.2.4 受用户委托代办水陆运输的刷麸机可按合同约定的方法进行包装。

8.3 运输

8.3.1 运输方式可按供需双方商定或商业惯例办理。

8.3.2 裸装产品在运输途中应将机器固定，并采取防雨措施。

8.3.3 运输过程中的吊卸、装载应按照外包装的图示标志进行。

8.4 储存

8.4.1 室内存放时，应通风良好并采取防潮措施。

8.4.2 露天存放时，应采取防潮、防雨、防晒、防风措施。

附 录 A
（规范性附录）
型号编制方法

A.1 型号编制方法

刷麸机的产品型号通常由专业代号、品种代号、型式代号和主要规格等部分组成。

```
F  FP  S  □
|   |  |  |
|   |  |  └────────────主要规格：筛筒直径(cm)；
|   |  └───────────────型式：S，表示刷麸机；
|   └──────────────────品种：FP，表示麸皮机；
└──────────────────────专业：F，表示制粉机械设备。
```

A.2 示例

FFPS 90：筛筒直径为 900 mm 的刷麸机。

ICS 67.260
X 91

中华人民共和国国家标准

GB/T 25233—2010

粮油机械 袋式除尘器

Grain and oil machinery—Bag filter

2010-09-26 发布 2011-03-01 实施

中华人民共和国国家质量监督检验检疫总局
中国国家标准化管理委员会 发布

前　言

本标准的附录A为规范性附录。

本标准由国家粮食局提出。

本标准由全国粮油标准化技术委员会归口。

本标准主要起草单位:中粮集团有限公司科学研究院、国家粮食储备局武汉科学研究设计院。

本标准主要起草人:李建、谢健、杨喜华、高建峰。

粮油机械　袋式除尘器

1　范围

本标准规定了袋式除尘器的相关术语和定义、工作原理、分类、型号及基本参数、技术要求、试验方法、检验规则以及标志、包装、运输和储存。

本标准适用于捕集粮食、油料及其制品在搬运、加工等过程产生粉尘所使用的袋式除尘器。

2　规范性引用文件

下列文件中的条款通过本标准的引用而成为本标准的条款。凡是注日期的引用文件，其随后所有的修改单(不包括勘误的内容)或修订版均不适用于本标准，然而，鼓励根据本标准达成协议的各方研究是否可使用这些文件的最新版本。凡是不注日期的引用文件，其最新版本适用于本标准。

GB/T 191　包装储运图示标志

GB 4053.1　固定式钢梯及平台安全要求　第1部分:钢直梯

GB 4053.2　固定式钢梯及平台安全要求　第2部分:钢斜梯

GB 4053.3　固定式钢梯及平台安全要求　第3部分:工业防护栏杆及钢平台

GB/T 12138　袋式除尘器性能测试方法

GB/T 13306　标牌

GB/T 15605　粉尘爆炸卸压指南

GB/T 16157　固定污染源排气中颗粒物测定与气态污染物采样方法

GB/T 24854　粮油机械　产品包装通用技术条件

GB/T 24857　粮油机械　板件、板型钢构件通用技术条件

GB/T 25218　粮油机械　产品涂装通用技术条件

GBZ 158　工作场所职业病危害警示标识

HJ/T 325　环境保护产品技术要求　袋式除尘器　滤袋框架

HJ/T 327　环境保护产品技术要求　袋式除尘器　滤袋

JB/T 5915　袋式除尘器用时序式脉冲喷吹电控仪

JB/T 5916　袋式除尘器用电磁脉冲阀

JB/T 8471　袋式除尘器安装技术要求与验收规范

3　术语和定义

下列术语和定义适用于本标准。

3.1

袋式除尘器　bag filter

利用由过滤介质制成的袋状或筒状过滤元件来捕集含尘气体中粉尘的除尘装置。

3.2

清灰　cleaning

利用各种方法去除过滤介质上所粘附的粉尘层，恢复过滤介质过滤能力的过程。

3.3

反吹　reverse blow

使用干净或净化后的气体沿与过滤状态相反的线路流过过滤介质。

3.4

阻力 resistance

除尘器进口与出口处气流平均全压之差。

4 工作原理

利用制成袋状或筒状的过滤介质对粉尘的捕集作用，使穿过过滤介质含尘气体中的粉尘与气体进行分离。

注：为恢复并保持过滤介质的过滤能力，须利用各种方法以去除过滤介质上所粘附的粉尘层。

5 分类

5.1 脉冲袋式除尘器

以压缩空气为清灰动力，利用脉冲喷吹机构在瞬间放出压缩空气，诱导数倍的二次空气高速射入滤袋，使滤袋急剧鼓胀，依靠冲击振动和反向气流而清灰的袋式除尘器。

5.1.1 低压脉冲袋式除尘器

采用低阻阀(喷吹气源压强小于 392 kPa)的脉冲袋式除尘器。

5.1.2 高压脉冲袋式除尘器

采用高阻阀(喷吹气源压强大于 392 kPa)的脉冲袋式除尘器。

5.2 回转反吹袋式除尘器

以高压风机提供反吹气流，通过条口形或圆形喷嘴经回转运动依次经各个滤袋净气口进行反吹，使滤袋变形抖动并穿透滤料而清灰的袋式除尘器。

5.3 机械振动袋式除尘器

利用机械装置(含手动、电磁或气动等装置)使滤袋产生振动而清灰的袋式除尘器。有适合间隙工作的非分室结构和适合连续工作的分室结构两种构造形式。

6 型号及基本参数

6.1 型号编制方法

按附录 A 执行。

6.2 基本参数项目

基本参数项目包括型号规格、过滤面积、清灰方式、出灰方式、清灰气源的压力和流量要求、清灰机构和出灰机构的电机功率和电源要求、电气控制装置的电源要求、滤袋性能和尺寸、设备阻力、漏风率、除尘效率、外形尺寸、进出风口尺寸、出灰口尺寸。在使用说明书等技术文件中应明确标明。

7 技术要求

7.1 一般要求

7.1.1 产品应按照经规定程序批准的图样及技术文件制造，并符合本标准的要求。

7.1.2 原材料、外购件、外协件等应附有合格证，经验收合格后才能使用。

7.1.3 板件板型钢构件应符合 GB/T 24857 的规定。

7.1.4 产品涂装应符合 GB/T 25218 的规定。

7.1.5 滤袋应符合 HJ/T 327 的规定。

7.1.6 滤袋框架应符合 HJ/T 325 的规定。

7.1.7 电磁脉冲阀应符合 JB/T 5916 的规定。

7.1.8 脉冲喷吹电控仪应符合 JB/T 5915 的规定。

7.1.9 袋式除尘器安装与验收应符合 JB/T 8471 的规定。有喷吹管的除尘器，喷孔所喷出的气流中心线应与滤袋中心一致，其偏差应不大于 2 mm。

7.2 工艺性能要求

7.2.1 过滤风速在 1.0 m/min～1.5 m/min 时，除尘器的性能应符合表 1 的规定。

表 1 工艺性能要求

项目	低压脉冲袋式除尘器	高压脉冲袋式除尘器	回转反吹袋式除尘器	机械振动袋式除尘器
除尘效率/%	>99.5			>99.0
设备阻力/Pa	<1 400	<1 200	<1 400	<1 500
漏风率/%	≤3.0			≤5.0

7.2.2 除尘器与生产设备应同步运行。在正常工况下，其出口粉尘浓度应达到相应国家排放标准的要求。

7.3 安全要求

7.3.1 安全警示标志按 GBZ 158 的规定执行。

7.3.2 操作用钢直梯、钢斜梯、防护栏杆和钢平台按 GB 4053.1～GB 4053.3 的规定执行。

7.3.3 脉冲喷吹类除尘器的受压容器、管道和阀门等按有关标准的规定执行。

7.3.4 用于可燃性粉尘的除尘器的粉尘爆炸卸压装置按 GB/T 15605 的规定执行。

7.4 卫生要求

用于食品原料类物料除尘器的滤料以及与物料接触的零部件，如筒体、花孔板等应采用不锈钢，其设计和制造按有关卫生标准的规定执行。

8 试验方法

8.1 试验条件和要求

8.1.1 试验场地和样机的安装应满足性能试验各项测定需要。

8.1.2 样机的操作和测定工作，均应配备熟练人员。

8.1.3 试验用仪器，仪表使用前均应校验合格。

8.2 工艺性能试验

8.2.1 除尘效率、设备阻力和漏风率的试验按 GB/T 12138 执行。

8.2.2 除尘器出口粉尘浓度的检验按 GB/T 16157 执行。

8.3 其他要求和参数的检测

7.1、7.3 和 7.4 中有引用标准的按其标准中规定的方法检测；其他要求和参数采用常规方法或感官检验。

9 检验规则

9.1 检验分类

分为出厂检验和型式检验两类。

9.2 出厂检验

9.2.1 出厂检验项目按 7.1、7.3、7.4 执行。

9.2.2 出厂产品应进行逐台检验，产品检验合格后，方可出厂。

9.3 型式检验

9.3.1 检验项目按第 7 章的规定执行。有下列情况之一的应进行型式检验：

a) 新产品投产时；

b) 产品投产后，当材料、工艺有较大改动，可能影响产品性能时；

c) 产品停产一年以上,恢复生产时;

d) 连续生产三年时;

e) 出厂检验结果与上次型式检验结果有较大差异时;

f) 国家有关质量管理部门提出检验要求时。

9.3.2 采取随机抽样,抽样数为5%,但不少于2台。

9.4 判定规则

9.4.1 型式检验结果应符合第7章的要求。

9.4.2 对任一台或任一项检验不合格,允许修复一次,加倍抽样复验,以复验结果为准。若仍不符合规定,则判定该批产品为不合格。

10 标志、包装、运输和储存

10.1 标志

10.1.1 在明显位置固定产品标牌,标牌内容按GB/T 13306的规定执行。

10.1.2 外包装的包装储运图示标志按GB/T 191的规定执行。

10.2 包装

10.2.1 按GB/T 24854的规定执行。

10.2.2 随机文件和工具:

——使用说明书;

——检验合格证;

——装箱单;

——工具和附件。

10.3 运输

10.3.1 运输过程中的吊卸、装载应注意外包装的图示标志,严格按图示进行作业。

10.3.2 裸装产品在运输途中应遮盖。

10.4 储存

10.4.1 室内存放时,应通风良好,注意防潮。

10.4.2 露天存放时,应注意防潮、防雨、防晒、防风。

附 录 A
（规范性附录）
型号编制方法

A.1 型号编制方法

T DC □ - □□

主要规格，表示过滤面积，单位为 m^2；

型式：表示清灰方式 D：低压脉冲；
F：回转反吹；
M：高压脉冲；
Z：机械振动；

品种：DC，表示袋式除尘器；

专业：T，表示粮油通用机械。

A.2 示例

TDCM 54：过滤面积为 54 m^2、高压脉冲清灰的袋式除尘器。

TDCF 100：过滤面积为 100 m^2、回转反吹清灰的袋式除尘器。

ICS 67.260
X 91

中华人民共和国国家标准

GB/T 25234—2010

粮油机械 叶轮闭风器

Grain and oil machinery—Impeller airlock

2010-09-26 发布 2011-03-01 实施

中华人民共和国国家质量监督检验检疫总局
中国国家标准化管理委员会 发布

前　言

本标准的附录 A 为规范性附录。

本标准由国家粮食局提出。

本标准由全国粮油标准化技术委员会归口。

本标准起草单位:国家粮食储备局郑州科学研究设计院。

本标准主要起草人:赵祥涛、张明学。

粮油机械　叶轮闭风器

1　范围

本标准规定了叶轮闭风器的分类、工作原理、产品型号、参数项目要求、技术要求、试验方法、检验规则及标志、包装、运输和储存要求。

本标准适用于与气力输送系统连接的粉状和颗粒状物料的供给与排料装置。

2　规范性引用文件

下列文件中的条款通过本标准的引用而成为本标准的条款。凡是注日期的引用文件，其随后所有的修改单(不包括勘误的内容)或修订版均不适用于本标准，然而，鼓励根据本标准达成协议的各方研究是否可使用这些文件的最新版本。凡是不注日期的引用文件，其最新版本适用于本标准。

GB/T 191　包装储运图示标志

GB/T 3768　声学　声压法测定噪声源声功率级　反射面上方采用包络测量表面的简易法

GB 5226.1　机械电气安全　机械电气设备　第1部分：通用技术条件

GB/T 13306　标牌

GB/T 24854　粮油机械　产品包装通用技术条件

GB/T 24856　粮油机械　铸件通用技术条件

GB/T 25218　粮油机械　产品涂装通用技术条件

3　工作原理

通过一个有等分结构的叶轮在壳体内旋转，依靠壳体上部料仓或给料装置的物料充满叶轮的型腔，隔断气力输送系统的气流，物料随叶轮的旋转到壳体的下部卸出。

4　分类

按空载静止状态额定压力差下漏气量的不同分为普通型叶轮闭风器和高气密型叶轮闭风器两类。

5　型号及基本参数

5.1　型号的编制方法

按附录A执行。

5.2　基本参数项目

基本参数项目包括型号规格、容积、电机功率、转速、漏气量、外形尺寸。在使用说明书等技术文件中应明确表明。

6　技术要求

6.1　一般要求

6.1.1　应按照经规定程序批准的图样和技术文件制造。

6.1.2　原材料、外购件、外协件应附有合格证，经验收合格后才能使用。

6.1.3　铸件应按GB/T 24856的规定执行。

6.1.4　产品涂装按GB/T 25218的规定执行。

6.1.5　叶轮闭风器外表面不应有碰伤、划伤和凹凸不平、粗糙不均的现象。

6.2 机械性能

6.2.1 若机体配有观察窗,观察窗应固定牢靠不漏气,无碰擦现象。

6.2.2 装配后,人工转动叶轮时应平稳、轻快。

6.2.3 空载运转时,驱动装置部分不应有异声。噪声不大于 75 dB(A)。

6.2.4 正常工作时,轴承温升不超过 35 ℃,最高温度不超过 75 ℃。

6.3 工艺性能要求

在额定容积下、额定压力差分别为 0.01 MPa 和 0.1 MPa 时,工艺性能应符合表 1 的规定。

表 1 工艺性能要求

型号[a]		容积/L	漏气量/(L/min)	
			0.01/MPa	0.1/MPa
普通型	TY5	5	≤140	≤1 500
	TY7	7	≤160	≤1 600
	TY9	9	≤200	≤1 800
	TY12	12	≤250	≤2 000
	TY16	16	≤300	≤2 200
	TY22	22	≤400	≤2 800
	TY30	30	≤500	≤3 800
	TY40	40	≤600	≤4 600
	TY60	60	≤1 000	≤5 800
	TY80	80	≤1 500	≤7 500
高气密型	TYG5	5	≤30	≤160
	TYG7	7	≤40	≤180
	TYG9	9	≤50	≤200
	TYG12	12	≤60	≤220
	TYG16	16	≤80	≤250
	TYG22	22	≤100	≤300
	TYG30	30	≤120	≤400
	TYG40	40	≤150	≤500
	TYG60	60	≤200	≤600
	TYG80	80	≤300	≤800
注:工艺性能参照表 1,但规格型号不仅限于此。				
[a] 见附录 A。				

6.4 安全要求

6.4.1 零部件应联结牢固。转动件应有安全防护装置。

6.4.2 电气安全应符合 GB 5226.1 的规定。

7 试验方法

7.1 条件和要求

7.1.1 试验场地和样机的安装应符合产品说明书的有关规定,试验设备应配有相应的起动和过载保护装置,并能满足试验要求。

7.1.2 试验用仪器、仪表和量具应按有关规定校验合格,并在有效使用期内。

7.1.3 试验电压为 380 V,偏差不大于±10%。

7.1.4 在同一次试验过程中的机器操作和检测均应由固定的熟练操作人员进行操作。

7.1.5 空载试验和生产试验时间应不少于 30 min。

7.2 **机械性能检测**

7.2.1 噪声检测：按 GB/T 3768 执行。

7.2.2 轴承温度和温升检测：用测温计测量。

7.3 **工艺性能检测**

7.3.1 **容积检测**

在设备满负荷正常工作时，从闭风器下料口中取样三次，每次时间不少于 5 min，记录取粮时间和闭风器转速，并称取试样的质量，闭风器容积按式(1)计算。

$$X=\frac{1\ 000\times m}{n\times t\times \rho\times \eta} \qquad \cdots\cdots(1)$$

式中：

X——闭风器容积，单位为升(L)；

m——在 t 时间内闭风器下料总量，单位为千克(kg)；

n——叶轮转速(r/min)；

t——在下料总量 m 时所用时间，单位为分钟(min)；

ρ——物料容重，单位为千克每立方米(kg/m^3)；

η——装满系数，颗粒为 0.6～0.8，粉料为 0.4～0.6。

试验不少于三次，取平均值。

7.3.2 **漏气量检测**

检测装置由空压机、压力调节阀、100 kPa 压力表、节流式差压流量计、胶管、紧固联接件等组成。通过胶管和紧固联接件将空压机、压力调节阀、100 kPa 压力表、节流式差压流量计、叶轮闭风器依次联接起来。

叶轮闭风器在空载静止状态额定压力差分别为 0.01 MPa、0.1 MPa 时，节流式差压流量计的指示数值即为漏气量。试验不少于三次，取平均值。

7.4 **其他要求和参数的测定**

6.1、6.2 和 6.4 中有引用标准的按其标准方法检测，其他要求采用常规方法和感官进行测定。

8 检验规则

8.1 **检验分类**

分为出厂检验和型式检验两类。

8.2 **出厂检验**

8.2.1 出厂检验项目按本标准 6.1、6.2 和 6.4 执行。

8.2.2 每批出厂产品应进行检验，检验合格后，方可出厂。

8.3 **型式检验**

8.3.1 按第 6 章执行。有下列情况之一的应进行型式检验：

a) 新产品投产时；

b) 产品投产后，在材料、制造工艺有较大改动，可能影响产品性能时；

c) 产品停产一年以上，恢复生产时；

d) 连续生产三年时；

e) 出厂检验结果与上次型式检验结果有较大差异时；

f) 国家有关质量管理部门提出检验要求时。

8.3.2 采取随机抽样，抽样数为 5%，但不少于 2 台。

8.4 **判定规则**

8.4.1 型式检验结果应符合第 6 章的规定。

8.4.2 对任一台或任一项检验不符合规定的，允许修复一次后，加倍抽样复验，以复验结果为准。若仍不符合规定，则判定该批产品为不合格。

9 标志、包装、运输和储存

9.1 标志

9.1.1 应在明显位置固定产品标牌，标牌内容按 GB/T 13306 执行。

9.1.2 外包装的包装储运图示标志按 GB/T 191 执行。

9.2 包装

9.2.1 按 GB/T 24854 执行。

9.2.2 随机文件和备件应包括：

a) 使用说明书；

b) 检验合格证；

c) 装箱单。

9.3 运输

9.3.1 裸装产品在运输途中应遮盖。

9.3.2 运输过程中的吊卸、装载应按照外包装的图示标志进行。

9.4 储存

9.4.1 室内存放时，应通风良好，防潮、不应接近热源。

9.4.2 露天存放时，应防潮、防雨、防晒、防风。

附 录 A
（规范性附录）
型号编制方法

A.1 型号编制方法

T Y □ □

- 产品规格：以容积表示，单位为升(L)；
- 特征：G 表示高气密，普通无代号；
- 品种：Y 表示叶轮闭风器；
- 专业：T 表示通用机械。

A.2 示例

TYG5：额定容积为 5 L 的高气密型叶轮闭风器。

ICS 67.260
X 91

中华人民共和国国家标准

GB/T 25235—2010

粮油机械　组合清理筛

Grain and oil machinery—Combined separator

2010-09-26 发布　　2011-03-01 实施

中华人民共和国国家质量监督检验检疫总局
中国国家标准化管理委员会　发布

前　言

本标准的附录 A 为规范性附录。

本标准由国家粮食局提出。

本标准由全国粮油标准化技术委员会归口。

本标准主要起草单位：河南工业大学、开封市茂盛机械有限公司、河南省粮食加工装备工程技术研究中心、湖南湘粮机械制造有限公司。

本标准主要起草人：阮竞兰、王凤成、李永祥、伍毅、原富林、阮少兰、杨扬、白晓丽。

粮油机械　组合清理筛

1　范围

本标准规定了组合清理筛的相关术语和定义、工作原理、型号参数、技术要求、试验方法、检验规则、标志、包装、运输和储存要求。

本标准适用于清除粮食、油料中大杂、小杂及并肩石杂质的组合清理筛。

2　规范性引用文件

下列文件中的条款通过本标准的引用而成为本标准的条款。凡是注日期的引用文件，其随后所有的修改单(不包括勘误的内容)或修订版均不适用于本标准，然而，鼓励根据本标准达成协议的各方研究是否可使用这些文件的最新版本。凡是不注日期的引用文件，其最新版本适用于本标准。

GB/T 191　包装储运图示标志

GB/T 3768　声学　声压法测定噪声源声功率级　反射面上方采用包络测量表面的简易法

GB/T 5494　粮油检验　粮食、油料的杂质、不完善粒检验

GB 5226.1　机械电气安全　机械电气设备　第1部分:通用技术条件

GB/T 13306　标牌

GB/T 24854　粮油机械　产品包装通用技术条件

GB/T 24855　粮油机械　装配通用技术条件

GB/T 24857　粮油机械　板件、板型钢构件通用技术条件

GB/T 25218　粮油机械　产品涂装通用技术条件

GBZ 158　工作场所职业病危害警示标识

3　术语和定义

下列术语和定义适用于本标准。

3.1

大杂　large impurities

粮食中大于粮油籽粒的杂质的统称。包括麻绳、泥石块、秸秆、金属物等。

3.2

小杂　small impurities

粮食中小于粮油籽粒的杂质的统称。

3.3

并肩石　stones of approximately the same size and same shape with grain kernels or oil seeds

粮食中混入的形状、大小与粮粒(或油料颗粒)相似的石子。

3.4

筛选　sieving

利用粮粒与杂质间粒度的差别，借助筛面分离杂质的方法。

3.5

分级　sorting

利用物料颗粒间密度的差别，借助气流和筛面将不同密度物料分离的过程。

3.6

去石　destoning

利用粮粒与石块间密度及悬浮速度的差别，借助气流和去石板分离并肩石的方法。

3.7

杂质去除率　eliminating degree of impurities

分出的杂质与进机粮食物料中所含杂质的质量百分数。

4　工作原理

利用粮食、油料物料颗粒间粒度、密度及空气动力学性质的差别，借助往复振动筛面、去石板和气流的作用，通过筛选、分级和去石作用清理粮食、油料中的大杂、小杂及并肩石。

5　型号及基本参数

5.1　型号的编制方法

按附录A执行。

5.2　基本参数项目

基本参数项目包括型号规格、处理能力、配备动力、振动频率、振幅、吸风量等。在使用说明书等技术文件中应明确标明。

6　技术要求

6.1　一般要求

6.1.1　按照经规定程序批准的图样及技术文件制造。

6.1.2　原材料、外购件、外协件等应附有合格证，经检验合格后才能使用。

6.1.3　板件、板型钢构件应符合GB/T 24857的规定。

6.1.4　装配应符合GB/T 24855的规定。

6.1.5　产品涂装应符合GB/T 25218的规定。

6.2　机械要求

6.2.1　运转应正常平稳，无异常声响，无扭摆现象。

6.2.2　空载运转噪声应小于80 dB(A)，负载运转噪声应小于85 dB(A)。

6.2.3　在正常工作条件下，振动电机轴承温升不应超过35 ℃，最高温度不应超过70 ℃。

6.2.4　振动体及零部件不应出现断裂现象。

6.2.5　筛格的压紧应可靠，筛格装拆应方便灵活。

6.2.6　各密封部位应密封良好，无漏风、漏料现象。

6.2.7　每两台振动电机为一组，型号规格、转速应一致且相向旋转，两振动电机的偏心质量、位置应调成一致。

6.2.8　每组振动电机应采用高强度紧固件对称安装，且紧固、防松可靠。

6.2.9　所有紧固件应可靠，不应有松动现象。

6.2.10　各调节机构应灵活、准确、可靠。

6.3　工艺性能

6.3.1　杂质去除率应≥70%。

6.3.2　并肩石去除率应≥95%。

6.3.3　杂质中含完整粮粒应≤150粒/kg。

6.4　安全要求

6.4.1　工作场所应有安全警示标志和符合GBZ 158规定的职业病危害警示标识。

6.4.2　电气安全应符合 GB 5226.1 规定。

7　试验方法

7.1　试验条件和要求

7.1.1　试验场地和样机安装应符合产品说明书的有关规定，满足性能试验各项技术指标测定的要求。

7.1.2　试验用仪器、仪表和量具应按有关规定校验合格，并在有效使用期内。

7.1.3　试验过程中的操作和测定，均应配备固定的熟练人员。

7.1.4　试验电压为 380 V，偏差不大于±10%。

7.1.5　空运转试验时间不少于 30 min。

7.2　机械性能检测

7.2.1　噪声测定：按 GB/T 3768 执行。

7.2.2　轴承温升测定：用测温仪测量各轴承壳外表面温度和工作环境温度，其轴承壳温度与环境温度之差即为轴承温升。

7.3　工艺性能测定

7.3.1　杂质去除率测定：在样机工作稳定后，对进机粮油物料和清理后的物料分别取样 3 次，每次间隔时间 15 min，每次取样不少于 1 kg，杂质含量按 GB/T 5494 规定的方法检测，并按式(1)计算杂质去除率：

$$\eta=\frac{G-G_0}{G}\times 100\% \qquad\cdots\cdots(1)$$

式中：

η——杂质去除率；

G——进机原粮中杂质含量(质量分数)，%；

G_0——清理后的物料中杂质含量(质量分数)，%。

7.3.2　并肩石去除率测定：在样机正常工作条件下，取 300 粒染色并肩石，分三次投入物料进机入口，每次间隔时间 30 min。每次投石 100 粒，在 5 min 内均匀投完。由出石口拣出染色并肩石，并按式(2)计算其所占投入染色并肩石的百分率：

$$\delta_s=\frac{K_1}{K}\times 100\% \qquad\cdots\cdots(2)$$

式中：

δ_s——并肩石去除率；

K——投入染色并肩石数量，单位为粒；

K_1——出石口拣出的染色并肩石数量，单位为粒。

7.3.3　杂质中含完整粮粒测定：将所取杂质下脚的各个样品分别称量，拣出完整饱满粮粒，数其粒数。计算每 1 kg 杂质下脚中含正常完整粮粒数。

7.3.4　检验结果均以双试验的算术平均值表示。

7.4　其他要求和相关参数的测定

6.1、6.2 和 6.4 中有引用标准的按其标准规定的方法检测；其他要求采用常规方法和感官进行检验。

8　检验规则

8.1　检验分类

分为出厂检验和型式检验两类。

8.2　出厂检验

8.2.1　出厂产品应逐台进行检验，检验合格后方可出厂。

8.2.2 检验项目包括:6.1、6.2、6.4。

8.3 型式检验

8.3.1 对产品进行全面考核,检验第6章要求的所有项目。有下列情况之一的应进行型式检验:

a) 新产品投产时;

b) 产品投产后,当材料、工艺有较大改动,可能影响产品性能时;

c) 产品停产一年以上,恢复生产时;

d) 连续生产三年时;

e) 出厂检验结果与上次型式检验结果有较大差异时;

f) 国家有关质量管理部门提出检验要求时。

8.3.2 采取随机抽样,抽样数为5%,但不少于2台。

8.4 判定规则

8.4.1 型式检验结果应符合第6章的规定。

8.4.2 对任一台或任一项检验不合格,可加倍抽样复验,以复验结果为准。若仍不符合规定,则判定为不合格。

9 标志、包装、运输和储存

9.1 标志

9.1.1 应在明显位置固定产品标牌,标牌内容应符合 GB/T 13306 的规定。

9.1.2 外包装的包装储运图示标志应符合 GB/T 191 的规定。

9.2 包装

9.2.1 应符合 GB/T 24854 的规定。

9.2.2 随机文件和工具:

——使用说明书;

——检验合格证;

——装箱单;

——工具和附件。

9.3 运输

9.3.1 裸装产品在运输途中应遮盖。

9.3.2 运输过程中的吊卸、装载应注意外包装的图示标志。

9.4 储存

9.4.1 室内存放时,应通风良好,注意防潮。

9.4.2 露天存放时,应注意防潮、防雨、防晒、防风。

附 录 A
（规范性附录）
型号编制方法

A.1 型号编制方法

组合清理筛型号由专业代号、品种代号、型式代号及主要规格四个部分组成。

T QL Q □×□

——主要规格：筛面宽度（cm）×进口数（进口数为1的不标示）；

——型式：Q，表示筛选去石组合；

——品种：QL，表示清理筛；

——专业：T，表示通用机械。

A.2 示例

TQLQ100：筛面宽度为1 000 mm、进口数为1、筛选去石组合的粮油通用机械组合清理筛。

ICS 67.260
X 91

中华人民共和国国家标准

GB/T 25236—2010

粮油机械　检验用锤片粉碎机

Grain and oil machine—Slice hammer smasher for inspection

2010-09-26 发布　　2011-03-01 实施

中华人民共和国国家质量监督检验检疫总局
中国国家标准化管理委员会　发布

前　言

本标准的附录A为规范性附录。

本标准由国家粮食局提出。

本标准由全国粮油标准化技术委员会归口。

本标准起草单位:国家粮食储备局成都粮食储藏科学研究所、上海嘉定粮油仪器有限公司、台州伯利恒仪器有限公司。

本标准主要起草人:郭道林、毛根武、董德良、张华昌、庄健、林新光、丁建武。

粮油机械　检验用锤片粉碎机

1　范围

本标准规定了粮油检验用锤片粉碎机的产品型号、技术要求、试验方法、检验规则、标志、标签、包装、运输和储存要求。

本标准适用于采用锤片高速撞击样品制备粉状试样的检验用粉碎机。

2　规范性引用文件

下列文件中的条款通过本标准的引用而成为本标准的条款。凡是注日期的引用文件，其随后所有的修改单(不包括勘误的内容)或修订版均不适用于本标准，然而，鼓励根据本标准达成协议的各方研究是否可使用这些文件的最新版本。凡是不注日期的引用文件，其最新版本适用于本标准。

GB/T 191　包装储运图示标志

GB/T 3768　声学　声压法测定噪声源声功率级　反射面上方采用包络测量表面的简易法

GB 5226.1　机械电气安全　机械电气设备　第1部分:通用技术条件

GB/T 5507　粮油检验　粉类粗细度测定

GB/T 6391—2003　滚动轴承　额定动载荷和额定寿命

GB/T 9239.1—2006　机械振动　恒态(刚性)转子平衡品质要求　第1部分:规范与平衡允差的检验

GB/T 12620　长圆孔、长方孔和圆孔筛板

GB/T 13306　标牌

GB 16798　食品机械安全卫生

GB/T 24854　粮油机械　产品包装通用技术条件

GB/T 24855　粮油机械　装配通用技术条件

GB/T 24856　粮油机械　铸件通用技术条件

GB/T 25218　粮油机械　产品涂装通用技术条件

GBZ 158　工作场所职业病危害警示标识

3　产品型号

产品型号编制方法按附录A执行。

4　技术要求

4.1　工作环境要求

在下述工作环境条件下，应能正常工作：

a)　环境温度:0 ℃～40 ℃;

b)　相对湿度:≤85%;

c)　工作电压:220 V±22 V;

d)　频率:50 Hz±1 Hz;

e)　工作台面平整稳固。

4.2　一般要求

4.2.1　产品应符合本标准的要求，并按经规定程序批准的图样和技术文件制造。

4.2.2 所有外购元器件应有合格证明,并经验收合格方可使用。

4.2.3 与样品直接接触的零部件材料的选用应符合 GB 16798 的规定。

4.2.4 机体及部件表面涂装的质量应符合 GB/T 25218 的规定。表面应平整,油漆颜色均匀一致,光滑平整,无露底、气泡、麻点、起皱等缺陷。表面镀覆层不应露出底层,无起泡、腐蚀、缺口、毛刺、蚀点、划迹等缺陷,镀层不应有脱落、发暗、粗糙不平等现象。

4.2.5 机体及部件文字符号等标志应字体端正、清晰、正确。

4.2.6 设备结构、输送管路和连接部分不应有滞留样品的凹槽、死角。与样品直接接触的零部件材料的表面应光滑,无死角。

4.3 机械性能

4.3.1 主要零部件技术要求

4.3.1.1 设备中铸件应符合 GB/T 24856 的规定。

4.3.1.2 粉碎锤片主轴轴承应根据 GB/T 6391—2003 规定选取为双面带密封圈的深沟球轴承,轴承精度不低于D级。

4.3.1.3 粉碎筛片的圆孔排列型式、参数及相关要求应符合 GB/T 12620 的规定。

4.3.1.4 粉碎锤片应按 GB/T 9239.1—2006 的要求作静平衡,平衡精度等级不低于 G16。粉碎锤片热处理后的硬度不低于 HRC 45。

4.3.2 装配要求

4.3.2.1 设备的装配应符合 GB/T 24855 的规定,装配完成后各驱动、传动、转动调节机构(或部件)应转动灵活,转动方向正确;控制系统操作灵活,工作可靠;磨腔、输送管路、物料收集筒应无漏料、漏粉现象,且可方便清理留存物料。

4.3.2.2 机箱内壁吸音材料应粘贴牢固、平整,不应有皱折或松脱现象。

4.3.3 整机运转要求

4.3.3.1 主轴空转转速为 16 800 r/min±1 680 r/min。

4.3.3.2 空转噪声不大于 80 dB(A)。

4.4 工艺性能

4.4.1 选用 ϕ0.8 mm 孔径的粉碎筛片对水分在 11%~15%的小麦、玉米、糙米或大米样品进行粉碎时,其性能参数应符合下列要求:

a) 粉碎效率:≥100 g/min。

b) 一次性粉碎细度:应不低于表 1 的要求。

c) 磨腔留存物:≤1.5 g。

d) 输送管道无留存物。

表 1 一次性粉碎细度要求

样品品种	筛上物留存率/%			
	CQ16[a]	CQ20[a]	CQ24[a]	CQ27[a]
小麦	≤5	≤10	≤15	≤20
玉米	≤5	≤12	≤20	≤25
糙米或大米	≤5	≤12	≤20	≤25

[a] CQ 为筛网编号。

4.4.2 磨腔内壁温升:≤12.0℃。

4.5 安全要求

4.5.1 安全警示标志应符合 GBZ 158 的规定。

4.5.2 电器安全应符合 GB 5226.1 的规定。

4.5.3 外部应有安全开关,并有紧急停止功能。整机电路应保证在非正常操作时,电机停止运转。

5 试验方法

5.1 试验条件

5.1.1 试验环境应符合 4.1 的要求。

5.1.2 试验用的仪器、仪表和量具应按有关规定校验合格,并在有效期内。

5.1.3 在同一次试验过程中的机器操作和检测均应由固定的熟练操作人员进行操作。

5.2 一般要求的检测

外观质量采用感官方法进行检验,表面涂装的质量按 GB/T 25218 的规定执行。

5.3 机械性能的检测

5.3.1 主要零部件技术要求的检测

5.3.1.1 铸件的检测:按 GB/T 24856 的规定执行。

5.3.1.2 检查轴承的合格证明或质量检验报告是否符合相关要求。

5.3.1.3 粉碎机筛片的检测:按 GB/T 12620 执行。

5.3.1.4 锤片检验:静平衡校正按 GB/T 9239.1 执行;锤片硬度用硬度计检测。

5.3.2 装配要求的检测

5.3.2.1 整机的装配检验:按 GB/T 24855 执行。

5.3.2.2 机箱内壁吸音材料的安装检验:用目测触感检测。

5.3.3 整机运转要求的检测

5.3.3.1 主轴空转转速测定:用转速表检测。

5.3.3.2 噪声的测定:按照 GB/T 3768 的规定执行。测定时声级计的传声器水平位置距机器表面 1 m、距地面高度为 1.5 m,测量前、后、左、右四个点。在噪声测试前先测出背景噪声。测量时,使声级计的传声器朝着噪声源方向。声级计的读数值取接近指示数值的整数值,当指针摆动大时可选取指针摆动的平均值。当相邻测点测出的声压级相差超过 5 dB(A)时,在其间增加测点,取各测点的算术平均值。背景噪声应比所测机组噪声级至少低 10 dB(A)以上。当不能满足上述规定、其差值小于 3 dB(A)时,测量无效,在差值为 3 dB(A)～10 dB(A)时,进行修正。

5.4 工艺性能的检测

5.4.1 试验物料:应满足 4.4.1 中的要求。

5.4.2 粉碎效率:启动电源按钮,将 100 g 试验样品放入料斗中,调节进料风门,用秒表计时,检查在 1 min 内粉碎机能否粉碎完所有样品。

5.4.3 一次性粉碎细度:称取 50.0 g 试验样品进行粉碎,然后按 GB/T 5507 的规定过筛,称取并计算筛上物留存率。

5.4.4 磨腔留存物:称取 10 g～50 g 的试验样品,用粉碎机进行粉碎,样品粉碎完成后 20 s 内停机,打开磨门,仔细对磨腔内残留物收集进行称量。

5.4.5 磨腔内壁温升:在环境温度低于 20 ℃～30 ℃环境下,启动电源按钮,让粉碎机空转 30 min 后停机,立即打开活动磨腔门并用测温计测量磨腔锤片处内壁上、下、左、右 4 点的温度,取平均值作为测量值。

5.5 安全要求的检测

5.5.1 安全警示标志的检验:按 GBZ 158 规定的方法进行。

5.5.2 电气安全检验:按 GB 5226.1 的规定进行。

5.5.3 异常操作停机检验:在开机状态下,打开机箱门或磨门,目测电机是否停止运转。

6 检验规则

6.1 检验分类

分为出厂检验和型式检验两类。

6.2 出厂检验

6.2.1 每台产品应进行出厂检验,检验合格方可出厂。

6.2.2 出厂检验项目按4.3.3、4.4、4.5的规定执行。

6.3 型式检验

6.3.1 对产品进行全面考核,按第4章的规定执行。有下列情况之一的应进行型式检验:

a) 新产品投产时;

b) 产品投产后,在材料、制造工艺有较大改动,可能影响产品性能时;

c) 产品停产一年以上,恢复生产时;

d) 连续生产三年时;

e) 出厂检验结果与上次型式检验结果有较大差异时;

f) 国家有关质量管理部门提出检验要求时。

6.3.2 采取随机抽样,抽样数为5%,但不少于2台。

6.4 判定规则

6.4.1 型式检验结果应符合第5章的规定。

6.4.2 对任一台或任一项检验不符合规定的,允许修复一次后,加倍抽样复验,以复验结果为准。若仍不符合规定,则判定该批产品为不合格。

7 标志、标签

7.1 标志

7.1.1 应在明显位置固定产品标牌,标牌内容按GB/T 13306的规定执行。

7.1.2 外包装的包装储运图示标志按GB/T 191的规定执行。

7.2 标签

7.2.1 产品合格证应有下列内容:

a) 合格印章;

b) 检验员代号;

c) 检验日期;

d) 产品型号;

e) 出厂检验编号。

7.2.2 装箱单上应有下列内容:

a) 设备及配件名称;

b) 型号;

c) 数量。

8 包装、运输、储存

8.1 包装

8.1.1 产品的包装按GB/T 24854执行。

8.1.2 随机文件和工具:

——使用说明书;

——产品合格证;

——装箱清单；

——工具和附件。

8.2 运输

8.2.1 裸装产品在运输途中应遮盖。

8.2.2 吊卸、装载应按照外包装的图示标志进行。

8.3 储存

8.3.1 室内存放时，应通风良好、防潮，不应接近热源。

8.3.2 露天存放时，应防潮、防雨、防晒、防风。

附 录 A
（规范性附录）
型号编制方法

A.1 型号编制方法

由专业代号、品种代号、型式代号、规格代号等部分组成。

```
J  FS  C  □□□
│  │   │   └──────规格:锤片直径,单位为 mm;
│  │   └──────────型式:C 表示锤片式;
│  └──────────────品种:FS 表示为粉碎机;
└─────────────────专业:J 表示为试验检测仪器设备。
```

A.2 示例

JFSC 120:锤片直径为 120 mm 的检验用锤片式粉碎机。

ICS 67.260
X 91

中华人民共和国国家标准

GB/T 25237—2010

粮油机械　淀粉洗涤旋流器

Grain and oil machinery—Starch washing cyclone

2010-09-26 发布　　　　2011-03-01 实施

中华人民共和国国家质量监督检验检疫总局
中国国家标准化管理委员会　发布

前　言

本标准的附录 A 为规范性附录。

本标准由国家粮食局提出。

本标准由全国粮油标准化技术委员会归口。

本标准主要起草单位：国家粮食储备局武汉科学研究设计院、中粮集团生化能源事业部、温州康而达实业有限公司。

本标准主要起草人：徐兆勇、部培、卢煜、项伟。

粮油机械　淀粉洗涤旋流器

1　范围

本标准规定了淀粉洗涤旋流器的术语和定义、工作原理、产品型号及参数、技术要求、试验方法、检验规则、标志以及包装、储存和运输要求。

本标准适用于除去淀粉乳中所含的蛋白质及微小纤维的设备。

2　规范性引用文件

下列文件中的条款通过本标准的引用而成为本标准的条款。凡是注日期的引用文件，其随后所有的修改单(不包括勘误的内容)或修订版均不适用于本标准，然而，鼓励根据本标准达成协议的各方研究是否可使用这些文件的最新版本。凡是不注日期的引用文件，其最新版本适用于本标准。

GB/T 191　包装储运图示标志

GB/T 12091　淀粉及其衍生物氮含量测定方法

GB/T 13306　标牌

GB/T 24854　粮油机械　产品包装通用技术条件

GB/T 24855　粮油机械　装配通用技术条件

LS/T 3501.6　粮油加工机械通用技术条件　焊接件

3　术语和定义

下列术语和定义适用于本标准。

3.1

淀粉洗涤旋流器　starch washing cyclone

由不同数量旋流管组成的用以除去淀粉乳中所含的蛋白质及微小纤维并使末级淀粉乳增浓的设备。

4　工作原理

根据淀粉乳中淀粉和蛋白质及微小纤维密度的不同，在压力作用下，以切线方向进入旋流器的淀粉乳通过离心力作用使淀粉和杂质连续分离，淀粉浓度增加，而洗涤水以逆流方式逐级向前带走淀粉乳中所含杂质，从而除去淀粉乳中所含的蛋白质及微小纤维。

5　产品型号及基本参数

5.1　产品型号

产品型号的编制方法按附录A执行。

5.2　基本参数项目

在使用说明书等技术文件中，应明确告示的参数项目包括：型号规格、外形尺寸、生产能力、串联级数、配备泵的功率及流量等。

6　技术要求

6.1　一般要求

6.1.1　按照经规定程序批准的图样及技术文件制造，并应符合本标准的要求。

6.1.2 原材料、外购件应有产品合格证；外购流量计、压力表等还应经计量部门检定合格，经验收合格后方可安装使用。

6.1.3 外观整齐，漆层表面应牢固、完整、光洁、均匀和色调一致，不应有明显的外观缺陷。

6.1.4 各种标牌的字迹和刻度应清晰、整齐，固定牢固，不应歪斜。

6.1.5 不涂漆的外露金属表面应进行防锈处理。

6.1.6 旋流管应无可见气泡等缺陷，表面应光洁发亮。旋流管成型、冷却后需经油或水加热定型处理。

6.1.7 焊接件应符合 LS/T 3501.6 的规定。

6.2 机械性能要求

洗涤旋流器的装配应符合 GB/T 24855 的规定。要求密封性良好，各接合处应结合紧密不应有缝隙，正常工作时不应有渗漏。

6.3 工艺性能要求

当以玉米淀粉乳为原料时，进机的淀粉乳浓度（以干物质含量计）为 16%～23%（折合波美度 9°Bé～13°Bé），且操作条件为进出口压力差不小于 0.6 MPa 时，经数级旋流器洗涤后，淀粉乳浓度和淀粉乳中蛋白质含量应符合表 1 的规定。

表 1 淀粉洗涤旋流器工艺性能要求

项　　目		淀粉洗涤旋流器
末级旋流器出机淀粉乳浓度（以干物质含量计）/%		35～41（折合波美度 20°Bé～23°Bé）
末级旋流器出机淀粉乳蛋白质含量/%	≤	0.4

7 试验方法

7.1 试验条件和要求

7.1.1 试验场地和样机的安装应符合产品说明书的有关规定，并能满足试验要求。

7.1.2 试验用仪器、仪表和量具应按有关规定校验合格，并在有效使用期内。

7.1.3 在同一次试验过程中的机器操作和检测均应由固定的熟练操作人员进行操作。

7.2 一般要求检验

7.2.1 焊接检验：按 LS/T 3501.6 中规定的方法执行。

7.2.2 其他要求和参数检验：用常规方法或感官方法进行。

7.3 机械性能检验

7.3.1 洗涤旋流器的装配检验：按 GB/T 24855 规定的方法执行。

7.3.2 密封性能检验：用氯离子含量不大于 25 mg/kg 的水进行水压检验。检验步骤如下：

由洗涤旋流器进口注入水，同时打开出口阀门排出空气；待旋流器中水注满后，关闭出口阀门。从进口处，用压缩机加压至 0.8 MPa，保压 30 min 以上；然后将压力降至 0.64 MPa，再保持 60 min 以上。在保持 60 min 后，用手触摸或用吸水性能好的材料检查所有焊接接口和连接部位有无渗漏。

7.4 工艺性能测定

7.4.1 性能试验应在额定产量下进行。

7.4.2 试验原料为玉米淀粉乳，干物质含量或浓度应符合 6.3.1 的规定。

7.4.3 调节进出口压力，使进出口压力差不小于 0.6 MPa。

7.4.4 同一批物料测定应不少于两次。

在正常工作 1 h 后，在末级旋流器的出机口分三次取样，每次间隔 15 min。将三次样品混合均匀后分样，分别测定淀粉乳干物质含量和淀粉乳中蛋白质含量。

7.4.5 淀粉乳干物质含量测定：用波美比重计检测淀粉乳浓度。根据波美比重计读数查表计算淀粉乳干物质含量。

7.4.6 蛋白质含量测定：按 GB/T 12091 执行。

8 检验规则

8.1 检验分类

分为出厂检验和型式检验两类。

8.2 出厂检验

8.2.1 出厂检验项目为本标准 6.1 和 6.2。

8.2.2 出厂产品应逐台进行检验，检验合格方可出厂。

8.3 型式检验

8.3.1 对产品进行全面考核，按第 6 章的规定执行。有下列情况之一的应进行型式检验：

a) 新产品投产时；

b) 产品投产后，当材料、工艺有较大改动，可能影响产品性能时；

c) 产品停产一年以上，恢复生产时；

d) 连续生产三年时；

e) 出厂检验结果与上次型式检验结果有较大差异时；

f) 国家有关质量管理部门提出检验要求时。

8.3.2 采取随机抽样，抽样数为 5%，但不少于 2 台。

8.4 判定规则

8.4.1 型式检验结果应符合第 6 章的规定。

8.4.2 对任一台或任一项检验不符合规定的，允许修复一次后，加倍抽样复验，以复验结果为准。若仍不符合规定，则判定该批产品为不合格。

9 标志、包装、运输和储存

9.1 标志

9.1.1 在明显位置固定产品标牌，标牌内容按 GB/T 13306 的规定执行。

9.1.2 外包装的包装储运图示标志按 GB/T 191 的规定执行。

9.2 包装

9.2.1 按 GB/T 24854 的规定执行。

9.2.2 随机文件和工具：

——使用说明书；

——检验合格证；

——装箱单；

——工具和附件。

9.3 运输

9.3.1 裸装产品在运输途中应遮盖。

9.3.2 运输过程中的吊卸、装载应按外包装的图示标志进行。

9.4 储存

9.4.1 室内存放时，通风良好，注意防潮。

9.4.2 露天存放时，注意防潮、防雨、防晒、防风。

附　录　A
（规范性附录）
型号编制方法

A.1　型号编制方法

型号由专业代号、品种代号、型式代号以及产品的主要规格等四个部分组成。

D　XL　X　□×□

——主要规格：以旋流管直径及最大可配管数表示；

——型式：X，表示用途为洗涤；

——品种：XL，表示旋流器；

——专业：D，表示淀粉生产机械设备。

A.2　示例

DXLX 10×292：旋流管直径为 10 mm、最大可配管数为 292 的淀粉洗涤旋流器。

ICS 67.260
X 91

中华人民共和国国家标准

GB/T 25238—2010

粮油机械　重力曲筛

Grain and oil machinery—Gravity screen

2010-09-26 发布　　2011-03-01 实施

中华人民共和国国家质量监督检验检疫总局
中国国家标准化管理委员会　发布

前　言

本标准的附录A为规范性附录。

本标准由国家粮食局提出。

本标准由全国粮油标准化技术委员会归口。

本标准主要起草单位：国家粮食储备局武汉科学研究设计院、江苏宜兴宜淀机械设备有限公司。

本标准主要起草人：姜昭芬、陆祖明。

粮油机械　重力曲筛

1　范围

本标准规定了粮食机械重力曲筛的术语和定义、工作原理、型号及基本参数、技术要求、试验方法、检验规则、标志、包装、运输和储存要求。

本标准适用于淀粉加工中对各种湿物料进行筛分、脱水、洗涤和提取的重力曲筛设备。

2　规范性引用文件

下列文件中的条款通过本标准的引用而成为本标准的条款。凡是注日期的引用文件，其随后所有的修改单(不包括勘误的内容)或修订版均不适用于本标准，然而，鼓励根据本标准达成协议的各方研究是否可使用这些文件的最新版本。凡是不注日期的引用文件，其最新版本适用于本标准。

GB/T 191　包装储运图示标志

GB 4053.1　固定式钢梯及平台安全要求　第1部分：钢直梯

GB 4053.2　固定式钢梯及平台安全要求　第2部分：钢斜梯

GB 4053.3　固定式钢梯及平台安全要求　第3部分：工业防护栏杆及钢平台

GB/T 10362　粮油检验　玉米水分测定

GB/T 13306　标牌

GB 16798　食品机械安全卫生

GB/T 24854　粮油机械　产品包装通用技术条件

GB/T 24855　粮油机械　装配通用技术条件

GB/T 24856　粮油机械　铸件通用技术条件

GB/T 24857　粮油机械　板件、板型钢构件通用技术条件

GB/T 25218　粮油机械　产品涂装通用技术条件

GBZ 158　工作场所职业病危害警示标识

LS/T 3501.6　粮油加工机械通用技术条件　焊接件

3　术语和定义

下列术语和定义适用于本标准。

3.1

重力曲筛　gravity screen

依靠重力和离心力对湿物料进行筛分或洗涤的静止筛理设备。它主要由进料装置、筛面、筛箱、出料口及支架等组成。

3.2

弧形筛面　arc screen surface

由不锈钢楔形筛条拼制而成的弧形筛面，重力曲筛标准筛面圆弧度为50°。

4　工作原理

湿物料以一定速度均匀地由溢流坝溢出，从切线方向引入筛面，湿物料均匀流经筛面过滤，即料液与筛缝成直角经过弧形筛面，细小的颗粒及液流落入筛缝下面，粗粒物料则从筛面上流走，以达到筛分或洗涤的分离过程。

5 型号及基本参数

5.1 型号的编制方法

按附录A执行。

5.2 基本参数

各种型号的重力曲筛的基本参数见表1。

表1 基本参数

项目	型号[a]				
	DQSZ60×80	DQSZ80×80	DQSZ100×80	DQSZ120×80	DQSZ150×80
筛面圆弧度/(°)	50				
筛面长度/mm	800				
筛面宽度/mm	600	800	1 000	1 200	1 500
筛面曲率半径/mm	917				
物料溢流高度/mm	520				
筛理面积/m^2	0.48	0.64	0.80	0.96	1.20
筛面筛缝间隙/mm	0.16～3.0,根据工艺要求制定				
筛面筛条宽度/mm	2.2～2.65				
注：重力曲筛的基本参数参照表1,但不仅限于此。					
[a] 见附录A。					

6 技术要求

6.1 一般要求

6.1.1 按照经规定程序批准的图样及技术文件制造。

6.1.2 原材料、外购件、外协件等应附有合格证,经验收合格后才能使用。

6.1.3 筛面和箱体应采用耐磨、耐腐蚀的不锈钢板材。

6.1.4 板件、板型钢构件应符合GB/T 24857的规定。

6.1.5 铸件应符合GB/T 24856的规定。

6.1.6 装配应符合GB/T 24855的规定。

6.1.7 产品涂装应符合GB/T 25218的规定。

6.1.8 焊接质量应符合LS/T 3501.6的规定。

6.2 机械性能

6.2.1 筛面筛缝间隙按设计技术要求规定尺寸,筛缝误差应不大于10%,筛丝的精度要求应在0.01 mm以内。

6.2.2 筛面外观质量及光洁度要求:筛面应光滑、平整,焊接牢固,表面粗糙度应在1.6以下。

6.2.3 筛箱箱体表面平整光洁,焊接整齐牢固,箱门密封性好。

6.3 工艺性能

当以玉米为原料加工淀粉时:浸泡后玉米经重力曲筛脱水后,玉米含水量应不大于45%;湿玉米胚芽,湿玉米纤维各自经重力曲筛洗涤后,湿玉米胚芽含水量应不大于80%,湿玉米纤维含水量应不大于95%。

6.4 安全要求

6.4.1 安全警示标志按GBZ 158的规定执行。

6.4.2 操作用钢直梯、钢斜梯、防护栏杆和钢平台按 GB 4053.1～GB 4053.3 的规定执行。

6.5 卫生要求

接触物料的原材料与加工表面应符合 GB 16798 的规定。

7 试验方法

7.1 试验条件和要求

7.1.1 试验场地和样机的安装应符合产品说明书的有关规定,并满足性能试验要求。

7.1.2 试验用仪器、仪表和量具应按有关规定检验合格,并在有效使用期内。

7.1.3 在同一次试验过程中的样机操作和检测均应由固定的熟练操作人员进行操作。

7.1.4 同一批物料试验测定应不少于两次。

7.2 机械性能测定

7.2.1 筛面光洁度要求,采用表面粗糙度样块进行检验。

7.2.2 曲筛箱体密封性检验:加水试用 20 min,检查有无渗漏。

7.2.3 筛面筛缝尺寸要求,采用塞尺检验。

7.3 工艺性能的测定方法

7.3.1 性能试验应在额定生产能力下进行。

7.3.2 试验用物料为浸泡后的湿玉米,或待洗涤的湿玉米胚芽或湿玉米纤维。

7.3.3 当实验曲筛空载运转正常后,按额定生产能力条件下投料,进行正式试验。至少一个湿玉米脱水周期或湿玉米胚芽和湿玉米纤维一个洗涤周期后,随机在重力曲筛筛上物出料口取样 1 kg,按 GB/T 10362 测定筛上物的含水量。

7.3.4 样品含水量按式(1)计算:

$$T=\frac{m_1-m_2}{m_1}\times 100\% \qquad \cdots\cdots(1)$$

式中:

T——样品含水量(质量分数);

m_1——所取样品质量,单位为克(g);

m_2——样品经烘干后的质量,单位为克(g)。

7.4 其他要求和参数测定

6.1、6.2、6.4 和 6.5 中,有引用标准的按其标准规定的方法检测;其他项目采用常规检验或感官检验。

8 检验规则

8.1 检验分类

分为出厂检验和型式检验两类。

8.2 出厂检验

8.2.1 出厂检验项目按 6.1、6.2、6.4、6.5 执行。

8.2.2 每批出厂产品应进行检验,产品合格后,方可出厂。

8.3 型式检验

8.3.1 对产品进行全面考核,按第 6 章的规定执行。有下列情况之一的应进行型式检验:

a) 新产品投产时;

b) 产品投产后,当材料、工艺有较大改动,可能影响产品性能时;

c) 产品停产一年以上,恢复生产时;

d) 连续生产三年时;

e) 出厂检验结果与上次型式检验结果有较大差异时；

f) 国家有关质量管理部门提出检验要求时。

8.3.2 采取随机抽样，抽样数为5%，但不少于2台。

8.4 判定规则

8.4.1 型式检验结果应符合第6章的规定。

8.4.2 对任一台或任一项检验不符合规定的，允许修复一次后，加倍抽样复验，以复验结果为准。若仍不符合规定，则判定该批产品为不合格。

9 标志、包装、运输和储存

9.1 标志

9.1.1 在明显位置固定产品标牌，标牌内容按GB/T 13306的规定执行。

9.1.2 外包装的包装储运图示标志按GB/T 191的规定执行。

9.2 包装

9.2.1 按GB/T 24854的规定执行。

9.2.2 随机文件和工具：

——使用说明书；

——检验合格证；

——装箱单；

——工具和附件。

9.3 运输

9.3.1 裸装产品在运输途中应遮盖。

9.3.2 运输过程中的吊卸、装载应注意外包装的图示标志。

9.4 储存

9.4.1 室内存放时，通风良好，注意防潮。

9.4.2 露天存放时，注意防潮、防雨、防晒、防风。

附　录　A
（规范性附录）
型号的编制方法

A.1　型号编制方法

型号由专业代号、品种代号、型式代号以及产品的主要规格等四个部分组成。

D　QS　Z　□□×□□　□°

- □□×□□　□°——主要规格：筛面宽度 cm×筛面长度 cm；筛面圆弧度；
- Z——型式：Z 表示重力型；
- QS——品种：QS 表示曲筛；
- D——专业：D 表示淀粉设备。

A.2　示例

DQSZ60×80 型 50°筛面宽度为 60 cm，筛面长度为 80 cm 的 50°重力曲筛。

ICS 67.260
X 91

中华人民共和国国家标准

GB/T 25239—2010

粮油机械　微量喂料器

Grain and oil machinery—Micro-feeder

2010-09-26 发布　　2011-03-01 实施

中华人民共和国国家质量监督检验检疫总局
中国国家标准化管理委员会　发布

前　言

本标准的附录 A、附录 B 为规范性附录。

本标准由国家粮食局提出。

本标准由全国粮油标准化技术委员会归口。

本标准由河南工业大学负责起草，开封市茂盛机械有限公司、郑州海韦力食品有限公司参加起草。

本标准主要起草人：武文斌、王凤成、原富林、薛永梅。

粮油机械　微量喂料器

1　范围

本标准规定了微量喂料器的术语和定义、工作原理、型号及基本参数、技术要求、试验方法、检验规则、标志、包装、运输和储存。

本标准适用于输送微量物料的螺旋(单、双螺杆)喂料器。

2　规范性引用文件

下列文件中的条款通过本标准的引用而成为本标准的条款。凡是注日期的引用文件,其随后所有的修改单(不包括勘误的内容)或修订版均不适用于本标准,然而,鼓励根据本标准达成协议的各方研究是否可使用这些文件的最新版本。凡是不注日期的引用文件,其最新版本适用于本标准。

GB/T 191　包装储运图示标志

GB/T 3768　声学　声压法测定噪声源声功率级　反射面上方采用包络测量表面的简易法

GB 5226.1　机械电气安全　机械电气设备　第1部分:通用技术条件

GB/T 13306　标牌

GB 16798　食品机械安全卫生

GB/T 24855　粮油机械　装配通用技术条件

GB/T 25218　粮油机械　产品涂装通用技术条件

GBZ 158　工作场所职业病危害警示标识

3　术语和定义

下列术语和定义适用于本标准。

3.1

微量喂料器　micro-feeder

利用螺旋旋转实现连续、均匀输送添加物料的机械。

3.2

喂料变异系数　coefficient of variance (C. V)

连续喂料的标准差率。即物料流量标准差与物料流量平均值的比值。

4　工作原理

依靠螺旋转速调节物料流量,在粮油产品加工的特定工序定量、连续、稳定地输送添加物料。

5　型号及基本参数

5.1　型号的编制方法

按附录A执行。

5.2　基本参数项目

基本参数项目包括型号规格、螺旋直径、喂料量范围、电机功率、电压、设备重量、外形尺寸。在使用说明书等技术文件中应明确标明。

6 技术要求

6.1 一般要求

6.1.1 应符合本标准的要求，并按经规定程序批准的图样和技术文件制造。

6.1.2 所有外购件和外协件应有产品合格证明文件，经验收合格后方可进行装配。

6.1.3 所有与物料接触的零部件材料均应符合 GB 16798 的规定。

6.1.4 料斗内部不应有死角，清空不应出现残留，清扫要简单方便。

6.1.5 零部件装配应准确可靠，紧固件连接牢固、无松动现象，运动件应运转自如，无异常轴向窜动，应符合 GB/T 24855 的规定。

6.1.6 机体及部件表面应平整，外表面涂装应符合 GB/T 25218 的规定；电镀件镀层应均匀、颜色一致，不应有磕碰、划伤、锈蚀等现象。

6.2 机械性能要求

6.2.1 整机运行平稳，动作灵活，无卡滞及干涉现象。

6.2.2 调速控制性能应准确、可靠。应有防止物料结拱装置并应设有故障报警装置。

6.2.3 料斗与传动装置处密封性要好，防止物料外泄到传动轴承。

6.2.4 机器装配完成后，应进行不少于 48 h 的空载运转，并应保证不应有异常声响和振动。

6.2.5 正常运转中，螺旋轴承温升不超过 25 ℃。

6.2.6 正常运转产生的噪声应小于 75 dB(A)。

6.3 工艺性能要求

6.3.1 工作环境：相对湿度不大于 85%；环境温度在 −5 ℃～45 ℃之间。

6.3.2 输送物料为粉状，粗细度不大于 0.15 mm。

6.3.3 当喂料流量大于 10 g/min 时，喂料均匀度的变异系数(C.V)应不大于 5%；当喂料流量不大于 10 g/min 时，喂料均匀度的变异系数(C.V)应不大于 8%。

6.4 安全性要求

6.4.1 安全警示标志按 GBZ 158 的规定执行。

6.4.2 电气安全应符合 GB 5226.1 的规定。

6.4.3 应有电机过载保护和紧急停车装置。

7 试验方法

7.1 试验条件和要求

7.1.1 试验条件和环境应满足 6.3.1 和 6.3.2 的要求。

7.1.2 试验用仪器和量具应校验合格，在有效期内。

7.1.3 试验过程中的机器操作和检测均应由熟练操作人员进行。

7.2 机械性能检测

7.2.1 轴承温升检验

空载运转 48 h 后，用测温计测量螺旋轴承外壳处温度，并计算测量温度与环境温度之差。

7.2.2 噪声检验

空载运转 2 h 后，按 GB/T 3768 执行。

7.3 其他参数和要求检测

对于 6.1、6.2、6.4 的检验，给定标准的按标准规定的方法检验，其他的采用常规方法和感官方法进行检验。

7.4 工艺性能检测

按附录 B 执行。

8 检验规则

8.1 检验分类

分为出厂检验和型式检验两类。

8.2 出厂检验

8.2.1 出厂检验项目按6.1、6.2、6.4的规定执行。

8.2.2 出厂产品应逐台进行检验,检验合格后,方可出厂。

8.3 型式检验

8.3.1 有下列情况之一时,应进行型式检验:

a) 新产品投产鉴定时;

b) 正式生产后,因产品的结构、材料、器件、工艺等方面有较大改变,可能影响产品性能时;

c) 停产一年以上,恢复生产时;

d) 出厂检验结果与上次型式检验结果有较大差异时;

e) 正常生产每两年进行一次型式检验;

f) 国家技术监督机构指令进行型式检验要求时。

8.3.2 型式检验采取随机抽样,抽样数为5%,但不少于2台。

8.4 判定规则

8.4.1 型式检验结果应符合第6章的规定。

8.4.2 对任一台或任一项检验不符合规定的,允许修复一次后,加倍抽样复验,以复验结果为准。若仍不符合规定,则判定该批产品为不合格。

9 标志、包装、运输和储存

9.1 标志

9.1.1 在明显部位应有固定标牌,其要求应符合GB/T 13306的规定。

9.1.2 包装储运图示标志应符合GB/T 191的规定。

9.2 包装

微量喂料器应牢固地安放在包装箱内,套上塑料罩,四周加防护泡沫塑料板。产品随机文件及附件装入塑料袋,并放在包装箱内,随机文件及工具包括:

a) 产品使用说明书;

b) 产品合格证;

c) 装箱单;

d) 随机附件和工具。

9.3 运输

包装好的产品在运输过程中应固定,避免机械碰撞,防止剧烈震动损坏机件,应注意防雨雪侵蚀。

9.4 储存

9.4.1 室内存放时,产品应放置在通风、干燥的地方,不应接近热源。

9.4.2 露天存放应有防雨、防潮、防晒的措施。

附　录　A
（规范性附录）
型号编制方法

A.1　型号编制方法

T　WL　L　□-□

- □-□——产品规格：表示螺旋直径(cm)— 螺旋数(个)；
- L——型式：表示螺旋喂料器；
- WL——品种：表示微量喂料；
- T——专业：表示通用机械设备。

A.2　示例

TWLL4-1：表示螺旋直径为 40 mm 的单螺旋微量喂料器。

附 录 B
（规范性附录）
微量喂料器工艺性能检测

B.1 试验条件和要求

应符合7.1的规定。

B.2 试验用物料

应符合6.3.2的规定，足够2 h的试验用量。

B.3 试验顺序

空载运转48 h后，开始带料试验。

B.4 操作步骤

首先，把旋钮调节到说明书上明示的喂料范围内某一流量的位置上，开启电源，机器运转正常、物料输送正常时，开始用秒表计时，在喂料器出口处接料，60 min为一个检测周期，每隔5 min接一次料，每次接60 s，共接10次。每次接取的物料为1个独立样品单独用天平(感量0.1 g)称量并记录。以此作为该喂料器在某一转速上的流量，单位为g/min。

按照上述操作步骤，对试验样机进行至少2组(即喂料量大于10 g/min和喂料量不大于10 g/min)平行试验，分别记录每次的流量测定值，按流量测定值计算喂料均匀度。

B.5 喂料均匀度结果的计算

喂料均匀度由式(B.1)计算：

$$C.V=\frac{S}{\overline{X}}\times 100\% \quad\cdots\cdots(B.1)$$

式(B.1)中：

$C.V$——喂料均匀度，以变异系数表示；

S——样机流量的标准差，由式(B.2)计算所得；

$\overline{X}$——样机流量的平均值，由式(B.3)计算所得。

$$S=\sqrt{\frac{(X_1-\overline{X})^2+(X_2-\overline{X})^2+(X_3-\overline{X})^2+\cdots+(X_{10}-\overline{X})^2}{n-1}} \quad\cdots\cdots(B.2)$$

$$\overline{X}=\frac{X_1+X_2+X_3+\cdots+X_{10}}{n} \quad\cdots\cdots(B.3)$$

式(B.2)、(B.3)中：

$X_1,\cdots X_n$——样机n次流量测定值；

N——样机流量测定的总次数。

计算结果保留小数点后1位。

ICS 65.160
X 87

中华人民共和国国家标准

GB/T 25240—2010

烟草包衣丸化种子

Pelleted seed of tobacco

2010-09-26 发布 2011-01-01 实施

中华人民共和国国家质量监督检验检疫总局
中国国家标准化管理委员会 发布

前　言

本标准是在 YC/T 141—1998《烟草包衣丸化种子》的基础上进行的修订。

本标准的附录 A 为规范性附录，附录 B 为资料性附录。

本标准由国家烟草专卖局提出。

本标准由全国烟草标准化技术委员会农业分技术委员会(SAC/TC 144/SC 2)归口。

本标准起草单位：中国烟叶公司、玉溪中烟种子有限责任公司、云南省烟草农业科学研究院。

本标准主要起草人：刘建利、李永平、马文广、郑昀晔、宋利民、余砚碧、陈云松。

烟草包衣丸化种子

1 范围

本标准规定了烟草包衣丸化种子的定义、技术要求、检验方法及规程、包装与标识等。

本标准适用于烟草包衣丸化种子。

2 规范性引用文件

下列文件中的条款通过本标准的引用而成为本标准的条款。凡是注日期的引用文件，其随后所有的修改单(不包括勘误的内容)或修订版均不适用于本标准，然而，鼓励根据本标准达成协议的各方研究是否可使用这些文件的最新版本。凡是不注日期的引用文件，其最新版本适用于本标准。

GB/T 21138 烟草种子

YC/T 20 烟草种子检验规程

YC/T 22 烟草种子贮藏与运输

3 术语和定义

下列术语和定义适用于本标准。

3.1

烟草包衣丸化种子 pelleted seed of tobacco

用种衣剂包裹后形成丸粒化的烟草种子。

3.2

发芽势 germination energy

烟草包衣丸化种子发芽初期(7 d)正常发芽种子数占供检包衣丸化种子数的百分率，用%表示。

3.3

发芽率 germination percent

烟草包衣丸化种子在发芽终期(14 d)全部正常发芽种子数占供检包衣丸化种子数的百分率，用%表示。

3.4

含水量 moisture content

烟草包衣丸化种子样品中水分的质量占供检包衣丸化种子样品质量的百分率，用%表示。

3.5

有籽率 seed containing rate

烟草包衣丸化种子有裸种的粒数占被检验包衣丸化种子总粒数的百分率，用%表示。

3.6

单籽率 single seed rate

每粒烟草包衣丸化种子中只有单粒裸种的粒数占被检验包衣丸化种子总粒数的百分率，用%表示。

3.7

裂解率 splitting decomposition rate

烟草包衣丸化种子置于湿润滤纸上，3 min 内包衣(种衣剂)裂解的粒数占供试包衣丸化种子总粒数的百分率，用%表示。

3.8

单粒抗压强度 single pellet compressive strength

平均每粒烟草包衣丸化种子所能承受的最大压力，单位为牛顿。

3.9

包衣丸化种子粒径 pelleted seed diameter

烟草包衣丸化种子的直径，单位为毫米。

3.10

均匀度 uniformity

符合粒径要求的烟草包衣丸化种子数占包衣丸化种子总试样的百分率，用%表示。

4 质量要求

4.1 用于包衣丸化的烟草种子质量要求应符合GB/T 21138中原种和一级良种的有关规定。

4.2 烟草包衣丸化种子技术要求见表1。

表1 烟草包衣丸化种子技术要求

指标	要求
发芽势/%	≥90.0
发芽率/%	≥92.0
含水量/%	≤3.0
单籽率/%	≥98.0
有籽率/%	≥99.0
裂解率/%	≥99.0
包衣丸化种子粒径/mm	1.6～1.8
单粒抗压强度/N	1.0～3.0
均匀度/%	≥95.0

5 检验方法

5.1 发芽势和发芽率

发芽势和发芽率的测定按YC/T 20的规定执行。

5.2 水分

水分的测定按YC/T 20的规定执行。

5.3 有籽率和单籽率测定

5.3.1 设备

a) 培养皿；

b) 滤纸；

c) 细尖玻棒。

5.3.2 测定方法

将100粒烟草包衣丸化种子均匀地置于培养皿[5.3.1a)]内湿润滤纸[5.3.1b)]上，3 min后，用细尖玻棒[5.3.1c)]扒开包衣粉料，观察每粒包衣丸化种子内烟草裸种的粒数。有裸种的计入有籽率，只有单粒裸种的计入单籽率。有籽率和单籽率分别按式(1)和式(2)进行计算：

$$有籽率 = \frac{有籽粒数}{100} \times 100\% \quad \cdots\cdots(1)$$

$$单籽率=\frac{单籽粒数}{100}\times 100\% \quad \cdots\cdots(2)$$

5.4 裂解率测定

5.4.1 设备

同5.3.1。

5.4.2 测定方法

取烟草包衣丸化种子100粒，均匀置于培养皿[5.3.1a)]内湿润滤纸[5.3.1b)]上，3 min后观察裂解情况，单籽裂解显示为包衣丸化种子开裂。裂解率按式(3)进行计算：

$$裂解率=\frac{3\ \mathrm{min}内包衣丸化种子裂解数}{100}\times 100\% \quad \cdots\cdots(3)$$

5.5 单粒抗压强度测定

5.5.1 设备

颗粒强度测定仪，感量0.1 N。

5.5.2 测定方法

取烟草包衣丸化种子100粒，用颗粒强度测定仪(5.5.1)逐个测定包衣丸化种子被压碎时的最大压力，以牛顿为单位，精确到0.1 N。单粒抗压强度按式(4)计算：

$$单粒抗压强度=\frac{100粒包衣丸化种子所能承受的最大压力之和}{100} \quad \cdots\cdots(4)$$

5.6 包衣丸化种子粒径测定

5.6.1 设备

游标卡尺，精确度0.1 mm。

5.6.2 测定方法

取烟草包衣丸化种子100粒，用游标卡尺(5.6.1)测定每一粒包衣丸化种子的直径，计算平均值，以毫米为单位，精确到0.1 mm。

5.7 均匀度测定

5.7.1 设备

游标卡尺，精确度0.1 mm。

5.7.2 测定方法

取烟草包衣丸化种子100粒，用游标卡尺(5.7.1)逐个测定包衣丸化种子的直径，以毫米为单位，精确到0.1 mm，计算符合粒径要求的包衣丸化种子的百分率。均匀度按式(5)计算：

$$均匀度=\frac{符合粒径要求的包衣丸化种子数}{100}\times 100\% \quad \cdots\cdots(5)$$

6 检验规则

6.1 取样

从同批生产不同包装的不同部位分别取样，每次取出的种子为初次样品(样本少时初次样品即为送检样品)。

将各初次样品放到一个适当容器内混匀，即为混合样品(也称原始样品)。

从混合样品中取样，质量不少于1 000 g，即为送检样品。

检验方法按第5章执行，并填写包衣种子质量检验报告单，报告单格式见附录A。

6.2 判定

6.2.1 发芽势和发芽率的合格判定

若测试的结果达不到表1的要求，则该批烟草包衣丸化种子发芽势和发芽率不合格。

6.2.2　**水分的合格判定**

取送检样品 10 g，重复测定三次，若其平均值达不到表 1 的要求，则该批烟草包衣丸化种子水分不合格。

6.2.3　**有籽率和单籽率的合格判定**

每样品取 100 粒，重复测定三次，取平均值。若测试结果达不到表 1 的要求，则该批烟草包衣丸化种子有籽率、单籽率不合格。

6.2.4　**裂解率的合格判定**

每样品取 100 粒，重复测定三次，取平均值。若测试结果达不到表 1 的要求，则该批烟草包衣丸化种子裂解率不合格。

6.2.5　**包衣丸化种子粒径的合格判定**

每样品取 100 粒，重复测定三次，取平均值。若测试结果达不到表 1 的要求，则该批烟草包衣丸化种子粒径不合格。

6.2.6　**单粒抗压强度的合格判定**

每样品取 100 粒测定单粒抗压强度，重复测定三次，取平均值。若测试结果达不到表 1 的要求，则该批烟草包衣丸化种子单粒抗压强度不合格。

6.2.7　**均匀度的合格判定**

每样品取 100 粒，重复测定三次，取平均值。若测试结果达不到表 1 的要求，则该批烟草包衣丸化种子的均匀度不合格。

6.3　**复检**

在检验时如有不符合技术要求的项目，应在同批产品中双倍抽样复检。复检按第 5 章和第 6 章进行。若复检全部合格，则该批烟草包衣丸化种子合格；若复检结果有一项及以上不合格，则该批烟草包衣丸化种子不合格。

7　包装与标识

7.1　包装

7.1.1　**包装类型**

袋装及箱装。

7.1.2　**包装材料**

聚酯(PET)(10 μm)、聚乙烯(PE)复合膜和纸箱板(3 mm)。

7.1.3　**包装规格**

用聚酯、聚乙烯复合膜袋装，集袋成箱。袋装容量 5 000 粒，纸箱可装 300 袋。

7.2　包装标识

7.2.1　**标识**

以中国烟草(China Tobacco)的图案为标识，见图 1。

图 1　中国烟草标识

7.2.2 **标识内容**

种子袋和纸箱外部要标明生产企业、执行标准编号、品种名称、生产日期和批次号等。纸箱内放入合格证及品种说明书。

7.3 **品种说明书**

应标注品种名称、品种简介，示意图参见附录 B。

7.4 **合格证**

应标注品种名称、类别、检验员、日期和经营单位，加盖合格印章，示意图参见附录 B。

7.5 **包装袋封面**

包装袋封面示意图参见附录 B。

7.6 **纸箱封面**

纸箱封面示意图参见附录 B。

8 运输

按 YC/T 22 规定执行。

附　录　A
（规范性附录）
包衣种子质量检验报告单

编号：

<table>
<tr><td>品种名称</td><td colspan="2"></td><td>产地</td><td></td><td>生产日期</td><td></td></tr>
<tr><td rowspan="5">包衣丸化种子</td><td>含水量/%</td><td colspan="5"></td></tr>
<tr><td>单籽率/%</td><td></td><td>有籽率/%</td><td colspan="3"></td></tr>
<tr><td>裂解率/%</td><td></td><td>单粒抗压强度/N</td><td colspan="3"></td></tr>
<tr><td>均匀度/%</td><td></td><td>包衣丸化种子粒径/mm</td><td colspan="3"></td></tr>
<tr><td>发芽势/%</td><td></td><td>发芽率/%</td><td colspan="3"></td></tr>
<tr><td>合格判定</td><td colspan="6"></td></tr>
</table>

检验单位(盖章)：

检验员(签字)：

检验日期：

附　录　B
（资料性附录）
包装标识示意图

品种说明书设计示意图、合格证设计示意图、包装袋封面设计示意图、纸箱封面设计示意图见图 B.1、图 B.2、图 B.3 和图 B.4。

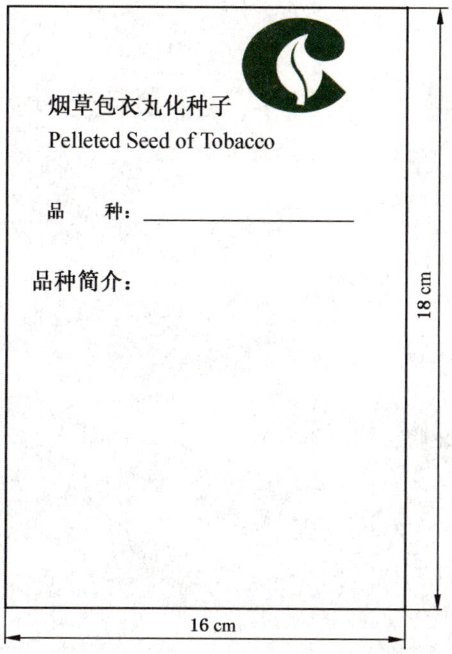

图 B.1　品种说明书设计示意图

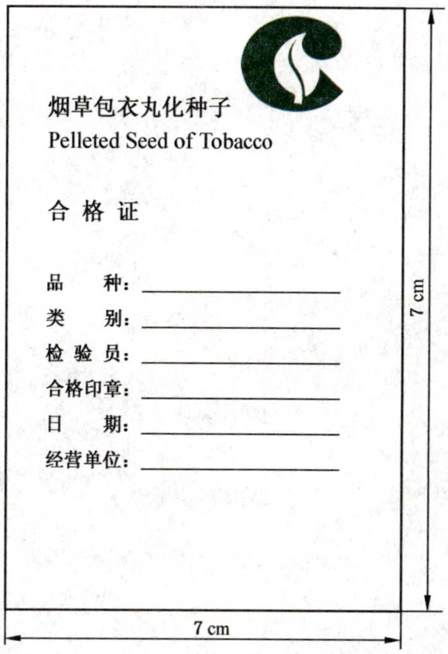

图 B.2　合格证设计示意图

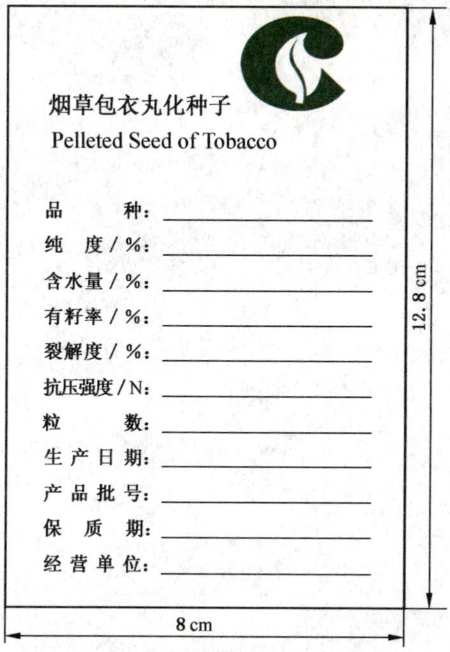

图 B.3　包装袋封面设计示意图

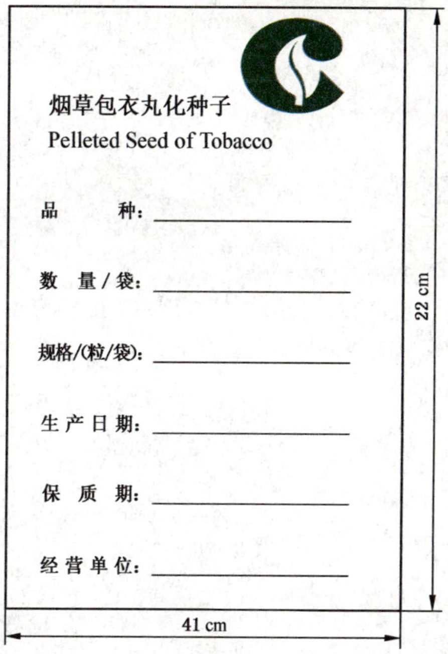

图 B.4　纸箱封面设计示意图

ICS 65.160
X 87

中华人民共和国国家标准

GB/T 25241.1—2010

烟草集约化育苗技术规程 第1部分：漂浮育苗

Rules for tobacco intensive seedling production—Part 1:Seedling with float system

2010-09-26 发布　　2011-01-01 实施

中华人民共和国国家质量监督检验检疫总局
中国国家标准化管理委员会　发布

前　言

GB/T 25241《烟草集约化育苗技术规程》分为三个部分：

——第 1 部分：漂浮育苗；

——第 2 部分：托盘育苗；

——第 3 部分：砂培育苗。

本部分为 GB/T 25241 的第 1 部分。

本部分由国家烟草专卖局提出。

本部分由全国烟草标准化技术委员会农业分技术委员会(SAC/TC 144/SC 2)归口。

本部分起草单位：中国烟叶公司、河南农业大学、云南省烟草农业科学研究院。

本部分主要起草人：刘建利、时向东、刘国顺、王刚、杨宇虹。

烟草集约化育苗技术规程
第1部分:漂浮育苗

1 范围

GB/T 25241的本部分规定了烟草漂浮育苗成苗要求及育苗技术。

本部分适应于烟草漂浮育苗生产。

2 规范性引用文件

下列文件中的条款通过GB/T 25241的本部分的引用而成为本部分的条款。凡是注日期的引用文件,其随后所有的修改单(不包括勘误的内容)或修订版均不适用于本部分,然而,鼓励根据本部分达成协议的各方研究是否可使用这些文件的最新版本。凡是不注日期的引用文件,其最新版本适用于本部分。

GB 4455 农业用聚乙烯吹塑棚膜

GB/T 18621 温室通风降温设计规范

GB/T 18622 温室结构设计荷载

GB/T 20202 农业用乙烯-乙酸乙烯酯共聚物(EVA)吹塑棚膜

GB/T 25240 烟草包衣丸化种子

JB/T 10286 日光温室结构

JB/T 10288 连栋温室结构

YC/T 310 烟草漂浮育苗基质

3 术语和定义

下列术语和定义适用于GB/T 25241的本部分。

3.1

漂浮育苗 seedling with float system

在温室或塑料棚内利用成型的聚苯乙烯格盘作为载体,装填以人工配制的适宜基质后,将格盘漂浮于含有营养成分的育苗池水中,完成种子的萌发及成苗过程的烟草育苗方式。

3.2

苗龄 seedling age

从出苗期至成苗的天数。

4 成苗要求

苗龄55 d～75 d,单株叶数6片～8片,茎高10 cm～15 cm,茎围1.8 cm～2.2 cm。烟苗健壮无病虫害,叶色正绿,根系发达,茎秆柔韧性好,烟苗群体均匀整齐。

5 育苗场地选择及周边设施

5.1 苗棚选址

5.1.1 选择建棚场地时,应根据种烟面积建造苗棚。

5.1.2 苗棚选址应在避风向阳,小气候利于保温,地势平坦,靠近洁净水源(井水、自来水),交通方便的地方。

5.1.3 不应在马铃薯地、蔬菜地(特别是番茄、辣椒等)、油菜地建造苗棚;不应在风口处、山脚下、地下水位较高的地方建造苗棚。并应远离烟草生产场所。

5.2 周边设施

育苗区域应有以下设施:

——隔离带;

——禁止吸烟警示牌;

——入口处应设鞋底消毒池和洗手池;

——病残体和苗床垃圾处理设施。

6 育苗设施与材料

6.1 苗棚的建造

苗棚的建造应符合 GB/T 18621、GB/T 18622、JB/T 10286、JB/T 10288 的要求。

6.2 格盘

采用聚苯乙烯泡沫格盘,单穴容积约 27 mL,单钵呈倒梯台状,底部小孔直径 0.5 cm~0.6 cm。

6.3 育苗池

育苗池为长方形,面积根据各地格盘的规格而定,深度为 5 cm~20 cm。育苗池底部平整拍实,宜用除草剂和杀虫剂喷洒池底。用 0.10 mm~0.12 mm 的黑色薄膜铺底。也可采用成型的育苗池。

6.4 覆盖物

6.4.1 防虫网

应采用 0.425 mm~0.600 mm(30 目~40 目)白色尼龙网。

6.4.2 棚膜

棚膜质量要求按 GB 4455 和 GB/T 20202 的规定执行。

6.4.3 遮阳网

在光照较强的烟区宜使用遮光率 70%~80%的黑色遮阳网。

6.4.4 保温材料

应备有育苗棚保温用保温材料,如草帘。

7 水源和水质

苗床用水应清洁、无污染,宜进行水质分析,漂浮育苗水质要求见表 1。可用自来水、井水,不应使用坑塘水或污染的河水。

表 1 烟草漂浮育苗水质成分允许范围

指 标	要 求
pH	6.0~7.0
碱度/(mg/kg)	50~100
硝态氮/(mg/kg)	0~5.0
磷/(mg/kg)	0~5.0
钾/(mg/kg)	0~5.0
钙/(mg/kg)	40~100
锌/(mg/kg)	15~50
铜/(mg/kg)	0~2.0
铁/(mg/kg)	0~2.0
锰/(mg/kg)	0~2.0

8 基质

按 YC/T 310 中的规定执行。

9 基质装盘和播种

9.1 基质装盘

9.1.1 装盘原则:均匀一致,松紧适度。

9.1.2 选择平整、卫生的场地作为装盘场地。装盘前湿润基质,使基质含水量达到30%~40%。检查并充实未装满基质的育苗孔。应防止装填过于紧实。装填、播种、入池应在1 d内完成。

9.2 播种

9.2.1 种子

选用包衣种子,按 GB/T 25240 的规定执行。

9.2.2 播种时间

根据苗龄和移栽时间往前推算播种时间。

9.2.3 播种量

人工或者机械播种,每穴播1粒包衣种子。

9.2.4 覆盖

均匀覆盖约2 mm厚基质。

10 营养管理

根据水的容量决定施入肥料的量。

出苗后(或者播种前)施入烟草漂浮育苗专用肥,使苗池水中氮素浓度达到100 mg/kg。烟苗5片~7片真叶期加1次~2次肥料,肥料用量同前。每次施肥时检查苗池水位,若水位下降应注入清水至起始水位。

11 苗棚管理

11.1 温湿度管理

11.1.1 温度管理

从播种到出苗,棚内温度控制在20 ℃~28 ℃,以获得最大的出苗率。

在烟苗大十字以前,以保温为主,棚内温度应控制在30 ℃以内,若低于15 ℃,应及时采取保温措施。而大十字以后,棚内温度应控制在35 ℃以内,若高于此,则应及时采用通风、换气、遮荫等方法降温。

11.1.2 湿度管理

播种到齐苗控制棚内相对湿度在85%左右,小十字期控制棚内湿度在75%左右,大十字期以后保持55%~65%。当湿度偏小时,延长密闭棚膜的时间,减少通风次数;当湿度偏大时,增加通风次数或延长通风时间。使烟苗始终在比较适宜的温湿度条件下生长,增强烟苗抗逆能力。

11.2 剪叶

剪叶时操作人员和剪叶工具应严格消毒。

封盘后开始剪叶,在距生长点3 cm以上位置。视烟苗的大小和长势修剪3次~5次。

剪叶应在叶片无露水时进行。剪叶后应及时清理留在格盘上的叶片残屑。

对于发病或有疑似病症的格盘不剪叶,应及时拔除发病烟苗,同时对有疑似病症的格盘加强药剂防治。

12 炼苗

移栽前 7 d～10 d 开始采取控水、控肥、昼夜通风等措施炼苗，练苗程度以烟苗不发生永久性萎蔫为度。炼苗时应保留防虫网。

13 病害防治

13.1 生理性病害

13.1.1 盐害

高温、低湿和通风过大，都可促进基质表面水分的大量蒸发，导致苗穴上部肥料盐分的积累，造成盐害死苗。出苗后到大十字期间，是易于发生盐害的阶段，由于出苗时间长，加之幼苗对养分吸收利用少，通过基质表面水分蒸发，使肥料易于富积到苗穴基质的上部。发生盐害的格盘可见基质表面发白，有盐分析出，通过喷水淋溶，即可消除盐害。

13.1.2 冷害

早春育苗，由于气温不稳定，有时会出现持续寒流，棚温夜间陡降，造成幼苗冷害。一般情况下经过 4 d～5 d 连续的回暖条件，烟苗可自行恢复正常生长。如果气温低于 10 ℃，苗棚夜间应加盖保温材料。

13.1.3 热害

晴天中午，气温过高，若揭膜不及时，棚内温度持续高于 35 ℃，则出现热害，特别是在种子萌发和出苗阶段，可导致烟苗死亡。

13.1.4 微量元素缺乏或铵中毒

营养液的 pH 值应保持在 6.0～7.0，以避免出现缺素症或中毒症。

常见的缺素症是缺铁，出现缺铁症，只要调整 pH 值，加入适量铁源（如 Fe_2SO_4 或螯合铁），症状很快就消失。

铵态氮肥施入量过高，会出现铵中毒，典型的症状是：叶绿上卷，变厚，叶色深绿，后期叶缘枯焦。

13.2 侵染性病害及虫害

猝倒病、黑胫病、炭疽病是漂浮育苗生产中的主要病害，苗床卫生是苗床防病的最主要措施，苗床经常通风排湿、加强光照是减少发病的重要条件。必要时应使用国家烟草行政主管部门推荐的相应药剂防治。

13.3 控制绿藻

苗床空气湿度过高，或采用腐熟不充分的秸秆为基质材料，水面直接受光时易产生绿藻。绿藻对成苗期的烟苗影响不大。控制绿藻的具体做法如下：

——在制作苗池时，依照格盘的数量确定苗池的大小，使格盘摆放后不暴露水面，若有露出地方，宜用其他遮光材料将其覆盖；

——采用黑色塑料薄膜铺池；

——加强通风，降低棚内湿度；

——盘面喷施 0.025%的硫酸铜溶液，进行杀藻。

14 消毒技术

14.1 育苗前的消毒

14.1.1 育苗场地消毒

播种前应对育苗场地消毒，用维绿粉剂 400 倍液、消毒灵 400 倍液、育宝 150 倍液喷施等消毒液对场地周围、拱架进行喷雾消毒；或用漂白粉干粉撒施在育苗池和苗棚四周杀灭病菌。同时做好虫害防治工作。

14.1.2 旧格盘、池膜消毒

提前 3 d～7 d 进行，消毒剂可使用 30%漂白粉 10 倍液，或者 10%二氧化氯 150 倍液等。消毒处理方法：

——喷洒和浸湿，然后用塑料膜覆盖保湿 2 d～6 d，延长时间效果更好；

——直接浸泡 20 min 以上，延长时间效果更好；

——处理后用清水清洗，防止影响出苗率，晾干后方可铺垫或装盘播种。

14.2 剪叶工具消毒

可使用 30%有效氯漂白粉 10 倍液、98%磷酸三钠 10 倍液、7%有效氯的次氯酸钠 150 倍液或 75%酒精，接触剪叶工具 3 min 以内；也可用 10%二氧化氯 200 倍液，接触剪叶工具 3 min～30 min；或者用 40%育宝 150 倍液，接触时间 30 min 以上。

14.3 移栽结束后格盘消毒

移栽结束后，应先进行格盘消毒和清洗后，再保存。首先冲刷掉粘附在格盘上的基质和烟苗残体，将消毒液均匀洒在格盘上，或将格盘在消毒液中浸湿后堆码，用塑料布覆盖，在太阳下密闭 7 d～10 d。利用高温高湿和消毒药剂，加快格盘上烟草残体的腐烂和病原菌的死亡，消毒后用清水洗干净。

15 育苗材料的回收和贮藏

格盘、薄膜等育苗材料处理后应贮藏在清洁、干燥、无鼠害的地方。

ICS 65.160
X 87

中华人民共和国国家标准

GB/T 25241.2—2010

烟草集约化育苗技术规程 第2部分：托盘育苗

Rules for tobacco intensive seedling production—Part 2：Seedling in tray

2010-09-26 发布　　　　2011-01-01 实施

中华人民共和国国家质量监督检验检疫总局
中国国家标准化管理委员会　发布

前　言

GB/T 25241《烟草集约化育苗技术规程》分为三个部分：

——第1部分：漂浮育苗；

——第2部分：托盘育苗；

——第3部分：砂培育苗。

本部分为GB/T 25241的第2部分。

本部分由国家烟草专卖局提出。

本部分由全国烟草标准化技术委员会农业分技术委员会(SAC/TC 144/SC 2)归口。

本部分起草单位：中国烟叶公司、中国烟草总公司青州烟草研究所、山东中烟工业公司。

本部分主要起草人：王树声、刘建利、董建新、刘新民、刘传峰、王放。

烟草集约化育苗技术规程
第2部分：托盘育苗

1 范围

GB/T 25241的本部分规定了烟草托盘育苗技术的成苗要求及育苗技术。

本部分适用于烟草托盘育苗生产。

2 规范性引用文件

下列文件中的条款通过GB/T 25241的本部分的引用而成为本部分的条款。凡是注日期的引用文件，其随后所有的修改单(不包括勘误的内容)或修订版均不适用于本部分，然而，鼓励根据本部分达成协议的各方研究是否可使用这些文件的最新版本。凡是不注日期的引用文件，其最新版本适用于本部分。

GB 4455 农业用聚乙烯吹塑棚膜

GB 8172 城镇垃圾农用控制标准

GB/T 18621 温室通风降温设计规范

GB/T 18622 温室结构设计荷载

GB/T 20202 农业用乙烯-乙酸乙烯酯共聚物(EVA)吹塑棚膜

GB/T 25240 烟草包衣丸化种子

GB/T 25241.1—2010 烟草集约化育苗技术规程 第1部分：漂浮育苗

JB/T 10286 日光温室结构

JB/T 10288 连栋温室结构

3 术语和定义

下列术语和定义适用于GB/T 25241的本部分。

3.1

托盘育苗 seedling in tray

在育苗棚内，采用母床播种，大十字期将烟苗假植于塑料托盘内，完成成苗过程的烟草育苗方式。

3.2

大十字期 period of cross-shaped

幼苗在第五真叶出现时，第三、第四与第一、第二真叶大小相近，交叉呈十字形的日期。

4 成苗要求

苗龄55 d～75 d，叶数8片～9片，茎高8 cm～12 cm，茎围1.8 cm～2.2 cm且有韧性，叶色绿至浅绿，根系发达，烟苗健壮，群体整齐一致。

采用膜下移栽烟苗的栽培方式时，叶数5片左右，茎高4 cm～6 cm。

5 育苗场地选择及周边设施

育苗场地选择及周边设施要求按GB/T 25241.1—2010中第5章的规定执行。

6 育苗设施与材料

6.1 苗棚的建造

苗棚的建造应符合 GB/T 18621、GB/T 18622、JB/T 10286、JB/T 10288 的要求。

6.2 格盘

采用聚苯乙烯泡沫格盘，单穴容积约 27 mL，单钵呈倒梯台状，底部小孔直径 0.5 cm～0.6 cm。

6.3 覆盖物

棚膜质量要求按 GB 4455 和 GB/T 20202 的规定执行。

防虫网、遮阳网和保温材料要求按 GB/T 25241.1—2010 中 6.4 的规定执行。

6.4 母床

在东北烟区，母床宜采用离地床，宜采用硬质塑料盘或用木板制做木框，盘底每隔 10 cm，打直径 0.5 cm的小孔，然后装填营养土进行播种。温度较高地区，也可在装好营养土的苗床内直接播种。

6.5 托盘

宜采用 100 钵联体聚乙烯塑料育苗盘作为子床，规格为(5 cm～60 cm)×(28 cm～35 cm)。单钵呈倒锥形，上口直径 3.8 cm～4.3 cm，底部直径 1.5 cm，底部小孔直径 0.4 cm～0.6 cm，钵高 5 cm～6 cm。单钵容积 20 cm^3 左右。

7 营养土配制

7.1 质量要求

营养土应腐熟、疏松、质地均匀，pH 值 6～7，容重 0.5 g/cm^3～0.9 g/cm^3。

营养土质量安全要求应符合 GB 8172 的要求。

7.2 配制方法

黄淮烟区多采用腐熟秸秆(麦秸、玉米秸等)、腐熟圈肥(不应使用鸡粪)和细砂与地表土混合配制。酵素菌与农作物秸杆和地表土混合配制营养土。以下列出常用的一些营养土体积比配方，各地可根据实际情况选择使用。

——70%腐熟秸秆＋30%地表土；

——50%腐熟厩肥＋50%腐殖土；

——50%腐熟食用菌废料＋30%地表土＋20%腐熟猪(牛)粪；

——70%酵素菌麦秸肥＋30%地表土；

——69%地表土＋30%腐熟猪(牛)粪＋1%硝态氮复合肥。

按照每 1 500 盘用量 1 750 kg～2 000 kg 干料的数量进行准备。

8 大棚卫生和育苗盘、营养土消毒

8.1 大棚卫生

烟草育苗专用大棚用地，前茬种植禾本科作物的，应彻底清除杂草、杂物，2 年～3 年消毒一次。如前茬种植蔬菜，应在每年育苗前进行消毒。

先将棚内表土锄松、平整，保持土壤湿度在 60%～70%左右，并密闭大棚。使用国家烟草行政主管部门推荐的土壤消毒剂进行土壤消毒。10 d 后通风放药气，将表土耙松，让残留药气充分挥发 3 d～5 d。

8.2 育苗盘消毒

使用前用 1%～2%的福尔马林溶液或 0.05%～0.1%的高锰酸钾喷洒育苗盘，然后再用清水冲洗干净。

8.3 营养土消毒

8.3.1 蒸汽消毒

将配制好的营养土放到蒸笼内，沸水蒸至营养土温度到 90 ℃以上，维持 40 min 即可。

8.3.2 化学药剂熏蒸消毒

使用符合国家有关要求的土壤消毒剂进行土壤消毒。

9 播种

9.1 确定播种期

在移栽前 60 d～80 d 播种。

9.2 种子

选用包衣种子，包衣种子质量按 GB/T 25240 规定执行。

9.3 播种量

包衣种子播种量约 20 g/m^2，约为 2 700 粒/m^2～3 000 粒/m^2。

9.4 播种

把消毒后的营养土装入母床盘，稍压实平整，然后用水浸透母床，仔细平整床面。趁水未下渗完全，将包衣种子均匀点播。然后覆盖消毒后的细砂或细土 1 mm～2 mm。

覆盖用的细砂或细土消毒方法按 8.3 执行。

10 间苗

操作前应用肥皂水洗手并进行器具的消毒。

间苗操作应在幼苗 2 片真叶(即小十字期)时进行，间除密集幼苗和病苗，使烟苗分布均匀。间除掉的烟苗应在病残体处理池中集中处理。

11 假植

假值操作前应用肥皂水洗手并进行器具的消毒。

在大十字期，挑选无病、大小一致的烟苗进行假植。假植时间应尽量集中，一个大棚应在 2 d 内假植完成。淘汰的烟苗在病残体处理池中集中处理。

假植前先将湿润的营养土装于塑料托盘内，稍压实。用假植器(竹片或类似器具)在苗穴中间扎一个深 1 cm 左右的小穴，用假植器轻轻地将苗根土压实。假植后喷水，渗透钵体。托盘的周围用土封严。宜用草帘或遮荫网等将苗棚遮盖 2 d～3 d，避免烟苗直接接受强光照射。

12 苗床管理

12.1 温度控制

母床控制在 13 ℃～25 ℃，假植后控制在 20 ℃～28 ℃。温度低于 10 ℃时，应采用增温措施，温度高于 35 ℃，则应及时采用通风、换气、遮荫、喷水等方法降温。

12.2 水分管理

播种后至出苗前一般不再灌水。出苗至 5 片真叶期，营养土含水量保持在 80%为宜。5 片真叶至炼苗前营养土含水量保持在 60%～70%。炼苗时营养土含水量保持在 50%～60%；晴天中午时烟苗发生轻度萎蔫，下午应及时喷水。

蓄水池应设在大棚内或阳光直射处，确保水温适宜。做到水质无污染。

12.3 施肥技术

在大十字后期(假植后)开始追施烟草育苗专用肥，共施 3 次～4 次。也可将硝铵或三元复合肥充分溶于水后喷施。烟苗 5 片真叶期前施肥浓度为 0.1%～0.5%(氮浓度)；以后施肥浓度为 0.5%～1.0%，浓度不可过高。每次追肥后应喷洒一次清水。

12.4 剪叶

在烟苗封盘后开始剪叶。剪叶时工具应严格消毒。

正常条件下共剪2次～3次,每次剪去最大叶的30%～50%。注意不应剪掉生长点。剪叶应在上午叶表面干燥时进行,应及时清理剪下的烟叶碎片,集中在病残体处理池中集中处理。

每次剪叶剪的太多或剪叶次数过多、过频,都会过度抑制烟苗的生长,延长成苗期。

同一苗棚(或苗棚群)内烟苗剪叶处理(时间、次数、部位)应一致。

12.5 病虫害防治

病虫害防治应坚持以"预防为主,防治并重"的原则。对于苗期病害主要防治病毒病、炭疽病、猝倒病和立枯病。

育苗区域内杜绝吸烟;进行各项农事操作之前用肥皂水洗手,对器具严格消毒。

12.6 炼苗

托盘育苗炼苗主要采用控温控水和剪叶两种方法。

于移栽前一周左右开始逐步控温控水。适当减少浇水,但以烟苗不发生永久性萎蔫为度。同时逐步加大大棚通风量和通风时间,最后2 d可以把棚膜完全揭去。如遇雨应及时盖膜。

12.7 调控烟苗生长

12.7.1 当接近预定移栽期而烟苗未成苗,应采取措施促进烟苗的生长,具体措施:适当增加施肥用量,加强苗床保温,增加光照,减少剪叶量和剪叶次数。

12.7.2 当未到移栽期而烟苗接近成苗时,应采取措施控制烟苗生长,具体措施:适当控水控肥;增加通风时间,降低棚内温度;适当增加烟苗剪叶量和次数;适当移动苗盘位置,切断烟苗根系与地面的接触。

13 消毒技术

育苗前后对育苗场地、设施及剪叶工具的消毒处理按GB/T 25241.1—2010中第14章的规定执行。

14 育苗材料的回收和贮藏

格盘、薄膜等育苗材料处理后应贮藏在清洁、干燥、无鼠害的地方。

ICS 65.160
X 87

中华人民共和国国家标准

GB/T 25241.3—2010

烟草集约化育苗技术规程 第3部分：砂培育苗

Rules for tobacco intensive seedling production—Part 3: Seedling with sand culture

2010-09-26 发布　　2011-01-01 实施

中华人民共和国国家质量监督检验检疫总局
中国国家标准化管理委员会　发布

前　言

GB/T 25241《烟草集约化育苗技术规程》分为三个部分：

——第1部分：漂浮育苗；

——第2部分：托盘育苗；

——第3部分：砂培育苗。

本部分为GB/T 25241的第3部分。

本部分由国家烟草专卖局提出。

本部分由全国烟草标准化技术委员会农业分技术委员会(SAC/TC 144/SC 2)归口。

本部分起草单位：云南省烟草公司楚雄州公司。

本部分主要起草人：段应泽、李庆平、冯柱安、唐兵、陆勇、周任虎、布云虹、耿少武、何文德、尹东、鹿森。

烟草集约化育苗技术规程 第3部分:砂培育苗

1 范围

GB/T 25241 的本部分规定了烟草砂培育苗的成苗要求及育苗技术等。

本部分适用于烟草砂培育苗。

2 规范性引用文件

下列文件中的条款通过 GB/T 25241 的本部分的引用而成为本部分的条款。凡是注日期的引用文件,其随后所有的修改单(不包括勘误的内容)或修订版均不适用于本部分,然而,鼓励根据本部分达成协议的各方研究是否可使用这些文件的最新版本。凡是不注日期的引用文件,其最新版本适用于本部分。

GB 4455 农业用聚乙烯吹塑棚膜

GB/T 14684 建筑用砂

GB/T 18621 温室通风降温设计规范

GB/T 18622 温室结构设计荷载

GB/T 20202 农业用乙烯-乙酸乙烯酯共聚物(EVA)吹塑棚膜

GB/T 25240 烟草包衣丸化种子

GB/T 25241.1—2010 烟草集约化育苗技术规程 第1部分:漂浮育苗

JB/T 10286 日光温室结构

JB/T 10288 连栋温室结构

3 术语和定义

GB/T 25241.1 确立的以及下列术语和定义适用于 GB/T 25241 的本部分。

3.1

砂培育苗 seedling with sand culture

将烟草包衣种子播于填满砂体的苗盘孔穴内,放置或漂浮于装有一定量的洁净水或一定浓度营养液的育苗池中,在苗棚内,播种至大十字期进行干湿交替的湿润育苗,在大十字期至成苗进行漂浮育苗的一种育苗方式。

4 成苗要求

烟苗素质:苗龄 55 d～75 d,单株叶数 7 片～8 片,茎高 10 cm～15 cm,茎围 1.8 cm～2.2 cm,叶色正绿,茎秆韧性强,清秀无病,根系发达,抗逆性强,整齐均匀。

5 育苗场地选择

育苗场地选择及周边设施要求按 GB/T 25241.1—2010 中第 5 章的规定执行。

6 育苗设施与材料

6.1 苗棚的建造

苗棚的建造应符合 GB/T 18621、GB/T 18622、JB/T 10286、JB/T 10288 的要求。

6.2 格盘

采用聚苯乙烯泡沫格盘，单穴容积约 27 mL，单钵呈倒梯台状，底部小孔直径 0.5 cm～0.6 cm。

6.3 育苗池

育苗池为长方形，面积根据各地格盘的规格而定，深度为 5 cm～20 cm。育苗池底部平整拍实，宜用除草剂和杀虫剂喷洒池底。用黑色 0.10 mm～0.12 mm 的黑色薄膜铺底。也可采用成型的育苗池。

6.4 覆盖物

——池膜应符合 GB 4455 的要求，厚度 0.12 mm。

——棚膜质量要求按 GB 4455 和 GB/T 20202 的规定执行。

——防虫网、遮阳网和保温材料按 GB/T 25241.1—2010 中 6.4 的规定执行。

6.5 育苗池

制作育苗池，池底用细土或细砂铺垫，以校正水平，一般以 10 m 长度的育苗池池底校平为宜，池内水平面误差控制在 3 mm 以内，保证大十字期前水和营养液供应均匀一致。

6.6 营养液

营养液 pH 值 5.5～7.0。育苗专用肥氮、磷、钾比例为 12：10：12，呈粉状。大十字期前，施氮浓度为 0.024%～0.06%，大十字期后施氮浓度为 0.015 6%～0.019 2%。

7 水源和水质

育苗用水源和水质要求按 GB/T 25241.1—2010 中第 7 章的规定执行。

8 砂体选择

8.1 砂体质量

宜使用山砂或河砂，0.63 mm～5 mm 粒径的砂粒应占砂体总体积的 70%～41%，其中 2.5 mm～5.0 mm 粒径的砂粒应占总体积的 25%以内，砂体的饱和持水量较低，重金属离子不超标。砂体质量检验方法按 GB/T 14684 的规定执行。

8.2 砂体处理

使用孔径为 0.8 cm 的网筛过筛，筛除不符合要求的颗粒，单体砂体粒径不得大于 0.8 cm。经过砂体病原鉴定，如无病源物，不对砂体消毒；如需消毒，将砂体平铺 3 cm，利用太阳光中紫外线消毒 30 d。

9 装盘播种

9.1 砂体水分控制

装盘时砂的水分宜控制在 4%左右，即手捏有湿润感觉，落地即散，装盘后底孔无砂粒漏出。水分不足时加洁净水拌匀，水分超限时晾晒。

9.2 砂体装盘

人工装盘时，将砂均匀装满苗盘每个孔穴后，刮平整个盘面，用压孔板在每个孔穴中压出 4 mm～5 mm 深的播种穴，然后将苗盘抬起水平离地面 8 cm～10 cm 高度，松开两手自然落地墩盘 1 次～2 次，即可播种。或者用自动化装盘播种机装盘播种。

9.3 播种

9.3.1 播种时间

按苗龄倒推计算播种时间。

9.3.2 播种量

人工或者播种(机)器播种，每个孔穴播 1 粒包衣种子。包衣种子质量按 GB/T 25240 规定执行。

9.3.3 覆盖

用毛刷轻扫砂体表面，覆盖种子，覆盖厚度以隐约可见种子为宜。

9.4 苗盘入池

当天应将播好种的苗盘有序地放置育苗池中，宜在苗盘盘长之间留 3 mm 左右的走水道，在苗盘盘宽之间留一条总的贯通全池的 3 cm 的走水通道，使添加的清水或营养液易均匀流到每一盘、每一孔穴，符合以上要求后，盖好遮阳网、防虫网、棚膜。

10 水分控制

10.1 加水(营养液)

用塑料软管从苗盘中间的走水道加入水(营养液)，水(营养液)自然由底部逐步浸透到苗盘砂体中。

10.2 水分调控方式

10.2.1 加水时间和加水量

分三个阶段进行水分管理。第一个阶段是砂体水分饱和阶段，苗盘放入育苗池后，加水深度 2.5 cm，持续保持砂体表面湿润；第二个阶段是砂体干湿交替阶段，出苗达到 95%直到大十字期，干的状态保持砂体颜色变淡发白或手摸砂体无潮湿感，湿的状态加水深度 2.5 cm，每 4 d～8 d 为 1 个周期；第三个阶段是漂浮阶段，大十字期到炼苗保持水深 7 cm～10 cm。

10.2.2 加水指标

水分呈饱和状态时，砂体含水量宜为 20%；干湿交替时，干的状态下砂体含水量宜为 8%，湿的状态下砂体含水量宜为 20%。

10.2.3 要求

播种到出苗期间应保证有充足的水分，提高出苗率，出苗到大十字期砂体应干湿交替，防止砂体水分过量，确保足够砂体溶解氧含量，以促进根系的良性发育。

11 施肥技术

11.1 营养液施入方式

应先将肥料与水按要求充分混合制成营养液，而后施入池中。

11.2 营养液施用时间和施用量

湿润育苗阶段，播种 25 d 前按施氮 0.024% 的营养液，视烟苗长势，播种 25 d～45 d 按施氮 0.024%～0.06% 的营养液浓度递增施用，应采用清水-营养液-清水-营养液的方式交替进行；漂浮育苗阶段按施氮 0.015 6%～0.019 2%浓度施肥，大十字期(播种后 45 d)施 1 次，第二次剪叶(播种后 55 d)施 1 次。

11.3 施用硼肥

喷施硼砂 1 000 倍～2 000 倍液，间隔 10 d～15 d 喷施 1 次，喷施 2 次。

12 苗床管理

12.1 温度调节

苗床期最适宜的砂体表面温度是范围为 25 ℃～28 ℃，小十字期前，砂体表面最高温度不应超过 28 ℃，小十字期后盘面温度应不超过 30 ℃。盘面温度低于 10 ℃时，应采用保温、增温措施；盘面温度高于 30 ℃，应及时采用通风、换气、遮荫、喷水等方法降温。播种后宜用遮阳网遮荫保苗，当烟苗长到大十字期时，应去除遮阳网。

12.2 间苗和补苗

烟苗生长至小十字期后，每个育苗孔穴留一株健壮烟苗，用间除的健壮苗补栽在缺苗的孔穴中。

12.3 转漂(漂浮)

烟苗长到大十字期或烟苗有 5 片真叶时，应适时转入漂浮，此阶段应在育苗池内加水至 7 cm～10 cm 深，让苗盘自然浮起。

12.4 剪叶

在烟苗封盘后开始剪叶，烟苗宜剪2次～4次。剪叶前工具应严格消毒。第一次应剪去最大叶的30%～50%，以后每隔5 d～7 d剪叶一次，剪去最大叶的50%～60%，不应剪掉烟苗的叶片生长点。剪叶应在上午叶面干燥时进行，及时清理剪下的烟叶碎片，并及时堆放病残体处理池中集中处理。

12.5 炼苗

移栽前7 d～10 d揭膜(保留防虫网)、断水、断肥炼苗。反复进行干湿交替，干的状态是以指中午烟苗发生萎蔫和早晚能恢复为度，湿的状态是指喷水使砂体湿润。

12.6 其他注意事项

12.6.1 干穴

播种时砂体水分不匀或是砂中有大的石子会造成干穴。用小竹片从穴边轻轻插下，可让砂子落实。

12.6.2 螺旋根

在装盘时不应装填过实，使砂体松紧适中，可减少螺旋根的产生。

12.6.3 烟苗生长缓慢

烟苗生产缓慢多表现为：下部叶有水渍状，生长点及以下萎蔫、变褐，直至死亡。可检查是否加水或营养液的次数、数量过多。应严格执行砂体干湿交替措施，砂体表面颜色变淡发白，手摸无潮湿感，才可以加水或营养液。

12.6.4 烟苗生长不整齐

池底不处于同一水平，会导致烟苗营养液和水分供应不均匀，所以必须确保池底水平。或是砂体质量不佳，应在育苗前开展育苗试验，选择质量好的砂源。或是砂体质量不一，宜用搅拌机搅拌1 min左右，混匀砂料，再装盘。

13 病虫害防治

病虫害防治应坚持“预防为主，综合治理”的原则。病害主要防治病毒病、根黑腐病、黑胫病、猝倒病等；虫害主要防治小地老虎、蚜虫、蟋蟀等。

育苗区域内杜绝吸烟，进行各项农事操作之前用肥皂水洗手，对器具严格消毒。

14 消毒技术

育苗前后对育苗场地、设施及剪叶工具的消毒处理按GB/T 25241.1—2010中第14章的规定执行。

15 育苗材料的回收和贮藏

格盘、薄膜等育苗材料处理后应贮藏在清洁、干燥、无鼠害的地方。

ICS 65.020.30
B 43

中华人民共和国国家标准

GB/T 25242—2010

敖汉细毛羊

Ao han finewool sheep

2010-09-26 发布　　2011-03-01 实施

中华人民共和国国家质量监督检验检疫总局
中国国家标准化管理委员会　发布

前言

本标准的附录 A 为资料性附录。

本标准由中华人民共和国农业部提出。

本标准由全国畜牧业标准化技术委员会(SAC/TC 274)归口。

本标准主要起草单位:内蒙古自治区家畜改良工作站、赤峰市家畜改良工作站、敖汉种羊场、敖汉旗家畜改良工作站。

本标准主要起草人:高雪峰、胡大君、王海龙、张富、李树果、王国义、褚凤桐、苗玉华、李忠书、陈巴特尔。

敖汉细毛羊

1 范围

本标准规定了敖汉细毛羊的品种特征、生产性能以及种羊等级评定方法。

本标准适用于敖汉细毛羊的品种鉴定和等级评定。

2 规范性引用文件

下列文件中的条款通过本标准的引用而成为本标准的条款。凡是注日期的引用文件,其随后所有的修改单(不包括勘误的内容)或修订版均不适用于本标准,然而,鼓励根据本标准达成协议的各方研究是否可使用这些文件的最新版本。凡是不注日期的引用文件,其最新版本适用于本标准。

NY 1 细毛羊鉴定项目、符号、术语

NY/T 1236 绵、山羊生产性能测定技术规范

3 品种特征

3.1 品种来源

敖汉细毛羊是应用杂交育种方法培育的毛肉兼用型细毛羊,产于内蒙古自治区赤峰市敖汉旗、翁牛特旗、喀喇沁旗、宁城县、松山区及毗邻地区。

3.2 品种特征

3.2.1 外貌

体质结实,结构匀称,骨骼坚实,头颈结合良好,体躯宽深而长,背平直,四肢端正。公羊有螺旋形角,母羊无角。公母羊颈部皮肤有宽松的纵皱褶,公羊有 1 个~2 个完全或不完全的横皱褶,体躯无皱褶。外貌特征参见附录 A。

3.2.2 被毛

被毛呈闭合型,细毛着生头部达两眼连线,前肢达腕关节,后肢至飞节。公羊毛长 10.5 cm,母羊毛长 8.5 cm;被毛密度适中,纤维平均直径 22 μm 以下;被毛长度、细度均匀;油汗适中,呈乳白色或浅黄色;净毛率 38.5%;弯曲正常,呈半圆型或浅弯;腹毛着生呈毛丛结构,无环状弯曲。

4 生产性能

4.1 体尺体重

敖汉细毛羊一级羊体尺、体重见表 1。

表 1 一级羊体尺体重最低指标

羊别	剪毛后体重/kg	体长/cm	体高/cm	胸围/cm
成年公羊	85	80	75	100
成年母羊	45	65	60	80
育成公羊(18 月龄)	50	70	65	90
育成母羊(18 月龄)	35	60	50	70

4.2 产毛性能

敖汉细毛羊一级羊产毛性能见表2。

表2 一级羊产毛性能最低指标

羊　别	剪毛量/kg	毛长/cm
成年公羊	9	10.5
成年母羊	6	8.5
育成公羊（18月龄）	6	11.0
育成母羊（18月龄）	5	9.5

4.3 产肉性能

屠宰率不低于45%。

4.4 繁殖性能

性成熟：公羊9月龄，母羊7月龄；适配年龄：公羊、母羊均为18月龄。季节性发情，母羊发情周期平均17 d，发情持续期24 h～48 h，妊娠期平均148 d，经产母羊产羔率平均130%。

5 等级评定

5.1 种羊鉴定

5.1.1 鉴定时间

每年剪毛前进行毛长、细度鉴定，剪毛后进行剪毛后体重、剪毛量、体长、体高、胸围鉴定。

5.1.2 鉴定内容及方法

鉴定内容按照NY 1执行。

测定方法按照NY/T 1236执行。

5.2 分级

5.2.1 特级

一级中剪毛量、体重有一项超过一级指标10%以上的为特级。

5.2.2 一级

符合敖汉细毛羊品种特征和表1、表2生产性能指标要求。

5.2.3 二级

毛长度比一级羊短1.5 cm以内，或体重比一级羊低10%以内。

5.2.4 等级标识及耳号

18月龄鉴定结束后，在右耳做等级标识。标识方法、耳号规定及佩带方法按照NY 1执行。

附 录 A
（资料性附录）
敖汉细毛羊外貌照片

图 A.1 公羊正面图

图 A.2 母羊正面图

图 A.3 公羊侧面图

图 A.4 母羊侧面图

图 A.5 公羊后面图

图 A.6 母羊后面图

ICS 65.020.30
B 43

中华人民共和国国家标准

GB/T 25243—2010

甘肃高山细毛羊

Gansu alpine fine-wool sheep

2010-09-26 发布　　2011-03-01 实施

中华人民共和国国家质量监督检验检疫总局
中国国家标准化管理委员会　发布

前 言

本标准的附录A为资料性附录。

本标准由中华人民共和国农业部提出。

本标准由全国畜牧业标准化技术委员会(SAC/TC 274)归口。

本标准主要起草单位:农业部动物毛皮及制品质量监督检验测试中心(兰州)、中国农业科学院兰州畜牧与兽药研究所、甘肃省皇城绵羊育种试验场。

本标准主要起草人:牛春娥、李伟、杨博辉、高雅琴、郭健、李文辉、王凯、郭天芬、席斌、杜天庆、王宏博、李维红、黄殿选、梁丽娜、常玉兰。

甘肃高山细毛羊

1 范围

本标准规定了甘肃高山细毛羊的品种特征、生产性能和等级评定。

本标准适用于甘肃高山细毛羊的品种鉴定和等级评定。

2 规范性引用文件

下列文件中的条款通过本标准的引用而成为本标准的条款。凡是注日期的引用文件，其随后所有的修改单(不包括勘误的内容)或修订版均不适用于本标准，然而，鼓励根据本标准达成协议的各方研究是否可使用这些文件的最新版本。凡是不注日期的引用文件，其最新版本适用于本标准。

NY 1 细毛羊鉴定项目、符号、术语

NY/T 1236 绵、山羊生产性能测定技术规范

3 品种特征特性

3.1 品种来源

甘肃高山细毛羊是以新疆细毛羊、高加索细毛羊为父本，与当地蒙古羊、西藏羊为母本，经过杂交改良、横交固定和选育提高三个阶段培育的我国第一个高山型细毛羊品种，分布于整个祁连山高寒草原地带。

3.2 外貌特征

体格较大，体质结实，蹄质致密，体躯结构匀称，胸阔深，背平直，后躯丰满，四肢结实、端正有力。公羊有螺旋形角，颈部有1个～2个横皱褶；母羊多数无角，颈部有纵垂皮。被毛纯白，闭合性良好，密度中等以上，体躯毛和腹毛均呈毛丛结构，头毛着生至眼线。外貌特征参见附录A。

3.3 羊毛品质

被毛毛丛自然长度(12个月)在80 mm以上，纤维平均直径≤23.0 μm，被毛整体均匀性好；弯曲清晰，呈正常弯；油汗适中，占毛丛高度≥50%，多数呈白色或乳白色；净毛率45%以上。

4 生产性能

4.1 体重和产毛性能

在自然放牧条件下，一级羊最低体重和产毛性能指标见表1。

表1 一级羊最低生产性能

单位为千克

性别	年龄	体重	剪毛量	净毛量
公	2岁	80.0	7.0	3.2
	周岁	39.0	3.5	1.6
母	2岁	42.0	3.5	1.6
	周岁	32.0	3.0	1.4

4.2 繁殖性能

公、母羊8月龄性成熟，初配年龄18月龄；经产母羊的产羔率110%以上。

5 等级评定

5.1 等级要求

5.1.1 一级

符合品种特征和表1规定，且头型、体型、被毛手感、被毛密度、被毛弯曲、细度匀度、毛长匀度、油汗各项评定结果均在2分以上，综合评定9分以上。

5.1.2 特等

一级中体重、剪毛量有一项超过一级羊最低生产性能的20%。

5.1.3 二级

基本符合品种特征，生产性能符合表2规定，且头型、体型、被毛手感、被毛密度、被毛弯曲、细度匀度、毛长匀度、油汗评定结果均在2分以上，综合评定8分以上。

表2 二级羊最低生产性能

单位为千克

性别	年龄	体重	剪毛量	净毛量
公	2岁	73.0	5.5	2.5
	周岁	35.0	3.0	1.4
母	2岁	39.0	3.0	1.4
	周岁	30.0	2.0	0.9

5.1.4 三级

生产性能符合表2规定，但是头型、体型、被毛手感、被毛密度、被毛弯曲、细度匀度、毛长匀度、油汗评定结果中有2项～3项在2分以下，综合评定7分以上。

5.1.5 种用羊要求

特等、一级和二级羊为种用羊。

5.2 鉴定时间

每年剪毛前(6月中下旬)进行等级鉴定。

5.3 鉴定内容及方法

5.3.1 鉴定项目及结果表示按照NY 1执行。

5.3.2 鉴定方法按照NY/T 1236执行。

5.4 等级标识及耳号

2岁鉴定结束后，在右耳做等级标识。标识方法、耳号规定及佩带方法按照NY 1执行。

附 录 A
（资料性附录）
甘肃高山细毛羊外貌特征

图 A.1 甘肃高山细毛羊(公)

图 A.2 甘肃高山细毛羊(母)

图 A.3 甘肃高山细毛羊头部(公)

图 A.4　甘肃高山细毛羊头部(母)

图 A.5　甘肃高山细毛羊臀部(公)

图 A.6 甘肃高山细毛羊臀部(母)

ICS 65.020.30
B 43

中华人民共和国国家标准

GB/T 25244—2010

高　邮　鸭

Gaoyou duck

2010-09-26 发布　　2011-03-01 实施

中华人民共和国国家质量监督检验检疫总局
中国国家标准化管理委员会　发布

前　言

本标准的附录A为资料性附录。

本标准由中华人民共和国农业部提出。

本标准由全国畜牧业标准化技术委员会归口。

本标准起草单位:扬州市高邮质量技术监督局、高邮市高邮鸭良种繁育中心。

本标准主要起草人:吴桂余、朱桥、郭如林、陈令、陈正斌、赵永高、薛敏开、张胜富、房崇琴、杨舒雅。

高 邮 鸭

1 范围

本标准规定了高邮鸭的品种特性、体型外貌、体重和体尺、生产性能和测定方法。

本标准适用于高邮鸭品种。

2 规范性引用文件

下列文件中的条款通过本标准的引用而成为本标准的条款。凡是注日期的引用文件，其随后所有的修改单(不包括勘误的内容)或修订版均不适用于本标准，然而，鼓励根据本标准达成协议的各方研究是否可使用这些文件的最新版本。凡是不注日期的引用文件，其最新版本适用于本标准。

NY/T 823—2004 家禽生产性能名词术语和度量统计方法

3 品种特性

高邮鸭体型较大，生长快，善潜水，觅食力强、耐粗饲、适应性广；蛋大、品质好，产双黄蛋比例高；肉质鲜美，脂肪含量少，是蛋肉兼用型品种。

4 体型外貌

4.1 成年公鸭

背阔肩宽，胸深体躯呈长方形。头颈上半段羽毛为深孔雀绿色；背羽、胸羽为褐色芦花羽；腹羽为灰白色；尾羽黑色，有3根～4根黑色性羽；镜羽墨绿色；喙青铜带微黄色，喙豆黑色；胫、蹼桔黄色，爪尖黑色。参见图A.1。

4.2 成年母鸭

羽毛紧密，胸宽而深，呈长方形；全身麻羽，镜羽蓝绿色；喙紫黑色或微黄色，喙豆黑色；虹膜深褐色，胫、蹼紫黑色或桔黄色，爪尖黑色。参见图A.2。

4.3 雏鸭

绒羽黄色，头顶部有黑绒毛斑(俗称黑头星)，背脊上有一道黑色条纹，尾羽黑色；喙黑色或黄褐色，胫、蹼紫黑色或桔黄色，爪尖黑色。参见图A.3。

5 体重和体尺

高邮鸭成年体重和体尺见表1。

表1 高邮鸭成年体重和体尺(500日龄)

项 目	公 鸭	母 鸭
体重/g	2 460.0～2 860.0	2 200.0～2 750.0
体斜长/cm	24.8～26.8	24.3～26.3
胸宽/cm	7.6～9.1	7.6～9.0
胸深/cm	7.3～8.4	6.7～8.1
龙骨长/cm	11.5～13.1	12.2～12.9
胫长/cm	5.7～6.3	5.6～6.2
胫围/cm	3.7～4.4	3.6～4.3
髋骨宽/cm	6.7～7.8	6.1～7.0
半潜水长/cm	53.5～58.5	50.5～53.5

6 生产性能

6.1 生长速度

高邮鸭的生长速度见表2。

表2 生长速度

项　　目	指　　标
初生重/g	47.0～53.0
56日龄平均体重/g	2 400.0～2 500.0
饲料转化比	3.5∶1～3.8∶1

6.2 屠宰性能

高邮鸭的屠宰性能见表3。

表3 屠宰性能

项　　目	指　　标
全净膛屠宰率/%	70～74
胸肌率/%	10.2～12.4
腿肌率/%	11.3～13.4
腹脂率/%	2.0～5.0

6.3 繁殖性能

高邮鸭的繁殖性能见表4。

表4 繁殖性能

项　　目	指　　标
开产日龄/d	120～180
500日龄产蛋数/个	185～210
配种比例	1∶20～1∶25
种蛋受精率/%　　≥	85
受精蛋孵化率/%　　≥	85

6.4 蛋品质量

高邮鸭的蛋品质量见表5。

表5 蛋品质量

项　　目	指　　标
蛋重/g	70～84
蛋壳颜色	灰白色或青绿色
蛋形指数	1.42～1.45
蛋清蛋黄比例	1.62∶1～1.64∶1
哈氏单位	68～72
双黄蛋率/%	0.2～1.5

7 测定方法

成年鸭体重和体尺、生产性能测定按照NY/T 823—2004的规定执行。

附 录 A
（资料性附录）
高邮鸭照片

A.1 高邮鸭公鸭见图 A.1

图 A.1 高邮鸭（公）

A.2 高邮鸭母鸭见图 A.2

图 A.2 高邮鸭（母）

A.3 高邮鸭雏鸭见图 A.3

图 A.3 高邮鸭（雏鸭）

ICS 65.020.30
B 43

GB

中华人民共和国国家标准

GB/T 25245—2010

广灵驴

Guangling donkey

2010-09-26 发布　　　　2011-03-01 实施

中华人民共和国国家质量监督检验检疫总局
中国国家标准化管理委员会　发布

前　言

本标准的附录 A、附录 B 为资料性附录。

本标准由中华人民共和国农业部提出。

本标准由全国畜牧业标准化技术委员会(SAC/TC 274)归口。

本标准主要起草单位:中国农业大学马研究中心、山西省畜牧兽医局、中国马业协会。

本标准主要起草人:赵春江、李树军、韩国才、陈延珠、吴常信、吴克亮、张浩、鲍海港。

广　灵　驴

1　范围

本标准规定了广灵驴的主要品种特性和等级评定方法。

本标准适用于广灵驴的品种鉴定和等级评定。

2　术语和定义

下列术语和定义适用于本标准。

2.1

广灵驴　Guangling donkey

原产地为山西省东北部广灵、灵邱县，适应寒冷的气候条件、肉驮挽兼用的大型地方驴品种。

2.2

胸廓　thorax

以胸椎和肋骨及胸骨为基础。自肩端至最后一根肋骨，由背至胸下和两侧肋骨所包括的体躯部位。

2.3

鬐甲　withers

以第二至十二胸椎的棘突为基础，与其两侧的肩胛软骨和肌肉、韧带构成的躯干上方的隆起部。以第三至第五棘突为最高部分。

2.4

背　back

以第十三至十八胸椎为基础，自鬐甲后至最后一根肋骨以及两侧肋骨上三分之一的体表部位。

2.5

腰　loin

以腰椎为基础，从最后一根肋骨到两腰角前缘连线之间的部位。

2.6

尻　croup

以髋骨和荐骨为基础。两腰角和两臀端四点之间的躯干后上部，前接腰后连尾的部位。

2.7

青色　grey

黑色被毛中加杂有白毛。

2.8

体高　height of withers

鬐甲顶点到地面的垂直距离。

2.9

体长　body length

肩端至臀端的斜直线距离。

2.10

胸围　girth of heart

鬐甲后方，通过肩胛骨后缘，垂直于地面，绕体躯一周之周长。

2.11

管围　circumference of cannon bone

左前管上三分之一的下端，即管部最细处之水平周长。

2.12

失格　unsoundness

驴先天性的外形缺陷。

2.13

损征　defect

驴后天获得的外形缺陷。

3　品种特性

3.1　外貌

3.1.1　体质和整体结构

体质粗糙结实，体格高大粗壮，体躯较短，结构匀称，体形多呈正方形。广灵驴(公、母)图片参见附录A。

3.1.2　头部

头较大，鼻梁平直，眼大微突，耳竖立而灵活，上下唇闭合良好。

3.1.3　颈部

颈粗壮高昂。

3.1.4　躯干

鬐甲宽厚微隆，前胸开阔，胸廓宽深，背宽广平直，腹部充实，尻宽而短斜。

3.1.5　四肢

四肢粗壮，肌腱明显，前肢端正，后肢多刀状肢势。关节发育良好，管骨较长，蹄较大，蹄质坚硬。

3.1.6　毛色

毛色分为两类。一类驴的被毛除口、眼、腹下为白色外，其他部分为黑色，其中腹下白色面积较大，延伸至四肢内侧、胸前、颚凹及耳根处，俗称黑画眉；另一类驴的被毛除口、眼、腹下为白色外，其他部分为青毛，并且腹下白色面积较大，延伸至四肢内侧、胸前、颚凹及耳根处，俗称青画眉。

3.2　成年体尺

成年公驴的平均体高、体长、胸围、管围分别为：(139.0±2.7)cm，(140.5±3.1)cm，(154.0±5.1)cm，(19.9±1.2)cm；成年母驴的平均体高、体长、胸围、管围分别为：(134.7±4.7)cm，(137.0±4.4)cm，(150.0±4.6)cm，(17.7±0.8)cm。

3.3　生产性能

3.3.1　产肉性能

中等膘情的成年驴，体重一般可达320 kg，平均屠宰率45%，平均净肉率为30%。

3.3.2　役用性能

成年驴驮重100 kg，土路可日行40 km～50 km。公驴的最大挽力一般相当于体重的80%；母驴的最大挽力一般相当于体重的70%。

3.3.3　繁殖性能

15月龄左右时达到性成熟。母驴在2.5岁、公驴在3岁以后开始配种。

4　等级评定

广灵驴达到初配年龄时进行等级评定。

广灵驴等级评定方法见表1。

表1 广灵驴等级评定表

等级	体高/cm		外貌评分[a]（满分100分）		性能[b]	
	公驴	母驴	公驴	母驴	公驴	母驴
1级	≥142	≥139	85.0～100	80.0～100	超过群体平均体重及挽驮能力	超过群体平均体重及挽驮能力
2级	≥139	≥134	75.0～84.9	70.0～79.9	超过群体平均体重及挽驮能力	超过群体平均体重及挽驮能力
3级	≥136	≥130	65.0～74.9	60.0～69.9	达到群体平均体重及挽驮能力	达到或接近群体平均体重及挽驮能力

[a] 外貌评分方法参见附录B。其中生殖系统有异常者或单项成绩有一项评分公驴不到满分70%者或母驴不到满分50%者不能留作种用。

[b] 广灵驴平均性能可参照本标准"3.3.1 产肉性能"和"3.3.2 役用性能"中的值。原则上2级以上者方可留作种用。定为3级的个体个别性状特别突出者也可留作种用。

附 录 A
（资料性附录）
广灵驴图片

图 A.1 广灵驴公驴(侧面图)

图 A.2 广灵驴公驴(正面图)

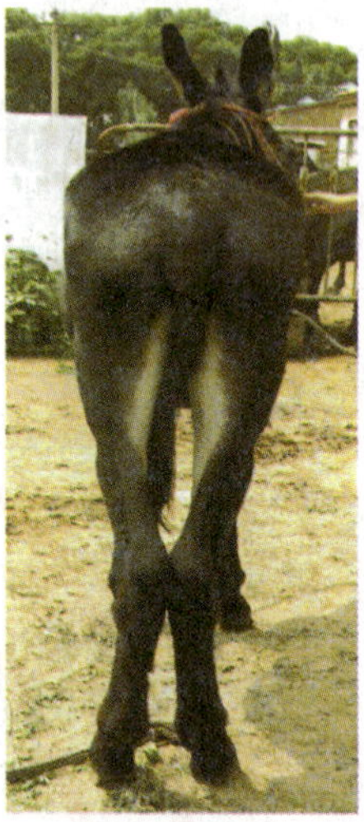

图 A.3 广灵驴公驴(后面图)

图 A.4 广灵驴母驴(侧面图)

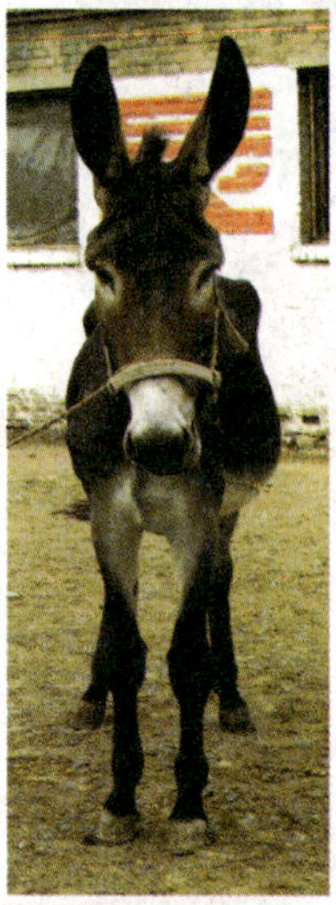

图 A.5 广灵驴母驴(正面图)

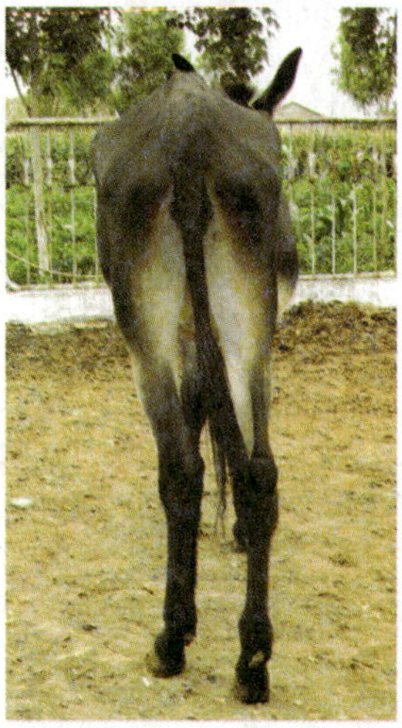

图 A.6 广灵驴母驴(后面图)

附 录 B
（资料性附录）
广灵驴外貌评分

广灵驴外貌评分见表B.1。

表B.1 广灵驴外貌评分表

项目	给满分条件	公驴		母驴	
		满分	评分	满分	评分
品种外貌特征	品种特征明显，被毛光亮，嘴头、眼圈、腹下白毛界限明显。公驴有悍威；母驴性温驯	15		15	
体质及整体结构	体质粗糙结实。体格高大粗壮，体躯较短，结构匀称，无失格或影响生产性能和种用价值的损征	15		12	
头和颈	头较大，鼻梁平直，眼大微突，耳竖立而灵活，上下唇闭合良好。颈长适中，颈粗壮高昂，与头、肩结合良好	10		10	
前躯	胸廓宽深；鬐甲宽厚微隆，与颈、背部结合良好，高低适中；与躯干结合紧凑，肌肉结实有力	15		15	
中躯	背腰宽广平直，与鬐甲、后躯结合良好。公驴腹充实呈筒状；母驴腹大而不下垂	15		15	
后躯	尻宽，不过于短斜，股臀肌肉丰满。公驴睾丸对称，发育良好；母驴乳房发育良好，乳头正常，开张良好	20		23	
肢蹄	四肢粗壮、端正，肌腱明显。后肢允许略呈刀状肢势	10		10	
合计		100		100	

ICS 65.080
B 10

中华人民共和国国家标准

GB/T 25246—2010

畜禽粪便还田技术规范

Technology code for land application rates of livestock and poultry manure

2010-09-26 发布　　2011-03-01 实施

中华人民共和国国家质量监督检验检疫总局
中国国家标准化管理委员会　发布

前　言

本标准附录A为资料性附录。

本标准由中华人民共和国农业部提出。

本标准由全国畜牧业标准化技术委员会归口。

本标准起草单位:农业部环境保护科研监测所。

本标准主要起草人:王德荣、沈跃、张泽、毛建华、许前欣、师荣光。

畜禽粪便还田技术规范

1 范围

本标准规定了畜禽粪便还田术语和定义、要求、限量、采样及分析方法。

本标准适用于经无害化处理后的畜禽粪便、堆肥以及以畜禽粪便为主要原料制成的各种肥料在农田中的使用。

2 规范性引用文件

下列文件中的条款通过本标准的引用而成为本标准的条款。凡是注日期的引用文件，其随后所有的修改单(不包括勘误的内容)或修订版均不适用于本标准，然而，鼓励根据本标准达成协议的各方研究是否可使用这些文件的最新版本。凡是不注日期的引用文件，其最新版本适用于本标准。

GB 7959—1987 粪便无害化卫生标准

GB/T 17134 土壤质量 总砷的测定 二乙基二硫代氨基甲酸银分光光度法

GB/T 17138 土壤质量 铜、锌的测定 火焰原子吸收分光光度法

GB/T 17419 含氨基酸叶面肥料

GB/T 17420 微量元素叶面肥料

NY/T 1168 畜禽粪便无害化处理技术规范

3 术语和定义

下列术语和定义适用于本标准。

3.1

安全使用 safety using

畜禽粪便作为肥料使用，应使农产品产量、质量和周边环境没有危险，不受到威胁。畜禽粪肥施于农田，其卫生学指标、重金属含量、施肥用量及注意要点应达到本标准提出的要求。

4 要求

4.1 无害化处理

4.1.1 畜禽粪便还田前，应进行处理，且充分腐熟并杀灭病原菌、虫卵和杂草种子。

4.1.2 制作堆肥以及以畜禽粪便为原料制成的商品有机肥、生物有机肥、有机复合肥，其卫生学指标应符合表1的规定。

表1 堆肥的卫生学要求

项 目	要 求
蛔虫卵死亡率	95%～100%
粪大肠菌值	10^{-1}～10^{-2}
苍蝇	堆肥中及堆肥周围没有活的蛆、蛹或新孵化的成蝇

4.1.3 制作沼气肥，沼液和沼渣应符合表2的规定。沼渣出池后应进行进一步堆制，充分腐熟后才能使用。

表 2　沼气肥的卫生学要求

项　　目	要　　求
蛔虫卵沉降率	95%以上
血吸虫卵和钩虫卵	在使用的沼液中不应有活的血吸虫卵和钩虫卵
粪大肠菌值	10^{-1}～10^{-2}
蚊子、苍蝇	有效地控制蚊蝇孳生，沼液中无孑孓，池的周边无活蛆、蛹或新羽化的成蝇
沼气池粪渣	应符合表 1 的要求

4.1.4　粪便的收集、贮存及处理技术要求，应按 NY/T 1168 规定执行。

4.1.5　根据施用不同 pH 值的土壤，以畜禽粪便为主要原料的肥料中，其畜禽粪便的重金属含量限值应符合表 3 的要求。

表 3　制作肥料的畜禽粪便中重金属含量限值(干粪含量)　　单位为毫克每千克

项　　目		土壤 pH 值		
		<6.5	6.5～7.5	>7.5
砷	旱田作物	50	50	50
	水稻	50	50	50
	果树	50	50	50
	蔬菜	30	30	30
铜	旱田作物	300	600	600
	水稻	150	300	300
	果树	400	800	800
	蔬菜	85	170	170
锌	旱田作物	2 000	2 700	3 400
	水稻	900	1 200	1 500
	果树	1 200	1 700	2 000
	蔬菜	500	700	900

4.2　安全使用

4.2.1　使用原则

畜禽粪便作为肥料应充分腐熟，卫生学指标及重金属含量达到本标准的要求后方可施用。畜禽粪料单独或与其他肥料配施时，应满足作物对营养元素的需要，适量施肥，以保持或提高土壤肥力及土壤活性。肥料的使用应不对环境和作物产生不良后果。

4.2.2　施用方法

4.2.2.1　基肥(基施)，如下：

a)　撒施：在耕地前将肥料均匀撒于地表，结合耕地把肥料翻入土中，使肥土相融，此方法适用于水田、大田作物及蔬菜作物；

b)　条施(沟施)：结合犁地开沟，将肥料按条状集中施于作物播种行内，适用于大田、蔬菜作物；

c)　穴施：在作物播种或种植穴内施肥，适用于大田、蔬菜作物；

d)　环状施肥(轮状施肥)：在冬前或春季，以作物主茎为圆心，沿株冠垂直投影边缘外侧开沟，将肥料施入沟中并覆土，适用于多年生果树施肥。

4.2.2.2 追肥(追施),如下:

a) 腐熟的沼渣、沼液和添加速效养分的有机复混肥可用作追肥;

b) 条施:使用方法同基施中的条施。适用于大田、蔬菜作物;

c) 穴施:在苗期按株或在两株间开穴施肥,适用于大田、蔬菜作物;

d) 环状施肥:使用方法同基施中的环状施肥。适用于多年生果树;

e) 根外追肥:在作物生育期间,采用叶面喷施等方法,迅速补充营养满足作物生长发育的需要。

4.2.2.3 沼液用作叶面肥施用时,其质量应符合 GB/T 17419 和 GB/T 17420 的技术要求。春、秋季节,宜在上午露水干后(约 10 时)进行,夏季以傍晚为好,中午高温及雨天不要喷施。喷施时,以叶面为主。沼液浓度视作物品种、生长期和气温而定,一般需要加清水稀释。在作物幼苗、嫩叶期和夏季高温期,应充分稀释,防止对植株造成危害。

4.2.2.4 条施、穴施和环状施肥的沟深、沟宽应按不同作物、不同生长期的相应生产技术规程的要求执行。

4.2.2.5 畜禽粪肥主要用作基肥,施肥时间秋施比春施效果好。

4.2.2.6 在饮用水源保护区不应施用畜禽粪肥。在农业区使用时应避开雨季,施入裸露农田后应在 24 h 内翻耕入土。

4.2.3 还田限量

4.2.3.1 以生产需要为基础,以地定产、以产定肥。

4.2.3.2 根据土壤肥力,确定作物预期产量(能达到的目标产量),计算作物单位产量的养分吸收量。

4.2.3.3 结合畜禽粪便中营养元素的含量、作物当年或当季的利用率,计算基施或追施应投加的畜禽粪便的量。

4.2.3.4 畜禽粪便的农田施用量计算公式和施用限量参考值、相应参数可参照附录 A 执行。

4.2.3.5 沼液、沼渣的施用量应折合成干粪的营养物质含量进行计算。

4.2.3.6 小麦、水稻、果园和菜地畜禽粪便的使用限量见表 4、表 5 和表 6。

表 4 小麦、水稻每茬猪粪使用限量

单位为吨每公顷

农田本底肥力水平	Ⅰ	Ⅱ	Ⅲ
麦和玉米田施用限量	19	16	14
稻田施用限量	22	18	16

表 5 果园每年猪粪使用限量

单位为吨每公顷

果树种类	苹果	梨	柑桔
施用限量	20	23	29

表 6 菜地每茬猪粪使用限量

单位为吨每公顷

蔬菜种类	黄瓜	番茄	茄子	青椒	大白菜
施用限量	23	35	30	30	16

注:以上限值均指在不施用化肥情况下,以干物质计算的猪粪肥料的使用限量。如果施用牛粪、鸡粪、羊粪等肥料可根据猪粪换算,其换算系数为:牛粪(0.8),鸡粪(1.6),羊粪(1.0)。

5 采样和分析方法

5.1 采样方法

5.1.1 采样地点的确定

根据粪肥质量(或体积)确定取样点(个)数,见表 7。

表 7　畜禽粪肥的取样点数

质量/t	取样点个数
＜5	5
5～30	11
＞30	14
注：取样时应交叉或梅花形布点取样。	

5.1.2　采样要求

取样点的位置：应离地面 15 cm 以上，距肥堆顶部 5 cm～10 cm 以下。每个样品取 200 g，混匀后（按取样点数要求，多个样品混合）缩分为 4。在 1/4 样品中，去除土块等杂物后，留取 250 g 供分析化验用。

5.1.3　采样工具

用土钻或铁锹等均可。

5.2　监测频率

使用前：监测一次。

存放期：3 个月～6 个月监测一次。

5.3　分析方法

5.3.1　粪大肠菌值

按照 GB 7959—1987 附录 A 规定执行。

5.3.2　蛔虫卵死亡率

按照 GB 7959—1987 附录 B 规定执行。

5.3.3　寄生虫卵沉降率

按照 GB 7959—1987 附录 C 规定执行。

5.3.4　钩虫卵数

按照 GB 7959—1987 附录 D 规定执行。

5.3.5　血吸虫卵数

按照 GB 7959—1987 附录 E 规定执行。

5.3.6　总砷

按 GB/T 17134 执行。

5.3.7　铜、锌

按 GB/T 17138 执行。

附 录 A
（资料性附录）
施肥量计算的推荐公式及相应参数的确定

A.1 在有田间试验和土肥分析化验的条件下施肥量的确定

A.1.1 计算公式

$$N = \frac{A - S}{d \times r} \times f \qquad \cdots\cdots\cdots\cdots\cdots\cdots \text{(A.1)}$$

式中：

N——一定土壤肥力和单位面积作物预期产量下需要投入的某种畜禽粪便的量，单位为吨每公顷（t/hm^2）；

A——预期单位面积产量下作物需要吸收的营养元素的量，单位为吨每公顷（t/hm^2）；

S——预期单位面积产量下作物从土壤中吸收的营养元素量（或称土壤供肥量），单位为吨每公顷（t/hm^2）；

d——畜禽粪便中某种营养元素的含量，%；

r——畜禽粪便的当季利用率，%；

f——当地农业生产中，施于农田中的畜禽粪便的养分含量占施肥总量的比例，%。

A.1.2 相应参数的确定

A.1.2.1 *A* 的确定（t/hm^2）

$$A = y \times a \times 10^{-2} \qquad \cdots\cdots\cdots\cdots\cdots\cdots \text{(A.2)}$$

式中：

y——预期单位面积产量，单位为吨每公顷（t/hm^2）；

a——作物形成 100 kg 产量吸收的营养元素的量，单位为千克（kg）。

主要作物 a 可参照表 A.1。不同作物、同种作物的不同品种及地域因素等导致作物形成 100 kg 产量吸收的营养元素的量各不相同，a 值选择应以地方农业管理、科研部门公布的数据为准。

表 A.1 作物形成 100 kg 产量吸收的营养元素的量

作物种类	氮/kg	磷/kg	钾/kg	产量水平/（t/hm^2）
小麦	3.0	1.0	3.0	4.5
水稻	2.2	0.8	2.6	6
苹果	0.3	0.08	0.32	30
梨	0.47	0.23	0.48	22.5
柑桔	0.6	0.11	0.4	22.5
黄瓜	0.28	0.09	0.29	75
番茄	0.33	0.1	0.53	75
茄子	0.34	0.1	0.66	67.5
青椒	0.51	0.107	0.646	45
大白菜	0.15	0.07	0.2	90
注：表中作物形成 100 kg 产量吸收的营养元素的量为相应产量水平下吸收的量。				

A.1.2.2 S 的确定(t/hm²)

$$S = 2.25 \times 10^{-3} \times c \times t \quad \text{(A.3)}$$

式中：

2.25×10^{-3}——土壤养分的"换算系数"，20 cm 厚的土壤表层(耕作层或称为作物营养层)，其每公顷总重约为 225 万 kg，那么 1 mg/kg 的养分在一公顷地中所含的量为：2 250 000 kg/hm²×1 mg/kg 即 2.25×10^{-3} t/hm²；

c——土壤中某营养元素以 mg/kg 计的测定值；

t——土壤养分校正系数。因土壤具有缓冲性能，故任一测定值，只代表某一养分的相对含量，而不是一个绝对值，不能反映土壤供肥的绝对量。因此，还要通过田间实验，找到实际有多少养分可被吸收，其占所测定值的比重，称为土壤养分的"校正系数"。在实际应用中，可实际测定或根据当地科研部门公布的数据进行计算。

A.1.2.3 *d* 的确定

畜禽粪便中某种营养元素的含量，因畜禽种类、畜禽粪便的收集与处理方式不同而差别较大。施肥量的确定应根据某种畜禽粪便的营养成分进行计算。

A.1.2.4 *r* 的确定

畜禽粪便养分的当季利用率，因土壤理化性状、通气性能、温度、湿度等条件不同，一般在 25%～30%范围内变化，故当季吸收率可在此范围内选取或通过田间试验确定。

A.1.2.5 *f* 的确定

应根据当地的施肥习惯，确定粪料作为基肥和(或)追肥的养分含量占施肥总量的比例。

A.2 不具备田间试验和土肥分析化验的条件下施肥量的确定

A.2.1 计算公式

$$N = \frac{A \times p}{d \times r} \times f \quad \text{(A.4)}$$

式中：

N——一定土壤肥力和单位面积作物预期产量下需要投入的某种营养元素的量，单位为吨每公顷(t/hm²)；

A——预期单位面积产量下作物需要吸收的营养元素的量，单位为吨每公顷(t/hm²)；

p——由施肥创造的产量占总产量的比例，%；

d——畜禽粪便中某种营养元素的含量，%；

r——畜禽粪便养分的当季利用率，%；

f——畜禽粪便的养分含量占施肥总量的比率，%。

A.2.2 相应参数的确定

A.2.2.1 A、d、r、f 的确定，见 A.1.2.1、A.1.2.3、A.1.2.4、A.1.2.5。

A.2.2.2 由施肥创造的产量占总产量的比例可参照表 A.2、表 A.3 选取。

表 A.2 不同土壤肥力下作物由施肥创造的产量占总产量的比例(*p*)

项目	土地肥力		
	Ⅰ	Ⅱ	Ⅲ
p	30%～40%	40%～50%	50%～60%

表 A.3　土壤肥力分级指标

单位为克每千克

项　目		不同肥力水平的土壤全氮含量		
		Ⅰ	Ⅱ	Ⅲ
土地类别	旱地(大田作物)	＞1.0	0.8～1.0	＜0.8
	水田	＞1.2	1.0～1.2	＜1.0
	菜地	＞1.2	1.0～1.2	＜1.0
	果园	＞1.0	0.8～1.0	＜0.8

ICS 65.120
B 46

中华人民共和国国家标准

GB/T 25247—2010

饲料添加剂　糖萜素

Feed additive—Saccharicterpenin

2010-09-26 发布　　2011-03-01 实施

中华人民共和国国家质量监督检验检疫总局
中国国家标准化管理委员会　发布

前　言

本标准由全国饲料工业标准化技术委员会提出并归口。

本标准起草单位：杭州唐天科技有限公司、浙江大学。

本标准主要起草人：詹勇、李丽丽、张璐、金海丽、沈水昌。

饲料添加剂　糖萜素

1　范围

本标准规定了饲料添加剂糖萜素的要求、试验方法、检验规则、标签、包装、运输和贮存。

本标准适用于以油茶籽粕为原料，经乙醇提取，配以饲料级沸石粉吸附制得的糖萜素。

2　规范性引用文件

下列文件对于本文件的应用是必不可少的。凡是注日期的引用文件，仅注日期的版本适用于本文件。凡是不注日期的引用文件，其最新版本(包括所有的修改单)适用于本文件。

GB/T 602　化学试剂　杂质测定用标准溶液的制备

GB/T 603　化学试剂　试验方法中所用制剂及制品的制备

GB/T 5917.1　饲料粉碎粒度测定　两层筛筛分法

GB/T 6432　饲料中粗蛋白测定方法

GB/T 6435　饲料中水分和其他挥发性物质含量的测定

GB/T 6438　饲料中粗灰分的测定

GB/T 6682　分析实验室用水规格和试验方法

GB 10648　饲料标签

GB/T 13079　饲料中总砷的测定

GB/T 13080　饲料中铅的测定　原子吸收光谱法

GB/T 13081　饲料中汞的测定

GB/T 13082　饲料中镉的测定方法

GB/T 13091　饲料中沙门氏菌的检测方法

GB/T 13092　饲料中霉菌总数的测定

GB/T 14699.1　饲料　采样

GB/T 17480　饲料中黄曲霉毒素 B_1 的测定　酶联免疫吸附法

3　要求

3.1　性状

本品为浅棕黄色粉末，味微苦而辣，有刺激气味，易吸潮。

3.2　鉴别

鉴别应符合表 1 规定。

表 1　鉴别

项　　目	指　　标
Liebermann-Burchard 反应	显红色
泡沫试验	产生大量泡沫，10 min 内泡沫不消失
Molish 反应	界面出现紫红色环

3.3 技术指标

技术指标应符合表2规定。

表2 技术指标

项目		指标
油茶总皂苷含量/%	≥	30.0
总糖含量/%	≥	30.0
粗灰分/%	≤	26.0
粗蛋白/%	≥	7.0
干燥失重/%	≤	7.0
砷(以总砷计)/(mg/kg)	≤	3.0
铅(以Pb计)/(mg/kg)	≤	5
汞(以Hg计)/(mg/kg)	≤	0.1
镉(以Cd计)/(mg/kg)	≤	1.0
黄曲霉毒素 B_1/(μg/kg)	≤	50
霉菌总数/(CFU/g)	≤	1×10^4
沙门氏菌		不得检出
粒度,0.25 mm孔径分析筛上物/%	≤	5.0

4 试验方法

警告——硫酸和高氯酸有强腐蚀性、在操作过程中应注意避免与皮肤接触,如不慎接触到皮肤,应立即用干布或纸巾擦拭干净、再用清水冲洗。

本标准所用试剂和水,除非另有说明,均指分析纯试剂和符合GB/T 6682中规定的三级水。试验中所用试剂和溶液,按GB/T 602和GB/T 603之规定制备。

4.1 试剂和溶液

4.1.1 乙酸酐。

4.1.2 硫酸。

4.1.3 无水乙醇。

4.1.4 乙醇(体积分数为95%)。

4.1.5 正丁醇。

4.1.6 无水乙醚。

4.1.7 甲醇。

4.1.8 高氯酸。

4.1.9 乙酸乙酯。

4.1.10 甲萘酚。

4.1.11 香草醛。

4.1.12 3,5-二硝基水杨酸。

4.1.13 酒石酸钾钠。

4.1.14 苯酚(临使用时常压蒸馏,收集 182 ℃馏分使用)。

4.1.15 亚硫酸钠。

4.1.16 乙醇溶液:无水乙醇+水=8+2(体积比)。

4.1.17 盐酸溶液:$c(HCl)=6$ mol/L。

4.1.18 氢氧化钠溶液:240 g/L。

4.1.19 氢氧化钠溶液:80 g/L。

4.1.20 甲萘酚乙醇溶液:称取 10 g 甲萘酚(4.1.10),加 100 mL 乙醇(4.1.4)溶解。

4.1.21 香草醛乙醇溶液:称取 5.0 g 香草醛(4.1.11),溶于无水乙醇(4.1.3),移入 100 mL 容量瓶中,用无水乙醇(4.1.3)稀释至刻度。临用前制备。

4.1.22 3,5-二硝基水杨酸溶液:称取 6.3 g 3,5-二硝基水杨酸(4.1.12)和量取 262 mL 氢氧化钠(4.1.19),溶于 500 mL 含有 182 g 酒石酸钾钠(4.1.13)的热水溶液,加 5 g 苯酚(4.1.14)和 5 g 亚硫酸钠(4.1.15),溶解,冷却,用水稀释至 1 000 mL。贮存于棕色瓶中。

4.1.23 正丁醇饱和的水:量取 500 mL 正丁醇(4.1.5)和 500 mL 水,置分液漏斗中,振摇,静置分层,取水相。

4.1.24 水饱和的正丁醇:量取 500 mL 正丁醇(4.1.5)和 500 mL 水,置分液漏斗中,振摇,静置分层,取醇相。

4.1.25 油茶总皂苷标准品:含量≥99.0%。

4.1.26 葡萄糖标准品:含量≥99.0%。

4.2 仪器与设备

4.2.1 恒温水浴锅(精确至 1 ℃)。

4.2.2 分析天平(精确至 0.000 1 g)。

4.2.3 紫外可见分光光度计。

4.2.4 旋转蒸发仪。

4.2.5 电热鼓风干燥箱(温度可控制在 103 ℃±2 ℃)。

4.3 性状

将试样放置在白瓷盘内,在非直射日光、光线充足、无异味和异臭的环境中,通过眼观、口尝、鼻嗅和触摸的方法。

4.4 鉴别

4.4.1 Liebermann-Burchard 反应:称取约 0.01 g 试样,置于白瓷蒸发皿中,加 0.5 mL 乙酸酐(4.1.1),用玻璃棒研磨使其溶解,沿皿壁加 1 滴~2 滴硫酸(4.1.2),即显红色。

4.4.2 泡沫试验:称取约 0.01 g 试样,溶于 5 mL 水,移入 10 mL 具塞试管中,强力振摇 1 min,产生大量泡沫,10 min 内泡沫不消失。

4.4.3 Molish 反应:称取约 0.01 g 试样,溶于 2 mL 乙醇溶液(4.1.16),移入 10 mL 具塞试管中,加 1 滴~2 滴甲萘酚乙醇溶液(4.1.20),摇匀,沿管壁加 0.5 mL 硫酸(4.1.2),界面出现紫红色环。

4.5 油茶总皂苷含量测定

4.5.1 萃取重量法(仲裁法)

4.5.1.1 原理

利用油茶总皂苷化合物在水、醚和醇中溶解度不同的性质,可以用萃取重量法测定。水溶解样品后用乙醚脱脂。用水饱和的正丁醇多次萃取出脱脂后样品中的油茶总皂苷，醇洗纯化后蒸除溶剂。称量残渣重量测定样品中的油茶总皂苷含量。

4.5.1.2 测定方法

称取 0.2 g(精确至 0.000 1 g)试样，加 40 mL 水溶解，过滤，用适量水洗涤残渣，滤液移入分液漏斗中。加 40 mL 无水乙醚(4.1.6)萃取脱脂(注意轻轻振摇，勿使乳化)，弃去醚层，水层置通风橱内在沸水浴上挥尽乙醚。水层加水饱和的正丁醇(4.1.24)分别为 40 mL、40 mL、40 mL、30 mL 和 30 mL 萃取共 5 次，合并 5 次的正丁醇萃取液。正丁醇萃取液加 40 mL 正丁醇饱和的水(4.1.23)洗涤，此水层再加 40 mL 水饱和的正丁醇(4.1.24)洗涤，合并正丁醇萃取液。在旋转蒸发仪(4.2.4)上回收正丁醇萃取液溶剂，残渣用乙醇溶液(4.1.16)溶解，过滤，用适量乙醇溶液(4.1.16)洗涤滤纸，滤液收集于已恒重的烧杯中。烧杯置沸水浴中挥尽溶剂，取出后置 103 ℃±2 ℃电热鼓风干燥箱(4.2.5)中干燥至恒重，称重(精确至 0.000 1 g)。

4.5.1.3 计算和结果的表示

试样中油茶总皂苷含量 w_1，以质量分数(%)表示，按式(1)计算：

$$w_1 = \frac{m_1 - m_2}{m} \times 100 \qquad \cdots\cdots(1)$$

式中：

m_1——干燥至恒重后残渣加烧杯的质量，单位为克(g)；

m_2——烧杯的质量，单位为克(g)；

m ——试样的质量，单位为克(g)。

计算结果表示至小数点后一位。

4.5.1.4 允许差

取平行测定结果的算术平均值为测定结果，两次平行测定结果相对偏差应不大于 5%。

4.5.2 比色法

4.5.2.1 原理

油茶总皂苷被强氧化性酸氧化后与香草醛加成，生成紫红色的物质。在一定浓度范围内，油茶总皂苷的浓度与紫红色物质颜色的深浅程度成正比，用分光光度计比色法测定。

4.5.2.2 油茶总皂苷标准溶液的制备

称取 0.03 g(精确至 0.000 1 g)油茶总皂苷标准品(4.1.25)，溶于甲醇(4.1.7)，移入 100 mL 容量瓶中，用甲醇(4.1.7)稀释至刻度。

4.5.2.3 试样溶液的制备

称取 0.2g(精确到 0.000 1 g)试样，溶于甲醇(4.1.7)，移入 100 mL 容量瓶中，用甲醇(4.1.7)稀释至刻度，过滤，取滤液使用。

4.5.2.4 标准曲线的制备

分别移取 0.4 mL、0.8 mL、1.2 mL、1.6 mL、2.0 mL 和 2.4 mL 油茶总皂苷标准溶液(4.5.2.2)置 10 mL 容量瓶中。各容量瓶置沸水浴中挥尽溶剂后流水冷却至室温，加 0.4 mL 香草醛乙醇溶液(4.1.21)和 2.4 mL 高氯酸(4.1.8)，立即摇匀。各容量瓶同时置 70 ℃恒温水浴锅(4.2.1)中加热

15 min，取出后用流水冷却，加乙酸乙酯(4.1.9)定容。立即混匀，放置至室温。用1 cm比色杯，在紫外可见分光光度计(4.2.3)上，以试剂空白作对照，于波长550 nm处测吸光度。以吸光度为纵坐标，各测试溶液油茶总皂苷浓度为横坐标，绘制标准曲线或计算回归方程。

4.5.2.5 测定

移取0.6 mL试样溶液(4.5.2.3)，置10 mL容量瓶中。按4.5.2.4自“置沸水浴中挥尽溶剂”起，与标准溶液平行进行显色和测定测试试样溶液的吸光度(A)。将A代入标准曲线或回归方程(4.5.2.4)计算测试试样溶液中油茶总皂苷的浓度c_1。

4.5.2.6 计算和结果的表示

试样中油茶总皂苷含量w_2，以质量分数(%)表示，按式(2)计算：

$$w_2=\frac{c_1\times 10\times 100}{m_3\times 0.6\times 1\,000}\times 100 \qquad\cdots\cdots(2)$$

式中：

c_1 ——测试试样溶液中油茶总皂苷的浓度，单位为毫克每毫升(mg/mL)；

10 ——测试试样溶液的体积，单位为毫升(mL)；

100 ——试样溶液的总体积，单位为毫升(mL)；

m_3 ——试样的质量，单位为克(g)；

0.6 ——测定用试样溶液的体积，单位为毫升(mL)；

1 000 ——质量单位换算系数。

计算结果表示至小数点后一位。

4.5.2.7 允许差

取平行测定结果的算术平均值为测定结果，两次平行测定结果相对偏差应不大于5%。

4.6 总糖含量的测定

4.6.1 原理

利用盐酸将总糖水解为单糖，此单糖被3,5-二硝基水杨酸还原，生成棕红色的化合物。在一定浓度范围内，单糖的浓度与棕红色物质颜色的深浅程度成正比，用分光光度计比色法测定，再折算成总糖的量。

4.6.2 葡萄糖标准溶液的制备

4.6.2.1 葡萄糖标准储备溶液的制备

称取1.0 g(精确至0.000 1 g)80 ℃干燥至恒量的葡萄糖标准品(4.1.26)，溶于水，移入1 000 mL容量瓶中，稀释至刻度。4 ℃贮存备用。

4.6.2.2 葡萄糖标准工作溶液的制备

分别移取10 mL、20 mL、30 mL、40 mL和50 mL葡萄糖标准储备溶液(4.6.2.1)置100 mL容量瓶中，用水稀释至刻度。配制得到浓度依次为0.1 mg/mL、0.2 mg/mL、0.3 mg/mL、0.4 mg/mL和0.5 mg/mL的葡萄糖标准工作溶液。

4.6.3 试样溶液的制备

称取0.2 g(精确到0.000 1 g)试样置试管中，加15 mL水溶解。加10 mL盐酸溶液(4.1.17)，置沸水浴中反应 0.5 h,取出后用流水冷却,过滤。滤液用氢氧化钠溶液(4.1.18)调 pH 值至 7～8,移入 250 mL 容量瓶中,用水稀释至刻度。

4.6.4 标准曲线的制备

分别移取 1 mL 葡萄糖标准工作溶液(4.6.2.2)置 10 mL 容量瓶中。各容量瓶加 3,5-二硝基水杨酸溶液(4.1.22)1 mL,摇匀。各容量瓶同时置沸水浴中加热 5 min,取出后用流水冷却,加水定容。摇匀,放置至室温。用 1 cm 比色杯,在紫外可见分光光度计(4.2.3)上,以试剂空白作对照,于波长 540 nm 处测吸光度。以吸光度为纵坐标,各测试溶液葡萄糖浓度为横坐标,绘制标准曲线或计算回归方程。

4.6.5 测定

移取试样溶液(4.6.3)1 mL,置 10 mL 容量瓶中,按 4.6.4 自"加 3,5-二硝基水杨酸溶液"起,与标准溶液平行进行显色和测定测试试样溶液的吸光度(A)。将 A 代入标准曲线或回归方程(4.6.4)计算测试试样溶液中葡萄糖的浓度 c_2。

4.6.6 计算和结果的表示

试样中总糖含量 w_3,以质量分数(%)表示,按式(3)计算:

$$w_3 = \frac{c_2 \times 10 \times 250 \times 0.9}{m_4 \times 1 \times 1\,000} \times 100 \qquad \cdots\cdots(3)$$

式中:

c_2 ——测试试样溶液中葡萄糖的浓度,单位为毫克每毫升(mg/mL);
10 ——测试试样溶液的体积,单位为毫升(mL);
250 ——试样溶液的总体积,单位为毫升(mL);
0.9 ——1 g 葡萄糖相当于总糖质量数;
m_4 ——试样的质量,单位为克(g);
1 ——测定用试样溶液的体积,单位为毫升(mL);
1 000 ——质量单位换算系数。

计算结果表示至小数点后一位。

4.6.7 允许差

取平行测定结果的算术平均值为测定结果,两次平行测定结果相对偏差应不大于 5%。

4.7 粗灰分的测定

按 GB/T 6438 测定。

4.8 粗蛋白的测定

按 GB/T 6432 测定。

4.9 干燥失重的测定

按 GB/T 6435 测定。

4.10 砷的测定

按 GB/T 13079 测定。

4.11 铅的测定

按 GB/T 13080 测定。

4.12 汞的测定

按 GB/T 13081 测定。

4.13 镉的测定

按 GB/T 13082 测定。

4.14 黄曲霉毒素 B_1 的测定

按 GB/T 17480 测定。

4.15 霉菌总数的测定

按 GB/T 13092 测定。

4.16 沙门氏菌的测定

按 GB/T 13091 测定。

4.17 粒度的测定

按 GB/T 5917.1 测定。

5 检验规则

5.1 组批

以同样生产工艺、同一批原料在一个生产周期得到的产品为一个批次。

5.2 采样

按 GB/T 14699.1 执行。

5.3 出厂检验

每批产品应由生产质量检验部门进行出厂检验。检验项目为性状、油茶总皂苷含量、总糖含量、粗灰分、粗蛋白、干燥失重和粒度。检验合格的，签发检验合格证后，方可入库或出厂。

5.4 型式检验

型式检验至少每年一次，检验项目为本标准第 3 章规定的所有项目。有下列情况之一时，也应进行型式检验：

a) 审发生产许可证、产品批准文号时；

b) 法定质检部门提出要求时；

c) 原辅材料、工艺过程及主要设备有较大变化时；

d) 停产三个月以上，恢复生产时。

5.5 判定规则

检验结果全部符合本标准规定要求的判为合格品。有一项指标不符合本标准要求时，应重新自两倍量的包装单元中取样进行复核检验，复验结果中只要有一项指标不符合本标准要求的，则整批产品判为不合格品。

6 标签、包装、运输和贮存

6.1 标签

标签按 GB 10648 执行。

6.2 包装

本产品应密封装于聚乙烯塑料袋，然后放入带有内膜的纸塑复合袋或铝箔袋中，也可根据用户要求进行密封包装。每件包装净量可根据用户的要求而定。

6.3 运输

本产品在运输过程中应避免日晒、雨淋、受潮，搬运装卸应小心轻放，严禁碰撞，防止包装破损，严禁与有毒有害或其他有污染的物品以及具有氧化性的物质混装、混运。

6.4 贮存

本品应在阴凉、干燥、清洁处密封贮存，防止日晒、雨淋、受潮，严禁与有毒有害的物品混贮。

本产品在规定的贮存条件下，原包装从生产之日起保质期为 12 个月(开封后应尽快使用，以免吸潮后结块和变质)。

ICS 37.040.20
G 80

中华人民共和国国家标准

GB/T 25248—2010

830 nm 数字制版材料用红外吸收菁染料含量的测定 高效液相色谱法

Determination of infrared cyanine dye for 830 nm digital printing materials—High performance liquid chromatography

2010-09-26 发布　　2011-08-01 实施

中华人民共和国国家质量监督检验检疫总局
中国国家标准化管理委员会　发布

前　言

本标准的附录 A 为资料性附录。

本标准由中国石油和化学工业协会提出。

本标准由全国数码影像材料与数字印刷材料标准化技术委员会(SAC/TC 432)归口。

本标准起草单位:乐凯集团第二胶片厂。

本标准主要起草人:王怀功、李合成、门红伟、兰晓丽、张丽、潘展。

830 nm 数字制版材料用
红外吸收菁染料含量的测定
高效液相色谱法

1 范围

本标准规定了用高效液相色谱法测定 830 nm 数字制版材料用红外吸收菁染料含量的方法。

本标准适用于含量大于 98%的 830 nm 数字制版材料用红外吸收菁染料产品的质量控制。

测定的杂质最低含量为 0.01%。

2 规范性引用文件

下列文件中的条款通过本标准的引用而成为本标准的条款。凡是注日期的引用文件，其随后所有的修改单(不包括勘误的内容)或修订版均不适用于本标准，然而，鼓励根据本标准达成协议的各方研究是否可使用这些文件的最新版本。凡是不注日期的引用文件，其最新版本适用于本标准。

GB/T 6679　固体化工产品采样通则

GB/T 6682　分析实验室用水规格和试验方法(GB/T 6682—2008，ISO 3696 :1987，MOD)

GB/T 8170　数值修约规则与极限数值的表示和判定

3 基本特性

830 nm 数字制版材料用红外吸收菁染料产品的化学名称为 2-[2-[2-氯-3-[2-(1，3-二氢-1，1，3-三甲基-2-氢-苯并吲哚-2-叶立德烯)-亚乙基]-1-环己烯-1-基]-乙烯基]-1，1，3-三甲基-1-氢-苯并吲哚鎓 4-甲基苯磺酸盐，结构式为：

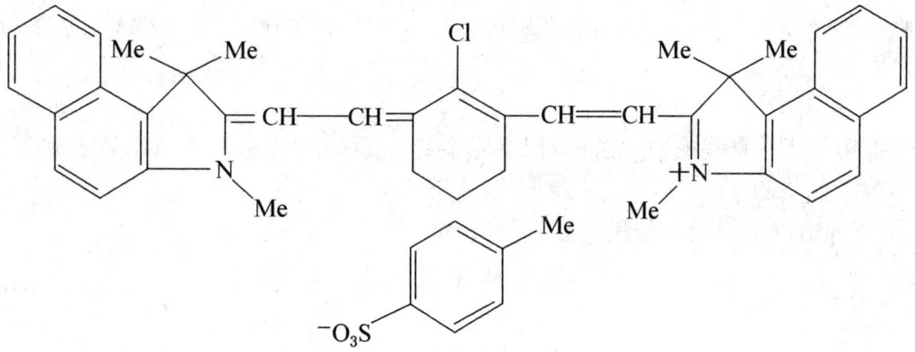

分子式：$C_{47}H_{47}ClN_2O_3S$

相对分子质量：755.41(按 2007 年国际相对原子质量)

4 方法要点

称取样品、溶解，用微量注射器或定量进样阀将样品溶液注入色谱柱进行分离，用指定波长的紫外可见光检测器检测，用面积归一化法计算 830 nm 数字制版材料用红外吸收菁染料的含量。

5 采样

830 nm 数字制版材料用红外吸收菁染料的采样方法按国标 GB/T 6679 的规定执行。

6 试剂与标准样品

6.1 甲醇,色谱纯。

6.2 二氧六环,分析纯。

6.3 新鲜蒸馏水,符合 GB/T 6682 的规定,再经 0.45 μm 滤膜过滤。

7 仪器与设备

7.1 配有紫外可见光检测器的高效液相色谱。

7.2 分析天平,感量为 0.1 mg。

7.3 容量瓶,10 mL、25 mL。

7.4 移液管,2 mL,最小刻度 0.02 mL。

7.5 配有 0.45 μm 滤膜的过滤装置。

8 推荐色谱条件

8.1 色谱柱,材质为不锈钢,长 150 mm,内径 4.6 mm,柱温:35 ℃,填料为十八烷基化学键合相型硅胶(Nov-Pak-C18),粒度为 5 μm。

8.2 流动相,甲醇:二氧六环:水=80:15:5(体积比)。

8.3 流量,0.8 mL/min。

8.4 进样量,20 μL。

8.5 检测器,紫外检测器,检测波长为 365 nm。

9 测试步骤

9.1 样品溶液的配制

称取 25.0 mg 样品,精确至 0.1 mg,用甲醇溶解并定容至 25 mL,再取 1.0 mL 该溶液,用 8.2 的流动相定容到 10 mL,得到样品浓度为 0.1 mg/mL 的试样,用 0.45 μm 的滤膜过滤后待测。

注:本实验规定的样品的称样量由样品溶液的进样量、色谱柱负荷、杂质峰检测限、检测器灵敏度共同确定,并可作适当调整。

9.2 测定

按照本标准第 8 章中推荐的测试条件,待仪器稳定后,注入规定量的被测样品溶液。

9.3 计算

830 nm 红外吸收菁染料的含量按式(1)进行计算:

$$X_1=\frac{A_1}{\sum A_i}\times 100 \qquad \cdots\cdots(1)$$

式中:

X_1——被测样品中 830 nm 红外吸收菁染料的百分含量;

A_1——被测样品中 830 nm 红外吸收菁染料的峰面积;

$\sum A_i$——被测样品中各组分 i 的峰面积之和。

9.4 精密度

本方法平行测定两次,取两次平行测定结果的算术平均值为测定结果,两次平行测定结果之差的相对偏差不得大于 0.6%。数据处理按 GB/T 8170 数值修约规则执行。

10 实验报告

实验报告应包括下列内容:

a） 有关样品的资料：批号、日期、时间、试验使用的仪器型号等；

b） 分析结果；

c） 在测定中观察到的异常现象；

d） 任何不包括在本标准中的操作或自由选择的试验条件。

附　录　A
（资料性附录）
典型的 830 nm 红外吸收菁染料色谱图

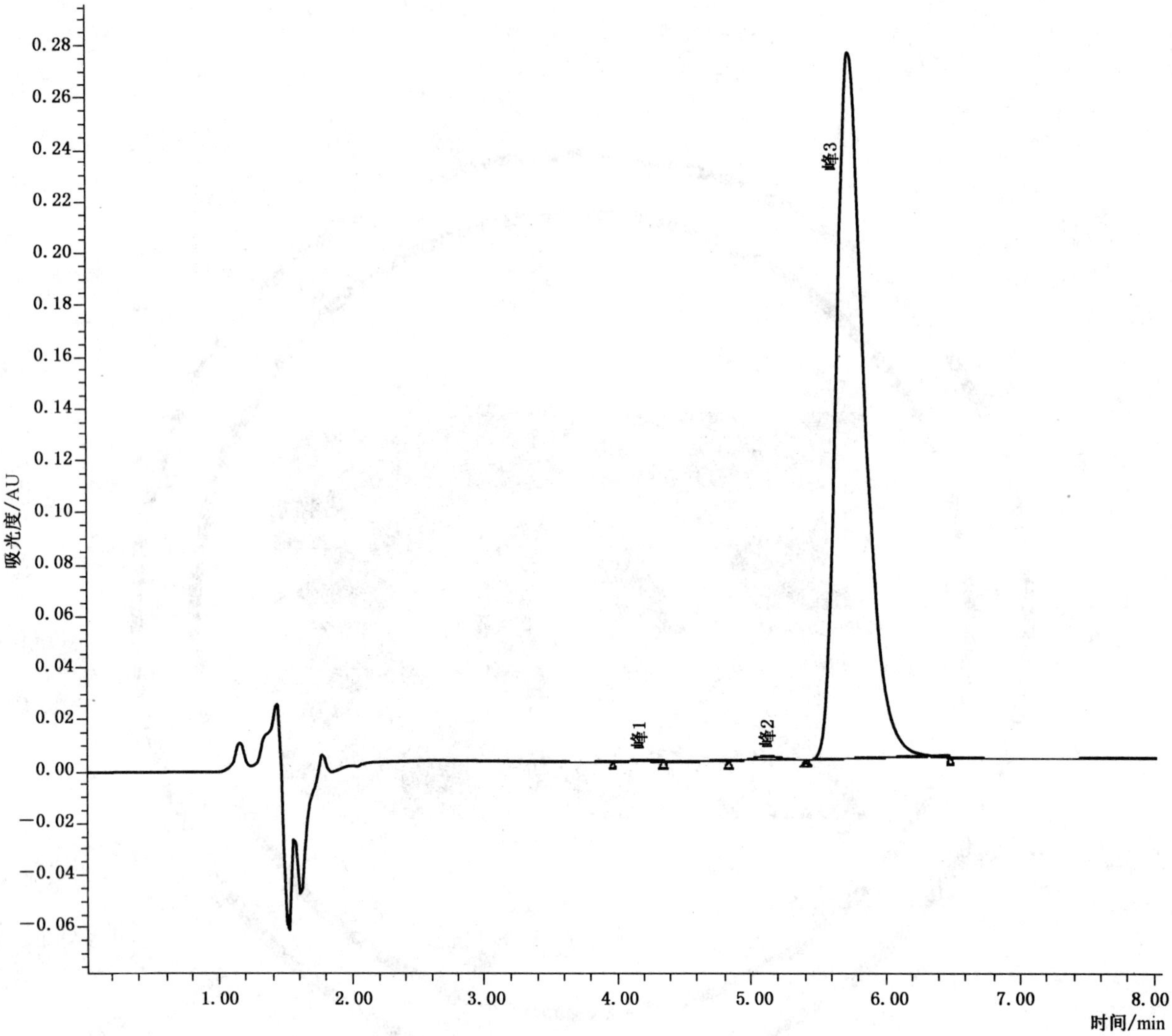

峰 1——杂质 1
峰 2——杂质 2
峰 3——830 nm 红外吸收菁染料

图 A.1　典型的 830 nm 红外吸收菁染料色谱图

ICS 87.040
G 51

中华人民共和国国家标准

GB/T 25249—2010

氨基醇酸树脂涂料

Amino-alkyd resin coatings

2010-09-26 发布 2011-08-01 实施

中华人民共和国国家质量监督检验检疫总局
中国国家标准化管理委员会 发布

前　言

本标准由中国石油和化学工业协会提出。

本标准由全国涂料和颜料标准化技术委员会(SAC/TC 5)归口。

本标准起草单位:中海油常州涂料化工研究院、南京长江涂料有限公司、深圳松辉化工有限公司、东莞大宝化工制品有限公司、浙江飞鲸漆业有限公司。

本标准主要起草人:郑国娟、李纯、张定德、黄建华、潘海洋。

氨基醇酸树脂涂料

1 范围

本标准规定了氨基醇酸树脂涂料的分类、要求、试验方法、检验规则、标志、包装和贮存等内容。

本标准适用于以氨基树脂和醇酸树脂为主要成膜物质，在一定温度下经烘烤固化形成涂膜的单组分涂料，主要用于轻工产品、机电仪器仪表、玩具等各种金属制品表面的涂覆，起装饰保护作用。

本标准不适用于氨基烘干绝缘涂料。

2 规范性引用文件

下列文件中的条款通过本标准的引用而成为本标准的条款。凡是注日期的引用文件，其随后所有的修改单(不包括勘误的内容)或修订版均不适用于本标准，然而，鼓励根据本标准达成协议的各方研究是否可使用这些文件的最新版本。凡是不注日期的引用文件，其最新版本适用于本标准。

GB/T 1725—2007 色漆、清漆和塑料 不挥发物含量的测定(ISO 3251:2003,IDT)

GB/T 1726—1979 涂料遮盖力测定法

GB/T 1728—1979 漆膜、腻子膜干燥时间测定法

GB/T 1732—1993 漆膜耐冲击测定法

GB/T 1735—2009 色漆和清漆 耐热性的测定(ISO 3248:1998,Paints and varnishes—Determination of the effect of heat,MOD)

GB/T 1766—2008 色漆和清漆 涂层老化的评级方法

GB/T 1865—2009 色漆和清漆 人工气候老化和人工辐射曝露 滤过的氙弧辐射(ISO 11341:2004,IDT)

GB 1922—2006 油漆及清洗用溶剂油

GB/T 3186 色漆、清漆和色漆与清漆用原材料 取样(GB/T 3186—2006,ISO 15528:2000,IDT)

GB/T 6682 分析实验室用水规格和试验方法(GB/T 6682—2008,ISO 3696—1987,MOD)

GB/T 6739—2006 色漆和清漆 铅笔法测定漆膜硬度(ISO 15184:1998,IDT)

GB/T 6742—2007 色漆和清漆 弯曲试验(圆柱轴)(ISO 1519:2002,IDT)

GB/T 6753.1—2007 色漆、清漆和印刷油墨 研磨细度的测定(ISO 1524:2000,IDT)

GB/T 6753.4—1998 色漆和清漆 用流出杯测定流出时间(eqv ISO 2431:1993)

GB/T 8170 数值修约规则与极限数值的表示和判定

GB/T 9271—2008 色漆和清漆 标准试板(ISO 1514:2004,MOD)

GB/T 9274—1988 色漆和清漆 耐液体介质的测定(eqv ISO 2812:1974)

GB/T 9278 涂料试样状态调节和试验的温湿度(GB/T 9278—2008,ISO 3270:1984,Paints and varnishes and their raw materials—Temperatures and humidities for conditioning and testing,IDT)

GB/T 9281.1—2008 透明液体 加氏颜色等级评定颜色 第1部分:目视法(ISO 4630-1:2004,IDT)

GB/T 9286—1998 色漆和清漆 漆膜的划格试验(eqv ISO 2409:1992)

GB/T 9750 涂料产品包装标志

GB/T 9754—2007 色漆和清漆 不含金属颜料的色漆漆膜的20°、60°和85°镜面光泽的测定(ISO 2813:1994,IDT)

GB/T 13452.2 色漆和清漆 漆膜厚度的测定(GB/T 13452.2—2008,ISO 2808:2007,IDT)

GB/T 13491 涂料产品包装通则

3 产品分类

本标准将氨基醇酸树脂涂料分为清漆和色漆两种，色漆又分为Ⅰ型和Ⅱ型，Ⅰ型为除锤纹等美术漆以外的色漆，Ⅱ型为锤纹等美术漆，Ⅰ型按使用场合不同又分为室外用和室内用两种。

4 要求

产品应符合表1的要求。

表1 要求

<table>
<tr><th rowspan="4">项　　目</th><th colspan="4">指　　标</th></tr>
<tr><th rowspan="3">清漆</th><th colspan="3">色漆</th></tr>
<tr><th colspan="2">Ⅰ型</th><th rowspan="2">Ⅱ型</th></tr>
<tr><th>室外用</th><th>室内用</th></tr>
<tr><td>在容器中状态</td><td colspan="4">搅拌混合后无硬块，呈均匀状态</td></tr>
<tr><td>原漆颜色[a]/号　≤</td><td>6</td><td colspan="3">—</td></tr>
<tr><td>流出时间(ISO 6号杯)/s　≥</td><td>30</td><td colspan="3">—</td></tr>
<tr><td>不挥发物含量/%　≥</td><td>—</td><td colspan="3">47</td></tr>
<tr><td>细度[b]/μm　≤
光泽(60°)≥80
光泽(60°)<80</td><td>—</td><td colspan="2">
20
36</td><td>—</td></tr>
<tr><td>遮盖力[c]/(g/m²)　≤
白色
黑色
其他色</td><td>—</td><td colspan="2">
110
40
商定</td><td>—</td></tr>
<tr><td>贮存稳定性[(50±2)℃/72 h]</td><td colspan="4">通过</td></tr>
<tr><td>干燥时间</td><td colspan="4">通过</td></tr>
<tr><td>漆膜外观</td><td colspan="3">正常</td><td>—</td></tr>
<tr><td>光泽(60°)</td><td colspan="3">商定</td><td>—</td></tr>
<tr><td>划格试验/级　≤</td><td colspan="3">1</td><td>—</td></tr>
<tr><td>耐冲击性/cm</td><td>50</td><td colspan="3">≥40</td></tr>
<tr><td>铅笔硬度(刮破)　≥</td><td colspan="4">HB</td></tr>
<tr><td>弯曲试验/mm　≤</td><td colspan="4">3</td></tr>
<tr><td>耐热性[(150±2)℃/1.5 h]</td><td>—</td><td colspan="3">允许轻微变色和失光，并通过10 mm弯曲试验</td></tr>
<tr><td>渗色性[d]</td><td>—</td><td colspan="2">无渗色</td><td>—</td></tr>
<tr><td>耐水性(24 h)</td><td colspan="3">无异常</td><td>—</td></tr>
<tr><td>耐碱性[e](5% Na_2CO_3 溶液 24 h)</td><td colspan="2">—</td><td>无异常</td><td>—</td></tr>
<tr><td>耐酸性[e](10% H_2SO_4 溶液 5 h)</td><td>—</td><td>无异常</td><td colspan="2">—</td></tr>
<tr><td>耐挥发油性(3号普通型油漆及清洗用溶剂油)</td><td>48 h无异常</td><td colspan="2">24 h无异常</td><td>—</td></tr>
</table>

表 1（续）

<table>
<tr><td rowspan="4">项　目</td><td colspan="4">指　标</td></tr>
<tr><td rowspan="3">清漆</td><td colspan="3">色漆</td></tr>
<tr><td colspan="2">Ⅰ型</td><td rowspan="2">Ⅱ型</td></tr>
<tr><td>室外用</td><td>室内用</td></tr>
<tr><td>耐人工气候老化性(350 h)</td><td>—</td><td>不起泡、不开裂，变色≤2 级，失光≤2 级</td><td colspan="2">—</td></tr>
<tr><td colspan="5">[a] 非透明液体除外。
[b] 含片状颜料和效应颜料，如铝粉、云母氧化铁、玻璃鳞片、珠光粉等的产品除外。
[c] 含有透明颜料的产品除外。
[d] 白色、银色、红色漆除外。
[e] 含铝粉的产品除外。</td></tr>
</table>

5　试验方法

5.1　取样

产品按 GB/T 3186 的规定取样，也可按商定方法取样。取样量根据检验需要确定。

5.2　试验环境

除另有规定，制备好的样板应在 GB/T 9278 规定的条件下放置规定的时间后，按有关检验方法进行性能测试。干燥时间、光泽、划格试验、耐冲击性、铅笔硬度、弯曲试验项目应在 GB/T 9278 规定的条件下进行测试，其余项目按相关检验方法标准规定的条件进行测试。

5.3　试验样板的制备

除另有规定，试验用马口铁板、钢板和玻璃板应符合 GB/T 9271—2008 的要求，马口铁板的处理按 GB/T 9271—2008 中 4.3 的规定进行，钢板的处理应按 GB/T 9271—2008 中 3.5.2 的规定进行，玻璃板的处理应按 GB/T 9271—2008 中 7.2 的规定进行。按表 2 的规定制备试验样板，用 GB/T 13452.2 中规定的一种方法测定漆膜厚度。

表 2　试验样板的制备

<table>
<tr><td>检验项目</td><td>底材类型</td><td>底材尺寸
mm</td><td>施工方式及道数</td><td>漆膜厚度
μm</td><td>干燥及养护时间</td></tr>
<tr><td>漆膜外观、干燥时间、耐冲击性、弯曲试验、耐热性、耐水性、耐挥发油性、划格试验、铅笔硬度、渗色性</td><td>马口铁板</td><td>120×50×(0.2～0.3)</td><td rowspan="2">喷涂一道</td><td rowspan="2">清漆：20±3
色漆：23±3</td><td rowspan="4">样板喷涂好后放置 20 min，按规定的温度和时间烘干(烘烤温度和时间由供需双方商定)，放置 1 h 后进行试验。</td></tr>
<tr><td>光泽</td><td>清漆：涂覆黑漆的玻璃板；
色漆：玻璃板</td><td>150×100×3</td></tr>
<tr><td>耐碱性、耐酸性</td><td>钢板</td><td>120×50×(0.45～0.55)</td><td rowspan="2">喷涂二道(第一道喷涂后放置 20 min，按规定的温度和时间烘干后再喷第二道)</td><td rowspan="2">45±5</td></tr>
<tr><td>耐人工气候老化性</td><td>钢板</td><td>150×70×(0.8～1.5)</td></tr>
<tr><td colspan="6">注：划格试验、耐水性、耐碱性、耐酸性、耐挥发油性和耐人工气候老化性项目也可按供需双方商定的色漆和清漆配套体系进行制板。</td></tr>
</table>

采用与本标准规定不同的底材、底材处理方法及样板制备方法，应在试验报告中注明。

5.4　在容器中状态

打开容器，用调刀或搅拌棒搅拌，允许容器底部有沉淀，若经搅拌易于混合均匀，可评为“搅拌混合后无硬块，呈均匀状态”。

5.5　原漆颜色

按 GB/T 9281.1—2008 的规定进行。

5.6　流出时间

按 GB/T 6753.4—1998 的规定进行。

5.7　细度

按 GB/T 6753.1—2007 的规定进行。

5.8　不挥发物含量

按 GB/T 1725—2007 的规定进行。烘烤温度为(125±2)℃，烘烤时间为 1 h，试样量约 1 g。

5.9　遮盖力

按 GB/T 1726—1979 中刷涂法的规定进行。

5.10　贮存稳定性

将约 250 mL 试样倒入内径为(70～80)mm、容量约 300 mL 的金属制罐中，立即盖好盖子，于(50±2)℃条件下贮存 72 h 后，如仍符合 5.4 条“在容器中状态”，则可评为“通过”。

5.11　干燥时间

按 GB/T 1728—1979 中实际干燥时间的甲法测定。在商定的温度和时间下进行烘烤，如实干则可评为“通过”。

5.12　漆膜外观

在自然日光下目视观察样板表面有无桔皮、起皱、色斑、缩孔等现象，如无则可评定为“正常”。

5.13　光泽

按 GB/T 9754—2007 的规定进行。

5.14　划格试验

按 GB/T 9286—1998 的规定进行。

5.15　耐冲击性

按 GB/T 1732—1993 的规定进行。

5.16　铅笔硬度

按 GB/T 6739—2006 的规定进行。铅笔用中华牌 101 绘图铅笔，以铅笔是否刮破漆膜来评定。

5.17　弯曲试验

按 GB/T 6742—2007 的规定进行。

5.18　渗色性

将同类白色氨基醇酸树脂涂料喷涂至已经干燥的色漆漆膜上，放置 20 min 后在商定的温度、时间下干燥后放置 1 h，在自然日光下目视观察受试产品是否渗到白色漆膜中并引起颜色变化，如无此现象则可评为“无渗色”。

5.19　耐热性

按 GB/T 1735—2009 的规定进行耐热性的测定，试验温度为(150±2)℃，时间为 1.5 h。耐热试验后的样板放置 24 h 后按 GB/T 6742—2007 进行弯曲试验。

5.20　耐水性、耐碱性、耐酸性、耐挥发油性

按 GB/T 9274—1988 中浸泡法的规定进行。水为符合 GB/T 6682 中规定的三级水，碱为 5% Na_2CO_3 溶液，酸为 10% H_2SO_4 溶液，油为符合 GB 1922—2006 中规定的 3 号普通型油漆及清洗用溶剂油。3 块试板中至少有 2 块未出现起泡、开裂、剥落、明显变色和明显失光等涂膜病态现象，则可评为

"无异常"。如出现以上涂膜病态现象按 GB/T 1766—2008 进行描述。

5.21 耐人工气候老化性

按 GB/T 1865—2009 中方法 1 中循环 A 的规定进行,结果评定按 GB/T 1766—2008 的规定进行。

6 检验规则

6.1 检验分类

6.1.1 产品检验分为出厂检验和型式检验。

6.1.2 出厂检验项目包括在容器中状态、原漆颜色、流出时间、细度、干燥时间、漆膜外观、光泽、划格试验、耐冲击性、铅笔硬度、弯曲试验。

6.1.3 型式检验项目包括本标准所列的全部技术要求。在正常生产情况下,每年至少进行一次型式检验。

6.2 检验结果的判定

6.2.1 检验结果的判定按 GB/T 8170 中修约值比较法进行。

6.2.2 所有应检项目的检验结果均达到本标准要求时,该试验样品为符合本标准要求。

7 标志、包装和贮存

7.1 标志

按 GB/T 9750 的规定进行。

7.2 包装

按 GB/T 13491 中一级包装要求的规定进行。

7.3 贮存

产品贮存时应保证通风、干燥,防止日光直接照射并应隔绝火源,远离热源。产品应根据类型定出贮存期,并在包装标志上明示。

ICS 37.040.20
G 80

中华人民共和国国家标准

GB/T 25250—2010/ISO 18935:2005

成像材料 纸质照片上的彩色影像 打印彩色影像室内耐水性测定

**Imaging materials—
Colour images on paper prints—
Determination of indoor water resistance of printed colour images**

(ISO 18935:2005,IDT)

2010-09-26 发布　　　　2011-08-01 实施

中华人民共和国国家质量监督检验检疫总局
中国国家标准化管理委员会　发布

前　言

本标准等同采用 ISO 18935:2005《成像材料　纸质照片上的彩色影像　打印彩色影像室内耐水性测定》(英文版)。

本标准等同翻译 ISO 18935:2005。

为便于使用,本标准做了以下编辑性修改:

a) “本国际标准”一词改为“本标准”;

b) 用小数点“.”代替作为小数点的逗号“,”;

c) 删除 ISO 18935:2005 的前言,重新编写本标准的“前言”;将国际标准的引言直接翻译作为本标准的引言;

d) 删除 ISO 18935:2005 的资料性附录 A。

本标准由中国石油和化学工业协会提出。

本标准由全国数码影像材料与数字印刷材料标准化技术委员会(SAC/TC 432)归口。

本标准起草单位:中国乐凯胶片集团公司。

本标准主要起草人:唐志健、程媛。

引　言

在彩色照片正常的保存条件下，耐水性不是一个重要的考虑因素。但是在灾难条件下(如洪水、地震，或其他以水为主的破坏)，如果照片是被打捞起来后修复，那此特性将非常关键。应用于数码彩色照片和一些数码照片中使用的着色剂中的多种材料都是水可溶解的。它们耐水性等级的不同取决于使用的着色剂以及照片是否具有耐水保护层。另外，使用的纸有时也同样重要，同样的着色剂可能在一种纸上表现出很好的耐水性但是在另一种纸上能被完全冲洗掉。甚至是使用不溶于水着色剂的打印系统，如果所用纸张不是同样耐水，也是有可能被水破坏的。本标准提供了一种标准的方法来评价彩色照片定性的耐水性。

成像材料
纸质照片上的彩色影像
打印彩色影像室内耐水性测定

1 范围

本标准规定了测量打印彩色影像室内耐水性的试验方法。本标准同时适用于数字和模拟照片。

2 术语和定义

下列术语和定义适用于本标准。

2.1

环境条件 ambient conditions

环境条件为温度(23±1)℃和相对湿度(50±5)%。

3 耐水性的分类

3.1 概要

照片的耐水性分为3类,也就是在3.2~3.4中定义的耐水、中度耐水、不耐水。

3.2 耐水

耐水性照片是指暴露在液体水或湿气中不会受到明显影响的照片。

注:没有出现着色剂(渗色、模糊、色调变化)、支持体(卷曲、褶皱、层离)、图像表面(光泽变化、水圈)的显著退化。

3.3 中度耐水

中度耐水性照片是指表现出由水引起的一些变化或是损坏,但是仍被认为适用于它的本来用途的照片。

注:损坏表现在,轻微的介质卷曲,边缘处的部分层离,或是由于光泽变化或是少量着色剂移动引起的圈状水印。这种损坏可以通过快速移走水来缓解(小心吸干、抖掉水等方式)。

3.4 不耐水

不耐水性照片是指通过水接触甚至是水雾接触等很容易被损坏,并且被认为不再适合使用的照片。

注:此类损坏表现在,可察觉的卷曲,图像层分离,着色剂渗色到无图像区域或是在不同颜色区域之间渗透,或是图像退化(色调、光泽度变化,表面污点等)。强烈建议此种材料使用者防止水接触。

4 耐水性测量过程

4.1 总则

耐水性是指照片抵抗水破坏的能力,此破坏会以许多形式表现,如着色剂的移动;尺寸变化和(或)图像元素光学密度的变化;图像层的退化,如褶皱、卷曲或失去光泽。目前耐水性试验方法很多。例如,许多喷墨打印照片在水泼到图像表面后迅速擦干水的情况下发生了不能察觉的改变。而其他情况是,有的打印照片在水中浸泡几个小时没有出现任何水破坏,但如果干燥之前擦拭却会擦掉图像层的一部分。

大量的试验表明完整的耐水性描述需要几种不同的方法试验。在各实验室中通过这些方法进行了产生量化可对比试验数据的多种尝试,但是均未成功(或许在一给定的实验室,本标准描述的试验是充分可重复产生统计上可信的数据。但是,这不足以采纳成为确定的评价标准)。由于这个原因,所以规定了试验结果的定性分析。这需要将不同打印材料获得的试验结果分类为耐水类(无变化)和不耐水类。一种中间等级的中度耐水性同样被认可，尽管它的界限不能被准确测量。

本标准需要在所有试验中使用去离子水或是蒸馏水。水的 pH 值是不控制的(除非需要鉴定，pH 值为 7)，但是 pH 值对实验没有多少影响，这是因为介质涂层中任何水溶性成分会溶解到水中并迅速改变 pH 值，它的最终值将取决于使用的介质。

4.2 控制样品

基于耐水性定性标准的试验结果评价，需要使用未处理过的控制样品与水处理过的样品进行对比。

5 试验方法

5.1 概要

耐水性试验有三种方法。方法 1 模拟水洒到图像上然后晾干的影响。方法 2 试验着色剂接受层的物理完整性。这也许是个重要特征，因为有些图像可能在与水接触时不会变模糊或受到其他影响，但是如果在完全干燥前触摸却会被破坏。方法 3 预示图像在灾难条件(例如，洪水破坏)下将如何表现。6.2 中展示一些使用个人电脑中的简单绘图程序所制作的样品试验图案。

5.2～5.4 中论述的试验方法包括青色、品红色、黄色、红色、绿色、蓝色、黑色。对黑色来说，可使用由具有用户特殊驱动设置(详细信息及警告见 6.1)的打印机产生的处理过的黑色。做为一种选择，如果用户可用，也可使用不同方式产生的黑色(例如，3 或 4 色混合，纯黑等)。一些打印系统利用多于青、品红、黄三种基本颜色(例如，高保真六色系统还使用橙色和绿色着色剂)。在这样的情况下，本标准的使用者可以在试验中包含这些其他颜色。所有的打印样品在进行此试验之前，应在周围环境中干燥 24 h。

5.2 方法 1——水滴蒸发

试验标板由合适尺寸(约 2 cm^2)的青色、品红色、黄色、黑色、红色、绿色、蓝色色块组成，此色块是用打印机系统允许的该颜色最大密度打印的成棋盘格状填充图案(1.5 mm^2)的色块。另一组棋盘格状色块以大于最小密度(d_{min})0.5±0.1 的密度同样打印出来。然后将 0.1 mL 的一滴水置于每一色块中心，并且放于环境条件中至少干燥 24 h。

5.3 方法 2——水滴擦干

除了 0.1 mL 的水滴仅用于最大密度色块外，试验标板和最初的步骤与方法 1 相同。将 0.1 mL 水滴置于每种色块的中心，然后在水滴停留 1 min 后，把水擦干净。采取如下方法完成：放置一片 2 cm^2 的实验室棉纸(例如，KimWipe®[1])在试验标板上(覆盖水滴)，在棉纸上覆盖、同样尺寸的半刚性支持体(例如，硬纸板)。将 50 g 重量施加在实验室棉纸上，以大约 5 cm/s 的速度一次性将棉纸拉过样品。

5.4 方法 3——水浸泡

试验标板由青色、品红色、黄色、黑色、红色、绿色、蓝色色块组成(2.5 cm×2 cm，高×宽)，此色块以大于最小密度(d_{min})大约 0.5±0.1 的密度打印，有 7 条线(约 1 mm 宽)间隔 2 mm 穿过色块。每条线都是不同的颜色(CMYKRGB)，以对于该介质，打印系统所允许的最大密度打印(见 6.1)。在 5.2 中使用的另一组成棋盘格状试验图案同样打印出来。然后将试验标板在室温下，浸没在去离子水或蒸馏水中 1 h(也许需要重物来保持试验样品在水下)，然后取出并垂直挂起晾干(约 0.5 h～1 h)。为每一试验样品使用单独的容器以防止交叉污染。

6 试验图案制备

6.1 总则

在 5.1 中说明的试验图案例子可以通过任何可用的图像程序绘制(在此例中使用 Adobe Photo-

1) KimWipe®是一个合适的市场上的可用产品例子。给出这条信息是为了本标准使用者的方便，并不等同于对该产品的 ISO 认可。等效的产品如果能表现出将达到同样的效果，也可使用。

shop®[2])。高密度区域通过设定最大 RGB 色彩数值来生成。较低密度区域设定目标是大于最小密度(d_{min})约 0.5 光学密度，使用的 RGB 数值取决于试验和误差，并且很可能对研究的不同打印机系统而言数值不同。打印品需采用制造商对所研究着色剂和介质建议的驱动设置来打印。当使用非建议或未知驱动设置时，需要注意强烈警告(例如，当将使用的介质和/或着色剂没有打印机制造商的建议数值时)。在这些情况下，喷到介质上的着色剂数量可能太少或是太多，而因此不能表现出该系统的真正最大密度(d_{max})。这将使以上试验的结果出错。不过，如果这些设置代表将要使用的设置，那么即使用该设置，因为他们将表现出终端用户将观察到的性能。

在所有的事例中，记录下所用打印机的准确设置、图像处理程序给定的色彩设置(例如 RGB 数值)以及使用的程序。

当从类似成像系统中制作打印样品时，使用制造商建议的处理条件。如果与本方法出现差异，记录下来。

6.2 试验图案实例

图 1 中给出试验图案实例。

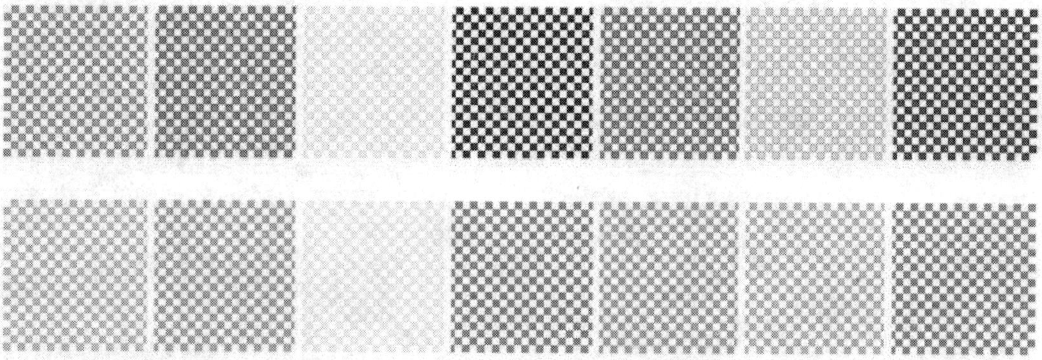

a) 水滴蒸发

b) 水滴擦干

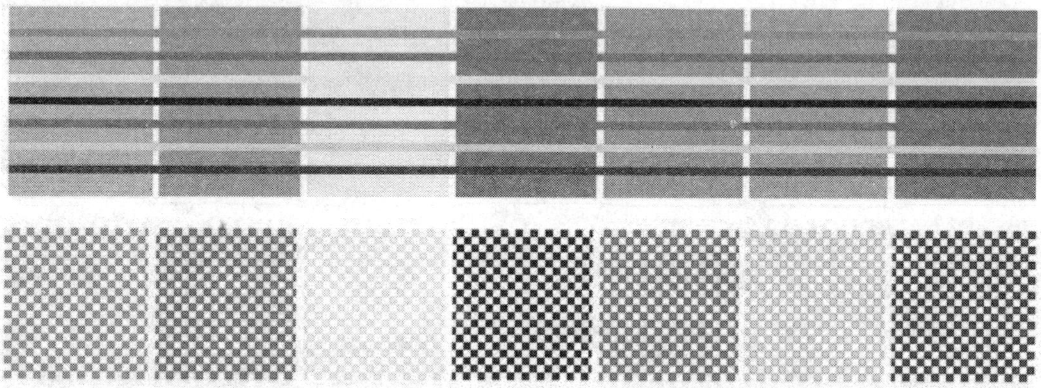

c) 水浸泡

图 1 试验图案实例

2) Adobe Photoshop® 是一个合适的市场上的可用程序包例子。给出这条信息是为了本标准使用者的方便，并不等同于对该产品的 ISO 认可。等效的产品如果能表现出将达到同样的效果，也可使用。

7 试验报告

对于试验的每种系统，本标准的使用者记录下初始的破坏形式，例如，着色剂渗色、纸张褶皱、层离、水圈的形成(由着色剂移动或是水对介质的破坏产生的)，失去光泽，以及着色剂丢失，颜色互相渗透等。在这点上，与控制(未处理)打印品的对比是非常有帮助的。总体耐水性使用列在3.2～3.4中的类别归类。尤其重要的是记录下打印品被破坏到图像信息丢失时候的环境。

除了结果，制作打印样品的打印机设置也要记录，因为正如6.1中解释的，这些设置可能对观察到的耐水性有显著的影响。在样品类似的情况下，记录下制作打印品的过程。

ICS 87.040
G 51

GB

中华人民共和国国家标准

GB/T 25251—2010

醇酸树脂涂料

Alkyd resin coatings

2010-09-26 发布

2011-08-01 实施

中华人民共和国国家质量监督检验检疫总局
中国国家标准化管理委员会 发布

前　言

本标准由中国石油和化学工业协会提出。

本标准由全国涂料和颜料标准化技术委员会(SAC/TC 5)归口。

本标准起草单位:中海油常州涂料化工研究院、中华制漆(深圳)有限公司、广州珠江化工集团有限公司、浙江天女集团制漆有限公司、陕西宝塔山油漆股份有限公司、武汉双虎工业涂料有限公司、南京长江涂料有限公司、常州光辉化工有限公司、山东奔腾漆业有限公司、福建百花化学股份有限公司、杭州油漆有限公司、永记造漆工业(昆山)有限公司、宁波飞轮造漆有限责任公司、江苏冠军涂料实业有限公司、北京展辰化工有限公司、湖南湘江涂料集团有限公司。

本标准主要起草人:冯世芳、陈云、董翔、姚珪铭、刘军平、朱志录、宋景和、陆小英、王辉、黄启煊、姜方群、王海洋、冯伟东、谢海、罗先平、李波。

醇酸树脂涂料

1 范围

本标准规定了醇酸树脂涂料的分类、要求、试验方法、检验规则、标志、包装和贮存等内容。

本标准适用于以醇酸树脂或改性醇酸树脂为主要成膜物质，且通过氧化干燥成膜的醇酸树脂涂料。主要用于金属、木质等表面的保护和装饰。

2 规范性引用文件

下列文件中的条款通过本标准的引用而成为本标准的条款。凡是注日期的引用文件，其随后所有的修改单(不包括勘误的内容)或修订版均不适用于本标准，然而，鼓励根据本标准达成协议的各方研究是否可使用这些文件的最新版本。凡是不注日期的引用文件，其最新版本适用于本标准。

GB/T 1722—1992　清漆、清油及稀释剂颜色测定法

GB/T 1725—2007　色漆、清漆和塑料　不挥发物含量的测定(ISO 3251:2003,IDT)

GB/T 1726—1979　涂料遮盖力测定法

GB/T 1728—1979　漆膜、腻子膜干燥时间测定法

GB/T 1730—2007　色漆和清漆　摆杆阻尼试验(ISO 1522:1998,MOD)

GB/T 1733—1993　漆膜耐水性测定法

GB/T 1762—1980　漆膜回粘性测定法

GB/T 1766—2008　色漆和清漆　涂层老化的评级方法

GB/T 1865—2009　色漆和清漆　人工气候老化和人工辐射曝露　滤过的氙弧辐射色(ISO 11341:2004,IDT)

GB/T 3186　色漆、清漆和色漆与清漆用原材料　取样(GB/T3186—2006,ISO 15528:2000,IDT)

GB/T 6742—2007　色漆和清漆　弯曲试验(圆柱轴)(ISO 1519:2002,IDT)

GB/T 6753.1—2007　色漆、清漆和印刷油墨　研磨细度的测定(ISO 1524:2000,IDT)

GB/T 6753.4—1998　色漆和清漆　用流出杯测定流出时间(eqv ISO 2431:1993)

GB/T 8170　数值修约规则与极限数值的表示和判定

GB/T 9271—2008　色漆和清漆　标准试板(ISO 1514:2004,MOD)

GB/T 9274—1988　色漆和清漆　耐液体介质的测定(eqv ISO 2812:1974)

GB/T 9278　涂料试样状态调节和试验的温湿度(GB/T 9278—2008,ISO 3270:1984, Paints and varnishes and their raw materials—Temperatures and humidities for conditioning and testing,IDT)

GB/T 9286—1998　色漆和清漆　漆膜的划格试验(eqv ISO 2409:1992)

GB/T 9750　涂料产品包装标志

GB/T 9754—2007　色漆和清漆　不含金属颜料的色漆漆膜的20°、60°和85°镜面光泽的测定(ISO 2813:1994,IDT)

GB/T 13452.2　色漆和清漆　漆膜厚度的测定(GB/T 13452.2—2008,ISO 2808:2007,IDT)

GB/T 13491　涂料产品包装通则

GB/T 25271—2010　硝基涂料

JB/T 7499—2006　涂附磨具　耐水砂纸

SH 0004—1990(1998)　橡胶工业用溶剂油

3 产品的分类

产品分醇酸树脂清漆和醇酸树脂色漆两大类。醇酸树脂色漆分为底漆、防锈漆、调合漆和磁漆，磁漆根据涂装产品的使用场合分为室内用和室外用两种产品。

4 技术要求

4.1 醇酸树脂清漆产品应符合表1的要求。

表1 醇酸树脂清漆要求

项　　目		指　　标
在容器中状态		搅拌混合后无硬块，呈均匀状态
原漆颜色(不透明产品除外)/号	≤	12
不挥发物含量/%	≥	40
流出时间(ISO 6号杯)/s	≥	25
结皮性(24 h)		不结皮
施工性		施涂无障碍
漆膜外观		正常
干燥时间/h 　表干 　实干	 ≤ ≤	 5 15
弯曲试验/mm	≤	3
回粘性/级	≤	3
耐水性(6 h)		无异常
耐挥发油性(4 h)		无异常

4.2 醇酸树脂色漆产品应符合表2的要求。

表2 醇酸树脂色漆要求

<table>
<tr><th rowspan="3">项　　目</th><th colspan="5">指　　标</th></tr>
<tr><th rowspan="2">底漆</th><th rowspan="2">防锈漆</th><th rowspan="2">调合漆</th><th colspan="2">磁漆</th></tr>
<tr><th>室内用</th><th>室外用</th></tr>
<tr><td>在容器中状态</td><td colspan="5">搅拌混合后无硬块，呈均匀状态</td></tr>
<tr><td>流出时间(ISO 6号杯)/s　≥</td><td colspan="2">商定</td><td>40</td><td colspan="2">35</td></tr>
<tr><td>细度[a]/μm　≤</td><td>50</td><td>60</td><td>40</td><td colspan="2">光泽(60°)≥80　20
光泽(60°)<80　40</td></tr>
<tr><td>遮盖力/(g/m²)　≤
　白色
　黑色
　其他色
(含有透明颜料的产品除外)</td><td colspan="2">—</td><td>
200
45
商定</td><td colspan="2">
120
45
商定</td></tr>
<tr><td>不挥发物含量/%　≥</td><td colspan="2">—</td><td>50</td><td colspan="2">黑色、红色、蓝色、透明色　42
其他色　50</td></tr>
<tr><td>施工性</td><td colspan="5">施涂无障碍</td></tr>
</table>

表 2（续）

项目	指标				
	底漆	防锈漆	调合漆	磁漆	
				室内用	室外用
重涂适应性	—		重涂时无障碍		
与面漆的适应性	不咬起，不渗色	对面漆无不良影响	—		
干燥时间/h					
表干 ≤	5		8	8	8
实干 ≤	24		24	15	18
漆膜外观	正常				
光泽(60°)	—		商定		
硬度 ≥	—		0.2	0.2	
弯曲试验/mm ≤	—			3	
划格试验/级 ≤	1		—		
打磨性	易打磨，不粘砂纸	—			
渗色性(白色、银色、红色不测)	—			无渗色	
结皮性(48 h)	不结皮				
耐盐水性(3%NaCl)	24 h 无异常	48 h 无异常	—		
耐水性(8 h)	—			无异常	
耐挥发油性(4 h)	—			无异常	
耐酸性[b] (10 g/L H_2SO_4 溶液,24 h)	—				无异常
耐人工气候老化性(200 h)	—				不起泡、不开裂、不剥落、不粉化； 白色、黑色： 变色≤2 级、失光≤3 级 其他色：变色、失光商定

[a] 含片状颜料和效应颜料，如铝粉、云母氧化铁、玻璃鳞片、珠光粉等的产品除外；

[b] 含铝粉颜料的产品除外。

5 试验方法

5.1 取样

产品按 GB/T 3186 规定取样，也可按商定方法取样。取样量根据检验需要确定。

5.2 试验样板的状态调节和试验环境

除另有规定外，制备好的样板，应在 GB/T 9278 规定的条件下放置规定的时间后，按有关检验方法进行性能测试。干燥时间、光泽、硬度、弯曲试验、划格试验应在 GB/T 9278 规定的条件下进行测试，其余项目按相关检验方法标准规定的条件进行测试。

5.3 试验样板的制备

5.3.1 底材的选择和处理方法

除另有商定外，按表3的规定选用底材，试验用钢板、马口铁板和玻璃板应符合GB/T 9271—2008的要求，钢板的处理应按GB/T 9271—2008中3.5.2的规定进行，马口铁板的处理应按GB/T 9271—2008中4.3的规定进行，玻璃板的处理应按GB/T 9271—2008中7.2的规定进行。商定的底材材质类型和底材处理方法应在检验报告中注明。

5.3.2 试验样板的制备

除另有规定外，按表3的规定制备试验样板。如需要底面漆配套检验，配套检验项目和样板制备方法可由供需双方商定。施涂方法可采用刷涂或喷涂，也可采用其他施涂方法。采用与本标准规定不同的样板制备方法，应在检验报告中注明。漆膜厚度的测试按GB/T 13452.2的规定进行。

表3 试验样板的制备

检验项目	底材类型	底材尺寸 mm	施涂方法	漆膜厚度 μm	干燥及养护时间[a]
施工性、漆膜外观、与面漆的适应性、重涂适应性	马口铁板	200×100×(0.2～0.3)	详见相关检验方法规定	清漆 15±3 色漆每道 40±3	详见相关检验方法规定
干燥时间	马口铁板	120×50×(0.2～0.3)	施涂一道	清漆 15±3 色漆 23±3	—
弯曲试验、打磨性	马口铁板	120×50×(0.2～0.3)	施涂一道	清漆 15±3 色漆 23±3	详见检验方法规定
回粘性	马口铁板	120×50×(0.2～0.3)	施涂一道	15±3	72 h
硬度、渗色性	玻璃板	120×90×(1.2～2.0)	施涂一道	23±3	72 h
光泽	玻璃板	150×100×3	详见检验方法规定	—	72 h
划格试验	钢板	120×50×(0.45～0.55)	施涂一道	23±3	详见检验方法规定
耐水性、耐挥发油性	钢板	120×50×(0.45～0.55)	施涂一道	23±3	72 h
耐盐水性、耐酸性	钢板	120×50×(0.45～0.55)	详见检验方法规定	45±5	详见检验方法规定
耐人工气候老化	钢板	150×70×(0.8～1.5)	施涂两道，每道间隔 24 h	60±5	7 d

[a] 从试样开始涂装时计时。

5.4 在容器中状态

打开容器，用调刀或搅拌棒搅拌，允许容器底部有沉淀，若经搅拌易于混合均匀，可评为“搅拌混合后无硬块，呈均匀状态”。

5.5 原漆颜色

按GB/T 1722—1992中的甲法进行。

5.6 细度

按GB/T 6753.1—2007的规定进行。

5.7 流出时间

按GB/T 6753.4—1998的规定进行，用6号杯测试。

5.8 不挥发物含量

按 GB/T 1725—2007 的规定进行。烘烤温度为(105±2)℃,烘烤时间为 1 h,试样量约 1 g。

5.9 遮盖力

按 GB/T 1726—1979 中甲法的规定进行。

5.10 结皮性

将试样约 250 mL 倒入内径(70～80)mm、容量约 300 mL 的金属罐中,立即盖好盖子,使金属罐处于密闭状态。在 GB/T 9278 规定的条件下静置规定的时间后,取下容器的盖子,用玻璃棒触及试样表面,检查表层的流动性。如表层保持液体状态时,可评定为"不结皮"。

5.11 施工性

采用选择的施涂方法涂装试板,如施涂过程中无明显阻力,无明显拉丝、气泡、流挂等现象,可评定为"施涂无障碍"。将涂装好的试板水平放置 24 h 后,用于漆膜外观试验。

5.12 重涂适应性

采用选择的施涂方法涂装一道试样,放置 24 h。在试板的涂漆面用同样的方法进行重涂,观察施涂操作有无障碍。然后,放置 24 h,在自然日光下观察漆膜表面有无颗粒、裂纹、缩孔、起泡、剥落等现象,试片四周 10 mm 范围不属于观察范围。如重涂过程中无明显阻力,无明显拉丝、气泡、流挂等现象,重涂后漆膜表面无颗粒、裂纹、缩孔、起泡和剥落现象,可评定为"重涂时无障碍"。

5.13 干燥时间

表干按 GB/T 1728—1979 中乙法的规定进行,实干 GB/T 1728—1979 中甲法的规定进行。

5.14 与面漆的适应性

在处理好的底材上施涂一道受试产品(底漆或防锈漆),若受试产品为底漆,放置 24 h 后施涂一道符合 GB/T 25271—2010《硝基涂料》的白色硝基涂料;若受试产品为防锈漆,放置 24 h 后施涂一道白色醇酸调合漆或其他与防锈漆配套的面漆。评定与面漆的适应性时,首先应评定在受试产品上,用适宜的涂装工具施涂面漆时,是否能正常操作(施涂面漆过程中无明显阻力,无明显拉丝、气泡、流挂等现象,可视为"能正常操作"),然后再于施涂面漆后放置 48 h,在自然日光下目视检查漆膜,对于底漆,应不出现咬起和渗色现象,对于防锈漆,若不出现剥落、开裂、起皱、缩孔、色斑和光泽不均等现象时,可评定为"对面漆无不良影响"。

5.15 漆膜外观

对施工性试验涂装后并放置 24 h 的样板进行检查,如无明显的刷痕、起皱、色斑、颗粒、缩孔和光泽不均等现象时,可评定为"正常"。

5.16 打磨性

制备好的试板放入(105±2)℃的烘箱中保持 0.5 h,取出后放置 1 h,用符合 JB/T 7499—2006 标准规定的 P320(320 号)水砂纸沾水手工往返打磨 15 次,如漆膜易打磨成平整表面且不粘砂纸,可评定为"易打磨,不粘砂纸"。

5.17 光泽

用槽深为(100±2)μm 的块状涂布器刮涂一道制备试板,按 GB/T 9754—2007 的规定,以 60°角进行测试。

5.18 硬度

按 GB/T 1730—2007 中双摆杆式阻尼试验的规定进行。

5.19 弯曲试验

制备好的试板,清漆放置 72 h 后,按 GB/T 6742—2007 的规定进行测试。磁漆放置 24 h,再放入(120±2)℃的烘箱中保持 1 h,取出后放置 1 h 后,按 GB/T 6742—2007 的规定进行测试。

5.20 划格试验

制备好的试板放入(105±2)℃的烘箱中保持0.5 h,取出后放置1 h,按GB/T 9286—1988的规定进行。

5.21 回粘性

按GB/T 1762—1980的规定进行。

5.22 渗色性

在处理好的底材上施涂一道受试产品,试板涂漆面向上放置48 h,然后施涂一道与受试产品同种类的白色涂料,试板涂漆面向上放置48 h。在自然日光下,目视观察受试产品是否渗到白色漆膜中,并引起颜色变化。如无此现象可评定为“无渗色”。

5.23 耐水性

涂装好的试板面向上放置干燥,在大致固化干燥时,用熔融的石蜡或1∶1的石蜡和松香混合物或同种涂料将试板封边、封背。按GB/T 1733—1993甲法的规定进行试验。浸泡至规定时间后,将试板取出,用吸收纸或布将残存的水分轻轻擦除,立即目视观察漆膜有无皱纹、起泡、开裂及剥落等现象,然后,再将试板放置2 h,再次观察漆膜,与未浸泡试板对比,光泽和颜色有无明显变化。试片的周边及距液面约10 mm以内的漆膜不属于观察区域。三块试板中至少有两块取出后直接观察漆膜无皱纹、起泡、开裂及剥落等现象,取出后再放置2 h目视观察,与未浸泡试板对比,光泽和颜色无明显变化,可评定为“无异常”。如出现以上漆膜病态现象按GB/T 1766—2008进行描述。

5.24 耐挥发油性

涂装好的试板面向上放置干燥,在大致固化干燥时,用同种涂料或性能较好的涂料将试板封边、封背。按GB/T 9274—1998中甲法的规定,将试板浸入符合SH 0004—1990(1998)标准规定的溶剂油(120号溶剂油)中至规定时间后,将试板取出放置2 h,目视观察漆膜,试片的周边及距液面约10 mm以内的漆膜不属于观察区域。三块试板中至少有两块漆膜无皱纹、起泡、开裂及剥落现象,与未浸泡试板对比,光泽和颜色没有明显变化,液体着色及浑浊程度不明显时,可评定为“无异常”。如出现以上漆膜病态现象按GB/T 1766—2008进行描述。

5.25 耐盐水性

在处理好的底材上施涂一道受试产品,放入(105±2)℃的烘箱中保持0.5 h,取出放置至室温,再施涂一道受试产品,再放入(105±2)℃的烘箱中保持0.5 h,取出放置1 h,用同种涂料或性能较好的涂料将试板封边、封背,放置48 h,按GB/T 9274—1988中甲法的规定,将试板浸入3% NaCl溶液中至规定时间后,将试板取出,用流水洗净,将水分甩干后放置2 h,目视观察漆膜,试片的周边及距液面约10 mm以内的漆膜不属于观察区域。三块试板中至少有两块漆膜无起泡、剥落、开裂和生锈现象,与未浸泡试板对比,光泽和颜色没有明显变化时,可评定为“无异常”。如出现以上漆膜病态现象按GB/T 1766—2008进行描述。

5.26 耐酸性

在处理好的底材上施涂两道受试产品,每道间隔24 h。涂装好的试板面向上放置干燥,在大致固化干燥时,用同种涂料或性能较好的涂料将试板封边、封背。放置48 h,再放入(60±2)℃的烘箱中保持3 h,取出放置1 h。按GB/T 9274—1988中甲法的规定,将试板浸入10 g/L H_2SO_4溶液中至规定时间后,将试板取出,用流水洗净,将水分甩干后放置2 h,目视观察涂膜,试片的周边及距液面约10 mm以内的漆膜不属于观察区域。三块试板中至少有两块漆膜无起泡、剥落、开裂和生锈现象,与未浸泡试板对比,光泽和颜色没有明显变化时,可评定为“无异常”。如出现以上漆膜病态现象按GB/T 1766—2008进行描述。

5.27 耐人工气候老化性

按GB/T 1865—2009中方法1中循环A的规定进行,结果评定按GB/T 1766—2008的规定进行。

6 检验规则

6.1 检验分类

6.1.1 产品检验分为出厂检验和型式检验。

6.1.2 出厂检验项目

6.1.2.1 醇酸清漆为在容器中状态、原漆颜色、流出时间、漆膜外观、干燥时间。

6.1.2.2 醇酸底漆、防锈漆为在容器中状态、流出时间、细度、干燥时间、漆膜外观。

6.1.2.3 醇酸调合漆、磁漆为在容器中状态、流出时间、细度、遮盖力、干燥时间、漆膜外观、光泽。

6.1.3 型式检验项目包括本标准所列的全部技术要求。在正常生产情况下，耐人工气候老化性每两年至少检验一次，其余项目每年至少检验一次。

6.2 检验结果的判定

6.2.1 检验结果的判定按 GB/T 8170 中修约值比较法进行。

6.2.2 应检项目的检验结果均达到本标准要求时，该试验样品为符合本标准要求。

7 标志、包装和贮存

7.1 标志

按 GB/T 9750 的规定进行。

7.2 包装

按 GB/T 13491 中一级包装要求的规定进行。

7.3 贮存

产品应存放在阴凉通风、干燥的库房内。防止日光直接照射，并应隔离火源，远离热源。产品应根据类型定出贮存期，并在包装标志上明示。

ICS 87.040
G 51

中华人民共和国国家标准

GB/T 25252—2010

酚醛树脂防锈涂料

Phenolic resin anticorrosive coatings

2010-09-26 发布 2011-08-01 实施

中华人民共和国国家质量监督检验检疫总局
中国国家标准化管理委员会 发布

前　言

本标准由中国石油和化学工业协会提出。

本标准由全国涂料和颜料标准化技术委员会(SAC/TC 5)归口。

本标准起草单位:中海油常州涂料化工研究院、常州光辉化工有限公司、无锡市造漆厂有限公司、江苏冠军涂料实业有限公司、宁波飞轮造漆有限责任公司。

本标准主要起草人:周文沛、陆小英、苏美群、谢海、冯伟东。

酚醛树脂防锈涂料

1 范围

本标准规定了酚醛树脂防锈涂料的要求、试验方法、检验规则、标志、包装和贮存等内容。

本标准适用于以酚醛树脂或改性酚醛树脂为主要成膜物质制成的酚醛树脂防锈涂料。主要用于金属基材表面的保护和装饰。

2 规范性引用文件

下列文件中的条款通过本标准的引用而成为本标准的条款。凡是注日期的引用文件，其随后所有的修改单(不包括勘误的内容)或修订版均不适用于本标准，然而，鼓励根据本标准达成协议的各方研究是否可使用这些文件的最新版本。凡是不注日期的引用文件，其最新版本适用于本标准。

GB/T 1720—1979 漆膜附着力测定法

GB/T 1726—1979 涂料遮盖力测定法

GB/T 1728—1979 漆膜、腻子膜干燥时间测定法

GB/T 1730—2007 色漆和清漆 摆杆阻尼试验(ISO 1522:1998,MOD)

GB/T 1732—1993 漆膜耐冲击测定法

GB/T 1766—2008 色漆和清漆 涂层老化的评级方法

GB/T 3186 色漆、清漆和色漆与清漆用原材料 取样(GB/T 3186—2006,ISO 15528:2000,IDT)

GB/T 6753.1—2007 色漆、清漆和印刷油墨 研磨细度的测定(ISO 1524:2000,IDT)

GB/T 6753.4—1998 色漆和清漆 用流出杯测定流出时间(eqv ISO 2431:1993)

GB/T 8170 数值修约规则与极限数值的表示和判定

GB/T 9271—2008 色漆和清漆 标准试板(ISO 1514:2004, MOD)

GB/T 9274—1988 色漆和清漆 耐液体介质的测定(eqv ISO 2812:1974)

GB/T 9278 涂料试样状态调节和试验的温湿度(GB/T 9278—2008,ISO 3270:1984,Paints and varnishes and their raw materials—Temperatures and humidities for conditioning and testing,IDT)

GB/T 9750 涂料产品包装标志

GB/T 13452.2 色漆和清漆 漆膜厚度的测定(GB/T 13452.2—2008,ISO 2808:2007,IDT)

GB/T 13491 涂料产品包装通则

3 要求

产品应符合表1的技术要求。

表1 要求

项目		指标				
		红丹	铁红	锌黄	云母氧化铁	其他
在容器中状态		搅拌混合后无硬块，呈均匀状态				
流出时间(ISO 6号杯)/s	≥	35	45	55	40	45
细度/μm	≤	60	55	50	—	55[a]
遮盖力/(g/m²)	≤	商定	55	180	商定	

5.1.2 出厂检验项目包括在容器中状态、流出时间、细度、遮盖力、施工性、干燥时间、涂膜外观。

5.1.3 型式检验项目包括本标准所列的全部技术要求。正常情况下耐冲击性、硬度、附着力每月检验一次，结皮性、耐盐水性每半年检验一次。

5.2 检验结果的判定

5.2.1 检验结果的判定按 GB/T 8170 中修约值比较法进行。

5.2.2 应检项目的检验结果均达到本标准要求时，该试验样品为符合本标准要求。

6 标志、包装和贮存

6.1 标志

按 GB/T 9750 的规定执行。

6.2 包装

按 GB/T 13491 中一级包装要求的规定执行。

6.3 贮存

产品贮存时应保证通风、干燥，防止日光直接照射，并隔离火源，远离热源。产品应定出贮存期，并在包装标志上明示。

ICS 87.040
G 51

中华人民共和国国家标准

GB/T 25253—2010

酚醛树脂涂料

Phenolic resin coatings

2010-09-26 发布

2011-08-01 实施

中华人民共和国国家质量监督检验检疫总局
中国国家标准化管理委员会
发布

表 1 要求

项目	指标			
	清漆	色漆		
		调合漆	磁漆	底漆
在容器中状态	搅拌混合后无硬块，呈均匀状态			
原漆颜色[a]/号 ≤	14	—		
流出时间(ISO 6 号杯)/s ≥	35	40		45
细度[b]/μm ≤	—	40	30	60
遮盖力[c]/(g/m^2) ≤ 黑色 白色 其他色	—	 45 200 商定	 45 120 商定	—
不挥发物含量/% ≥	45	50		
结皮性(48 h)	不结皮			
施工性	施涂无障碍			
耐硝基漆性	—			涂膜不膨胀，不起皱、不渗色
涂膜外观	正常			
干燥时间/h ≤ 表干 实干	 8 24			
硬度 ≥	0.20	0.20	0.25	—
柔韧性/mm ≤	2			—
耐冲击性/cm	—	—	50	—
附着力/级 ≤	2			
光泽(60°)/单位值	商定			—
耐水性(8 h)	无异常			—

a 仅限于透明液体。

b 含铝粉、云母氧化铁、玻璃鳞片、锌粉等颜料的产品除外。

c 含有透明颜料的产品除外。

5 试验方法

5.1 取样

产品按 GB/T 3186 规定取样，也可按商定方法取样。取样量根据检验需要确定。

5.2 试验样板的状态调节和试验环境

除另有商定外，制备好的样板，应在 GB/T 9278 规定的条件下放置规定时间后，按有关检验方法进行性能测试。结皮性、干燥时间、硬度、柔韧性、耐冲击性、附着力、光泽项目应在 GB/T 9278 规定的条件下进行测试，其余项目按相关检验方法标准规定的条件进行测试。

5.3 试验样板的制备

5.3.1 底材的处理

除另有商定外，试验用马口铁板、钢板和玻璃板应符合 GB/T 9271—2008 的要求，马口铁板的处理按 GB/T 9271—2008 中 4.3 的规定进行，玻璃板的处理应按 GB/T 9271—2008 中 7.2 的规定进行，钢板的处理应按 GB/T 9271—2008 中 3.5 的规定进行。商定的底材材质类型和底材处理方法应在检验报告中注明。

5.3.2 试验样板的制备

除另有商定外，按表 2 的规定制备试验样板。样板漆膜厚度的测定按 GB/T 13452.2 中的规定进行。当采用与本标准规定不同的样板制备方法时，应在检验报告中注明。

5.4 操作方法

所用试剂均为化学纯以上，所用水均为符合 GB/T 6682 规定的三级水，试验用溶液在试验前预先调整到试验温度。

5.4.1 在容器中状态

打开容器，用调刀或搅拌棒搅拌，允许容器底部有沉淀，若经搅拌易于混合均匀，可评定为“搅拌混合后无硬块，呈均匀状态”。

5.4.2 原漆颜色

按 GB/T 9281.1—2008 规定进行。

表 2 试验样板的制备

检验项目	底材类型	底材尺寸 mm	涂装要求	
			清漆	色漆
施工性、涂膜外观	马口铁板	200×100×(0.2～0.3)	涂装一道，干膜厚(15±3)μm，其他要求详见检验方法规定	涂装一道，干膜厚(23±3)μm，其他要求详见检验方法规定
干燥时间	马口铁板	120×50×(0.2～0.3)	涂装一道，干膜厚(15±3)μm	涂装一道，干膜厚(23±3)μm
耐硝基漆性	马口铁板	120×50×(0.2～0.3)	底漆涂装一道，干膜厚(23±3)μm	
耐冲击性、附着力、柔韧性	马口铁板	120×50×(0.2～0.3)	涂装一道，干膜厚(15±3)μm，放置48 h后测试	涂装一道，干膜厚(23±3)μm，放置48 h后测试
耐水性	钢板	120×50×(0.45～0.55)		
硬度	玻璃板	120×90×(1.2～2.0)		
光泽	清漆：涂覆无光黑漆的玻璃板； 色漆：玻璃板	150×100×3		

5.4.3 流出时间

按 GB/T 6753.4—1998 中 6 号杯规定进行。

5.4.4 细度

按 GB/T 6753.1—2007 规定进行。

5.4.5 遮盖力

按 GB/T 1726—1979 中甲法规定进行。

5.4.6 不挥发物含量

按 GB/T 1725—2007 规定进行，烘烤温度为(120±2)℃，烘烤时间为 1 h，称样量约 1 g。

5.4.7 结皮性

将试样约 250 mL 倒入内径(70～80)mm、容量约 300 mL 的金属制罐中，密闭，在温度为(23±2)℃，相对湿度为(50±5)%的环境条件下静置 48 h 后，取下容器的盖子，用玻璃棒触及试样表面，检查表层的流动性。如表层保持液体状态时，可评定为“不结皮”。

5.4.8 施工性

如施涂过程中无明显阻力，无明显拉丝、气泡、流挂等现象，可评定为“施涂无障碍”。将涂装好的样板在温度(23±2)℃，相对湿度为(50±5)%的环境条件下放置 24 h 后，用于涂膜外观试验。

5.4.9 耐硝基漆性

底漆涂装一道，放置 24 h 后喷涂一道黏度约为 18 s(涂-4)的白硝基外用磁漆，干燥后观察。

5.4.10 涂膜外观

在自然日光下观察样板表面有无桔皮、起皱、色斑、颗粒、缩孔等现象，如无则可评定为“正常”。

5.4.11 干燥时间

表干按 GB/T 1728—1979 中乙法规定进行，实干按 GB/T 1728—1979 甲法规定进行。

5.4.12 硬度

按 GB/T 1730—2007 中 B 法规定进行。

5.4.13 柔韧性

按 GB/T 1731—1993 规定进行。

5.4.14 耐冲击性

按 GB/T 1732—1993 规定进行。

5.4.15 附着力

按 GB/T 1720—1979 规定进行。

5.4.16 光泽

按 GB/T 9754—2007 规定进行。

5.4.17 耐水性

按 GB/T 1733—1993 中甲法规定进行。浸入符合 GB/T 6682 规定的三级水中 8 h。3 块试板中至少有 2 块未出现起泡、开裂、剥落、明显变色、明显光泽变化等涂膜病态现象，则评为“无异常”。如出现以上涂膜病态现象按 GB/T 1766—2008 进行描述。

6 检验规则

6.1 检验分类

6.1.1 产品检验分出厂检验和型式检验。

6.1.2 出厂检验项目包括在容器中状态、原漆颜色、流出时间、细度、遮盖力、施工性、涂膜外观、干燥时间、光泽。

6.1.3 型式检验项目包括本标准所列的全部技术要求。硬度、柔韧性、耐冲击性、附着力、不挥发物含量每月检验一次；耐硝基漆性、结皮性、耐水性每半年检验一次。

6.2 检验结果的判定

6.2.1 检验结果的判定按 GB/T 8170 中修约值比较法进行。

6.2.2 应检项目的检验结果均达到本标准要求时，该试验样品为符合本标准要求。

7 标志、包装和贮存

7.1 标志

按 GB/T 9750 的规定执行。

7.2 包装

按 GB/T 13491 中一级包装要求的规定执行。

7.3 贮存

产品贮存时应保证通风、干燥，防止日光直接照射，并隔离火源，远离热源。产品应定出贮存期，并在包装标志上明示。

ICS 83.040.01
G 32

中华人民共和国国家标准

GB/T 25254—2010

工业用聚四亚甲基醚二醇(PTMEG)

Poly-(tetra methylene ether glycol)(PTMEG) for industrial

2010-09-26 发布　　　　2011-08-01 实施

中华人民共和国国家质量监督检验检疫总局
中国国家标准化管理委员会　发布

3.7

残余黏着率　subsequent adhesion

上述残余黏着样条的180°剥离力与控制带样条的180°剥离力之比。

4 原理

沿样条纵向主轴恒速180°剥离，测量在此过程中不同种类样条的180°剥离力，从而得到离型膜180°剥离力和根据公式计算得到离型膜残余黏着率。

5 试验装置

5.1 压辊

符合GB/T 2792的压辊。

5.2 试验板

使用符合GB/T 2792的试验板，材质可以是OCr18Ni9或1Cr18Ni9Ti不锈钢薄板，也可以是聚对苯二甲酸乙二醇酯(PET)、聚氯乙烯(PVC)、丁二烯丙烯腈苯乙烯共聚物(ABS)等材质的薄板，试验报告中应说明试验板的材质和表面情况。

5.3 长度量具

测量精度±0.5 mm。

5.4 试样裁切器

用于裁切样条的适当器具，如切纸刀、裁刀、手术刀等。

5.5 拉力试验机

拉力试验机应使试样的破坏负载在满标负荷的15%～85%之间。力值示值误差不应大于1%。试验机能以上升速度300 mm/min±10 mm/min或合适的速度连续剥离，并能自动记录有关位移和负荷。

6 样条

6.1 形状和尺寸

样条呈长条状，纵向两边平行，试样宽度25 mm±0.5 mm，长度至少150 mm。

6.2 数量

每种样条数量不少于5个。

6.3 制备

6.3.1 离型膜样条

在测定离型膜180°剥离力和残余黏着率时，非常重要的是评价的样品能产生用户使用时获得的平均效果。样品评价前应在制造厂推荐条件下储存，以保证产品在正常储存和使用时的性能指标。上面所述样品选择和储存的基本目标是确保测定所得膜材之性能具有代表性。

离型膜样条可以根据取样区域、所用测试用压敏胶带宽度以及所需测试样条数量进行准备。

6.3.2 离型测试样条

6.3.2.1 裁取有代表性离型膜样条。用宽度为 25 mm 的测试用压敏胶带贴于离型膜样条上。用压辊以约 10 mm/s 的速度，来回滚压两次。

6.3.2.2 将上面样条在 23 ℃±2 ℃的温度以及 70 g/cm^2 的压力的条件下压置 20 h，以保证离型膜离型材料和测试用胶带胶黏剂之间的良好接触。如有需要，可以将样条直接在 70 ℃±2 ℃的温度以及 70 g/cm^2 的压力的条件下压置 20 h 以进行加速老化测试，但应特别注明。

6.3.3 控制带样条

测试用压敏胶带与不作特殊处理的典型支持体层平整贴合，用压辊以约 10 mm/s 的速度，来回滚压两次。

6.3.4 残余黏着样条

从经过 23 ℃±2 ℃的温度以及 70 g/cm^2 的压力的条件压置和状态调节的离型测试样条上完整揭下测试用压敏胶带，再将其与不作特殊处理的典型支持体层平整贴合，用压辊以约 10 mm/s 的速度，来回滚压两次。

7 状态调节和试验环境

7.1 状态调节

根据 GB/T 2918，结合离型膜测试条件，不同样条在解除 70 g/cm^2 的压力后需要经过一定的温度、时间的调节。

7.1.1 离型测试样条

应在温度 23 ℃±2 ℃及相对湿度 50%±5%条件下调节 4 h～4.5 h。

7.1.2 控制带样条

应在温度 23 ℃±2 ℃及相对湿度 50%±5%条件下调节 30 min～40 min。

7.1.3 残余黏着样条

应在温度 23 ℃±2 ℃及相对湿度 50%±5%条件下调节 30 min～40 min。

7.2 试验环境

试验环境为温度 23 ℃±2 ℃，相对湿度 50%±5%。

8 试验步骤

8.1 样条固定

将试验板放入拉力试验机下夹具中，在试验板上粘附普通双面压敏胶带，再将需测试的样条粘附其上，以保证剥离呈 180°角。

8.2 样条连接

试验机上夹具中放入不作特殊处理的典型支持体，揭开已经固定在试验板上样条的测试用压敏胶带下端角适当长度，使典型支持体与测试用压敏胶带进行适当压力的粘附。

8.3 试验速度

以 300 mm/min 的速度进行剥离试验，记录所测定样条的剥离力数值。用 mN/25 mm 表示。

9 结果计算和表示

9.1 离型膜 180°剥离力

所有离型测试样条的剥离力数值的平均值即为该离型膜的 180°剥离力。

9.2 残余黏着率的计算

根据式(1)进行计算：

$$\text{残余黏着率} = \frac{\text{残余黏着样条的 } 180^\circ \text{ 剥离力}}{\text{控制带样条的 } 180^\circ \text{ 剥离力}} \times 100\% \qquad (1)$$

保留三位有效数字。

其中，残余黏着样条的 180°剥离力为所有残余黏着样条的剥离力数值的平均值；

控制带样条的 180°剥离力为所有控制带样条的剥离力数值的平均值。

10 试验报告

试验报告应包括以下内容：

a) 所需测试材料的完整标识，包括类型、来源、制造厂代号、型式、基本尺寸、以前的历程；

b) 测试用压敏胶带的说明，包括类型、来源、制造商的牌号、批次、批号等；

c) 试样制备情况；

d) 试样数量；

e) 状态调节和试验环境；

f) 拉力试验机的情况；

g) 试验板的详细情况；

h) 试验速度；

i) 试验结果及计算方法；

j) 有否废弃或更换试样的说明及其原因；

k) 试验日期。

ICS 71.080.99
G 15

中华人民共和国国家标准

GB/T 25257—2010

光学功能薄膜　翘曲度测定方法

Optical functional films—Determination of warping degree

2010-09-26 发布　　2011-08-01 实施

中华人民共和国国家质量监督检验检疫总局
中国国家标准化管理委员会　发布

前　言

本标准按照 GB/T 1.1—2009 给出的规则起草。

本标准由中国石油和化学工业协会提出。

本标准由全国光学功能薄膜材料标准化技术委员会(SAC/TC 431)归口。

本标准起草单位:中国乐凯胶片集团公司。

本标准主要起草人:刘新省、孙志英、范金龙、章成行。

光学功能薄膜　翘曲度测定方法

1　范围

本标准规定了光学功能薄膜翘曲度的测定方法。

本标准适用于光学功能薄膜翘曲度的测定。

2　术语和定义

下列术语和定义适用于本文件。

2.1

光学功能薄膜　optical functional films

具有优良光学性能主要应用于显示行业的各种原膜和功能膜。

2.2

翘曲　warp

薄膜材料生产过程中，由于附带涂层、张力控制、干燥以及其他一些处理工艺等原因会引起内部应力不平衡，而造成薄膜在平面放置时不平整的现象。

2.3

翘曲度　warping degree

翘曲的程度，以翘曲方向和翘曲值来表示。

2.4

翘曲方向　warping direction

产生翘曲现象薄膜的弯曲方向。

2.5

翘曲值　warping value

表征翘曲度的具体数值，单位为毫米(mm)。

3　试样选取

进行翘曲度测试的试样应具有代表性，对成轴薄膜应先弃去外层 2～3 层取样，并将试样方向予以标注；试样通常为长方形，利于对薄膜的加工方向加以辨识。

a)　应选取 A4(21 mm×29.7 mm)大小试样进行翘曲度测试；特殊需求的场合，供方与需方按照双方事先约定的尺寸进行裁切及测试；

b)　试样表观应无折痕、划伤、气泡、异物、水斑等弊病，切边应光滑、无毛刺、无缺口；

c)　在试样的准备与测试过程中，操作者应带上细纱手套，并避免直接对准试样呼吸；

d)　每个样品至少取 3 片试样进行测试。

4　试验条件

所有试样应在 23 ℃±2 ℃和相对湿度 50%±5%环境下进行平衡，平衡时间一般为 2 h～8 h。平衡时,试样应水平放置在架空的网格上防止试样变形。

5 仪器

5.1 钢板尺:精度 0.5 mm。
5.2 测试平台或水平玻璃基板。
5.3 温度计:最小分度 1 ℃,测量精度及温度范围满足所用试验温度。
5.4 湿度计:相对湿度的精度范围±3%。
5.5 计时器:最小分度 1 min。

6 步骤

6.1 经温度、湿度调节后的试样,平放于测试平台或玻璃基板上,观察翘曲现象,判定翘曲方向。见附录 A。
6.2 将试样翘曲面向上放置于测试平台上。
6.3 用测量尺量取试样四边翘曲的高度,单位以 mm 计。
6.4 依次测量所有试样的翘曲数据,并以其中最大值作为翘曲度数值。
6.5 材料放置及测试示意如图 1 所示,其中 h 为翘曲值,L 为测试试样长度,单位以 mm 计。

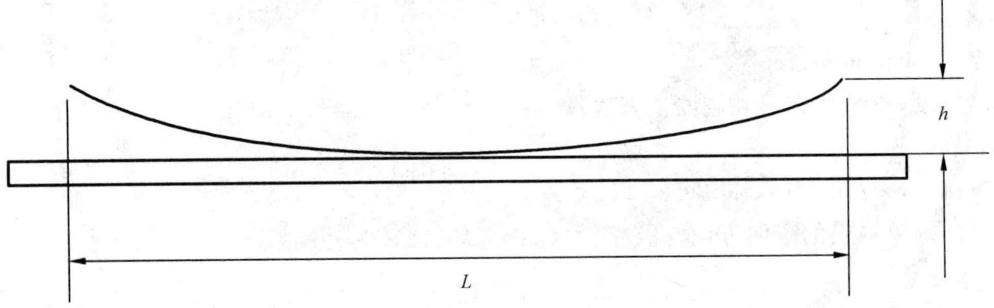

图 1 翘曲度测试示意图

7 试验报告

试验报告应包含以下内容:

a) 采用的标准号;
b) 识别试样所需要的详细说明,包括生产厂家、具体材料、规格、数量等信息;
c) 调节时间、温度和相对湿度;
d) 翘曲值、翘曲方向;
e) 所测试样的数量;
f) 按需要,报告中给出测量总数。

附　录　A
（规范性附录）
薄膜翘曲方向图示

A.1　对于已经复合好外保护膜及离型膜的功能薄膜，如偏光片等材料，翘曲方向用“＋”、“－”符号表示。“＋”表示向保护膜侧翘曲。“－”表示向离型膜侧翘曲。

A.2　对于带功能涂层薄膜，以“＋”表示向涂层面翘曲，以“－”表示向涂层背面翘曲。

A.3　对于双面涂层薄膜，则应在测试报告中指明翘曲方向。

A.4　对于未含涂层薄膜产品，用“横向翘曲”、“纵向翘曲”、“对角线翘曲”来表示翘曲的方向，其中：

“横向翘曲”表示翘曲方向平行于样品的长度方向或机器方向。

“纵向翘曲”表示翘曲轴线垂直于卷片长度方向（机器方向）或散叶片的最长边方向。

“对角线翘曲”表示样品对角线方向发生了翘曲。

翘曲方向示意图见图 A.1～图 A.3。

注：未含涂层薄膜产品，测试报告中同时标识出的翘曲方向包括向内面或外面的翘曲。

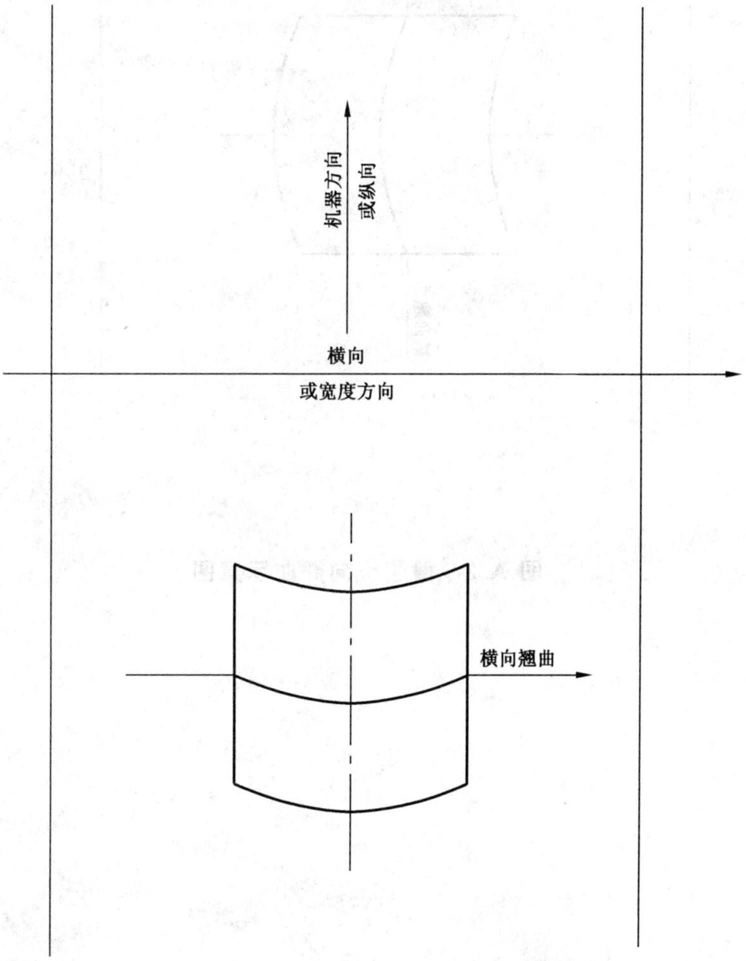

图 A.1　薄膜横向翘曲示意图

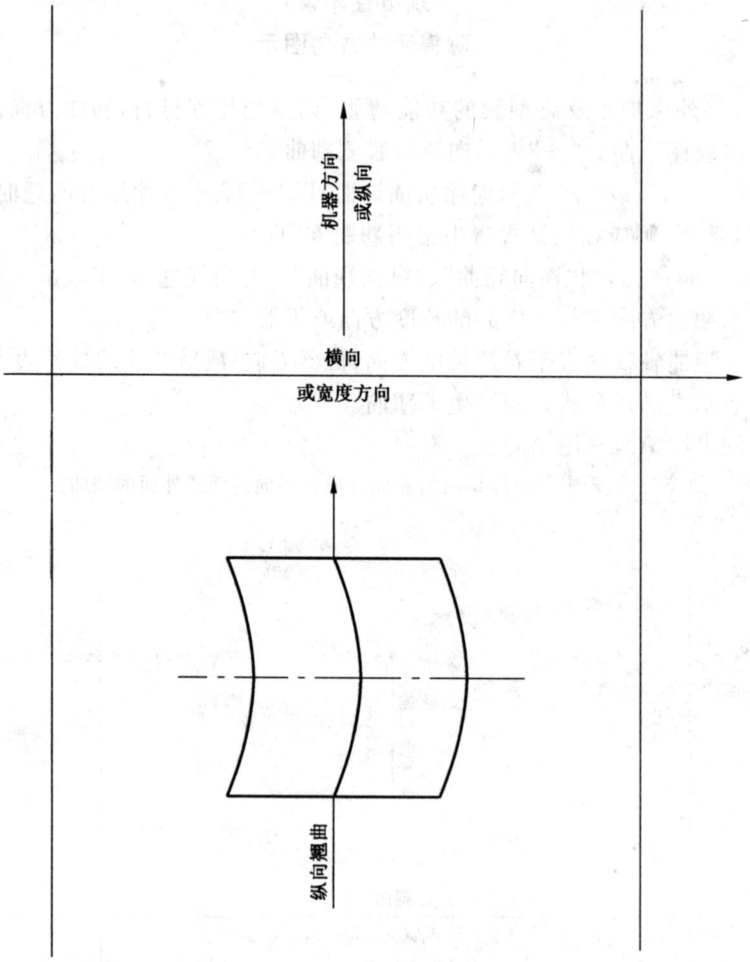

图 A.2 薄膜纵向翘曲示意图

图 A.3 薄膜对角线翘曲示意图